XLan
—X语言—

X语言、方法和工具
——支持MBSE的新一代一体化设计仿真技术体系

X Language, Methods, and Tools
——A New Generation of Integrated Design & Simulation Technologies Supporting MBSE

张 霖 谢堃钰 古鹏飞 陈 真 等著

化学工业出版社
·北京·

内容简介

基于模型的系统工程（MBSE）是支持复杂产品设计、分析、论证等全生命周期活动的一类系统工程方法。MBSE的有效实施离不开建模与仿真技术的支持。X语言及相关技术体系旨在实现MBSE与仿真在建模语言层面的融合，从根本上解决MBSE中系统建模与仿真分离的问题，从而更高效地支持复杂产品的创新设计。

本书介绍了MBSE现状以及面临的挑战、X语言的相关基础理论、X语言的理论架构以及描述规范、基于X语言的MBSE方法论X-SEM、面向X语言的建模仿真平台XLab、基于X语言的体系建模方法以及X语言在不同领域的应用案例。

本书适合航空、航天、船舶、兵器、汽车等领域从事复杂产品系统设计的工程技术人员、管理人员学习参考，也适合高等院校、科研院所的系统工程、体系工程、机电设计等专业的师生作为教材和参考书使用。

图书在版编目（CIP）数据

X语言、方法和工具：支持MBSE的新一代一体化设计仿真技术体系 / 张霖等著. -- 北京：化学工业出版社，2025. 6. -- ISBN 978-7-122-47831-3

Ⅰ. TP391. 9

中国国家版本馆CIP数据核字第2025AW7707号

责任编辑：王　烨　　　文字编辑：周　童　温潇潇
责任校对：宋　玮　　　装帧设计：刘丽华

出版发行：化学工业出版社
（北京市东城区青年湖南街13号　邮政编码100011）
印　　装：三河市航远印刷有限公司
787mm×1092mm　1/16　印张13　字数312千字
2026年1月北京第1版第1次印刷

购书咨询：010-64518888　　售后服务：010-64518899
网　　址：http://www.cip.com.cn
凡购买本书，如有缺损质量问题，本社销售中心负责调换。

定　　价：128.00元　

复杂产品乃国之重器，其创新设计能力关系国家实力和国家安全，而正向设计是提高自主创新能力的必由之路。长期的实践证明，系统工程方法是开展正向设计的不二选择。随着信息技术的不断进步，系统工程方法和手段也在不断地发展。从 20 世纪中叶以文本为信息载体的基于文本的系统工程，到 21 世纪初发展为以模型为信息交换中枢的基于模型的系统工程（MBSE）。在系统工程中，建模和验证是复杂产品正向设计的两个关键阶段，而仿真作为在设计早期进行系统验证的一种手段，能够有效地加速设计进程、降低设计验证成本。在正向设计过程中，如何更好地实现建模和仿真的深度融合和无缝衔接，是当今 MBSE 领域的亟待突破的一大挑战。而已有的 MBSE 技术体系（建模语言、方法论和软件工具）难以高效、高质量地应对这一挑战。

作者团队摆脱传统技术路线的束缚，大胆创新，在融合借鉴已有建模语言和建模理论的基础上，开发出一种新型的建模语言——X 语言，可以支持对连续、离散、智能体、神经网络等多种形态的对象的统一描述，从底层实现了复杂产品系统设计中系统架构和物理特性的统一建模和一体化仿真。X 语言是一种文本图形双模态建模仿真语言，突破了现有设计建模语言的局限，可以实现系统模型的直接仿真运行，从而系统地解决了传统技术中系统架构建模和物理特性建模相互脱节的问题，打通了从设计到仿真验证之间的断点，为系统设计、仿真、验证与优化的一体化提供了可能，可显著提高系统建模、仿真验证和模型优化迭代的效率。

基于 X 语言的特点，作者团队进一步提出了基于 X 语言的 MBSE 方法论 X-SEM，并在此基础上开发了一体化建模仿真软件工具 XLab，形成了完全自主可控的 MBSE 完整的技术体系，可为 MBSE 在我国企业的落地实施提供强有力的支持。

在多方的支持下，作者团队及其合作者经过不懈的努力，X 语言得到业界越来越多的关注和认可。《复杂产品协同设计集成建模语言 X 语言架构》已成为国家标准并开始实施，这是我国第一个支持复杂产品正向设计的建模语言国家标准。相信随着 X 语言及相关方法和工具的不断迭代和完善，一定会在越来越多的企业和行业得到应用和推广。

中国工程院院士　李伯虎

2025 年 10 月

当代工程系统正呈现出前所未有的复杂性与智能化趋势，系统设计方法论也随之发生深刻变革。基于模型的系统工程（MBSE）是贯通需求、设计、分析、验证与优化的关键路径，它以形式化模型构建统一语义、数据一致的协同底座，使复杂系统的设计在同一模型空间内持续迭代、不断完善。

MBSE 概念自 20 世纪末提出后，应用边界不断扩大，当前已在航空航天、汽车、能源、电子等关键领域获得广泛推广。然而，其发展仍面临多重现实挑战：首先，系统架构设计与物理特性仿真存在割裂现象，导致设计验证流程脱节；其次，模型语言与工具生态的多元化，给模型一致性维护与数据可追溯性管理带来困难；最后，跨产品生命周期的数据流与知识链尚未构建起有效闭环。这些问题在一定程度上限制了 MBSE 工程落地的深化进程，也促使工业界和学术界对 MBSE 的理论基础、实践方法及工具体系展开新一轮思考。

在这一背景下，本书作者立足于复杂系统工程实践，依托国家重点研发计划，深入剖析了现有系统建模语言及规范（如 SysML、 Modelica、 DEVS 等）在语义表达与仿真执行上的局限，提出了一套支持 MBSE 的新一代一体化建模仿真技术体系。该体系基于新一代建模仿真语言——X 语言，实现了系统建模、物理特性仿真与优化分析的统一语义表达，形成了“建模-仿真-验证-优化”的技术闭环，为 MBSE 的深度落地与价值最大化提供了全新的系统化解决方案。

本书的最大特色，在于将系统工程与建模仿真深度融合，对建模语言、方法论和软件工具等全方位开展系统性探索与创新。通过引入可执行化建模语言与跨域仿真机制，打破了设计、分析、验证与优化之间的壁垒。作者团队自主研发的 X 语言通过融合面向对象与事件驱动的建模机制，支持离散、连续、智能体及混合系统的一体化建模；面向 X 语言构建的 X-SEM 方法论以仿真为驱动，可实现复杂系统设计方案的闭环验证与优化；基于 X 语言及 X-SEM 的软件工具 XLab 则提供了一个支持系统建模、仿真验证与优化迭代的集成化的软件环境。

总体而言，本书凝练了作者团队近年来在系统工程与仿真领域的实践与探索，为我国在复杂系统设计、数字化研发及智能制造领域的持续创新提供了一种新的方法和路径。相信该书将为相关研究人员与工程技术人员深入理解 MBSE 的思想方法，以及深度挖掘仿真技术在 MBSE 中的价值提供重要的参考。

中国工程院院士　王自力

2025 年 10 月

前言

自己动手开发一种语言是一件很冒险的事。促使我们走出这一步，主要出于两方面的考虑。

一方面是技术上的考虑。复杂产品的正向设计能力一直是困扰我国制造业创新发展的瓶颈。基于模型的系统工程（MBSE）方法为正向设计指出了一条充满希望的道路。虽然明确了方向，但道路却并不平坦。出于技术传统的惯性，我们多年来一直沿用由国外学术组织和外国软件厂商主导的 MBSE 技术路线。但由于历史原因，该技术路线具有先天的不足，即现有的支持 MBSE 的主流建模语言（如 SysML）无法独立完成系统设计所需要的建模和仿真验证的全过程，必须借用不同的语言或工具才能完成，导致系统设计与仿真验证相互脱节，从而在应用中难以落地，也导致 MBSE 的价值难以完全实现。国内外学术界也大多采用修修补补的权宜之计，始终无法彻底解决这一问题。关于这一点，在第 1 章里还会有更详细的说明，这里不再赘述。

另一方面是技术之外的考虑。在对自主可控的需求越来越强烈的背景下，开展自主创新设计也需要一套完全自主可控的 MBSE 方法技术体系。在 MBSE 技术体系中，语言是最基础的。我们常年来有一种认知误区，对语言这种东西，总以为别人搞出来，大家都可以用，不需要我们自己去做。但作为 MBSE 三大支柱（语言、方法和软件），语言是根，方法和软件对语言有强烈的依赖，如果只在方法和软件层面做工作，我们将永远处于跟随的被动状态。事实上语言并不是一成不变的，特别是面向产品研发的系统工程的建模语言，需要随着产品的形态和产品研发的模式不断调整升级，这种主动权若不在自己手里，只能等着别人升级之后才能跟进，而且这些升级也未必符合我国企业产品研发的特点和需求。

抛开常规的技术路线另辟蹊径有着很高的风险，好在得到国家重点研发项目专家的支持和包容，使我们在压力和动力并存的境况下最终迈出这一步。

X 语言开发团队以一群年轻的研究生为主，他们思维活跃、敢于创新，尽管正值“新冠疫情”期间，许多研讨不得不在线上开展，但并没有影响研究工作的质量。经过几年的钻研和磨练，他们中的骨干已经从初出茅庐的学生成长为相关领域的翘楚。另外，线上的工作方式也带来了意外的方便，几乎可以毫无障碍地邀请身处任何地方的专家随时参与咨询和讨论，使得开发过程中可以吸纳更多的意见和建议。在 X 语言的研发过程中，吉林大学的张雪松、北京信息科技大学的赵淳、北京华如科技股份有限公司的陈敏杰等专家参与了大部分的线上讨论并提出许多建设性意见和建议，航天科工集团施国强、林廷宇和航天科技集团铁鸣等专家在应用需求方面提供了许多宝贵的经验，在此一并表示感谢！

本书对团队近年来在 X 语言方面的工作进行了系统的整理。主要内容包括以下部分：

第 1 章重点介绍本书涉及的几个重要概念，即系统工程（SE）、基于模型的系统工程（MBSE）、基于建模仿真的系统工程（MSBSE），以及它们之间的演化关系，并由此给出了研发 X 语言的主要动机和目标。

第 2 章介绍 X 语言设计所依托的主要理论基础，包括连续离散混合系统建模规范 XDEVS、智能体建模规范 BDI-DEVS，以及面向 X 语言建模仿真全过程的模型管理方法 SES-X。

第 3 章详细介绍 X 语言的总体架构、组成要素和语法规范，包括 X 语言的 8 个类、8 种图和对应的文本，以及它们之间的对应关系。

第 4 章介绍基于 X 语言的 MBSE/MSBSE 方法论 X-SEM，为基于 X 语言开展一体化系统建模与仿真实践提供系统的指导。

第 5 章介绍 X 语言建模仿真软件 XLab，包括 X 语言图文建模与转换、模型检测与管理，编译器、仿真引擎、模型库和算法库等功能模块。

第 6 章介绍如何基于 X 语言开展面向 DoDAF 框架的体系建模和仿真，以战场救援体系为例展示了体系建模、评估和验证的过程。

第 7 章介绍基于 X 语言实现的一些典型案例，展示利用 X 语言、X-SEM 和 XLab 开展一体化系统建模和仿真的过程。

第 8 章结合近年的探索和业界的动向，对 MBSE 未来的几个发展方向进行了展望。

团队的部分成员参加了相关章节的编写工作，他们是：谢堃钰（第 2 章、第 3 章、第 5 章、第 7 章）、古鹏飞（第 3 章、第 4 章、第 5 章、第 7 章）、陈真（第 4 章、第 8 章）、孙韵晴（第 6 章）、章宇腾（第 7 章）、郭俑鑫（第 5 章）。另外，赖李媛君、任磊、叶飞、王昆玉、陶怡然、吴卓屹、王霄汉、冯硕、曾钰钦和胡江川也直接或者间接地参与了本书内容的编写。

著者　张霖

2025 年 10 月

目 录

第 1 章 基于模型的系统工程及其面临的挑战

1.1 系统工程与正向设计

1.1.1 系统工程的发展历程

系统工程（systems engineering，SE）可以直观地理解为系统思维的工程化。人类的系统思维可以追溯到公元前六世纪甚至更早，那时候东西方的哲人们就已经意识到，世界是一个由各个部分组成的整体，而各部分之间的关系，决定了整体的功能或表现。因此就有了那句关于系统的最著名也是最简洁的解释，即“整体大于部分的总和”。系统思维的核心是追求整体最优而非局部最优。当代系统科学的奠基人贝塔朗菲（L. V. Bertalanffy）将系统定义为“相互作用的若干要素的复合体”。

现代系统工程的概念起源于 20 世纪 30 年代对武器系统的分析和研制的需求，如 1937 年英国多学科团队对防空系统的分析，1939 年到 1945 年期间美国贝尔实验室资助的奈基导弹（Nike missile）项目的开发[1]。这类系统或产品结构复杂、参与人员众多、需要多个不同学科的人员相互配合，属于典型的复杂系统或复杂产品。

注：
复杂系统

复杂系统是由大量相互作用的部分组成的系统，这些部分之间的相互作用和关联导致系统整体呈现出非线性、自组织、适应性等特征。这些系统通常难以用简单的规律或关系来描述，其行为常常表现出一定程度的不可预测性和突发性。一个复杂系统往往是由具有不同特性的部分组成的混合系统，这些部分可能是连续系统、离散事件系统（即由事件驱动状态变化的动态系统，为方便起见简称离散系统。它不同于连续系统通过时间点采样形成的离散系统。若不加特别说明，本书中的离散系统均指离散事件系统）、定量系统、定性系统、线性系统或非线性系统，还可能包含具有智能行为的部分（智能体），它们涉及多个学科、多个领域，且相互作用。复杂系统的开发一般需要大量的来自不同学科、不同部门的成员组成的大型团队协作完成。复杂系统可以是一个由结构关系相对固定的组件组成的紧耦合系统（典型的航空、航天、船舶等产品或装备都属于这一类系统）（图 1-1），也可以是由结构关系相对灵活且具有自主行为能力的独立组件组成的松耦合系统，这类系统又称为体系（System of Systems，SoS）（如交通系统、无人机集群等）。

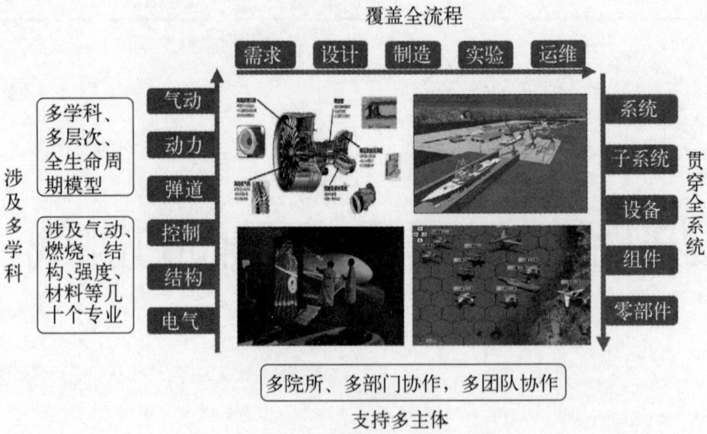

图 1-1　复杂系统的特点

“系统工程”这一术语最早是由贝尔实验室的莫利纳（E. C. Molina）和丹麦哥本哈根电话公司的厄朗（A. K. Erlang）于 1940 年在研制微波通信网时提出的，他们从通信网络系统总体出发，将研制工作分为规划、研究、开发、应用和通用工程等五个阶段，初步形成了系统工程的阶段划分思想。1956 年美国兰德公司发明了根据系统目标和评价指标来寻求最优方案的系统分析法，该分析法成为系统工程的重要内容。

1962 年，A. D. 霍尔（A. D. Hall）出版了《系统工程方法论》一书，并于 1969 年提出了著名的霍尔三维结构。如图 1-2 所示，霍尔三维结构包括时间维、逻辑维和知识维。时间维将系统研制的各项活动按时间顺序划分为规划、方案、设计、制造、安装、运行和更新七个阶段；逻辑维反映的是时间维的每一个阶段内所要进行的工作内容和应该遵循的思维程序，包括明确问题、确定目标、系统综合、系统分析、最优化、决策、实施计划七个逻辑步骤；知识维则列举了完成这些阶段和步骤所需要的各种专业知识和技能，包括工程技术、医

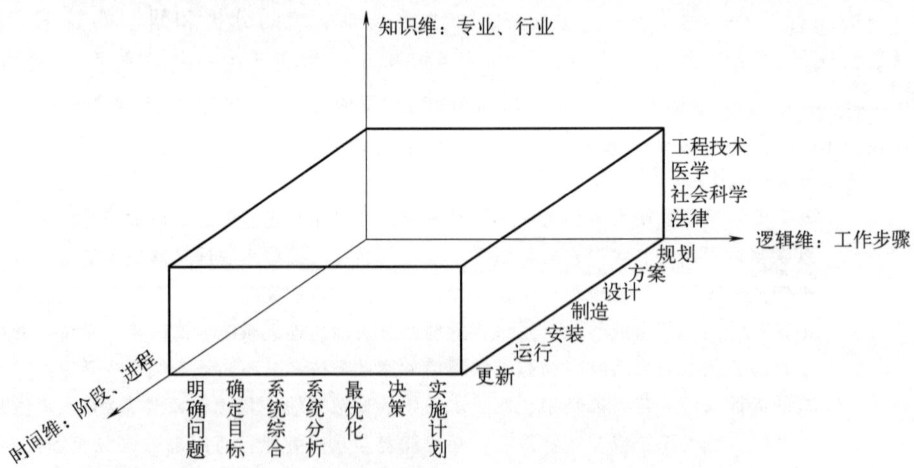

图 1-2　霍尔系统工程三维结构

学、建筑、商业、法律、管理、社会科学、艺术等。霍尔三维结构全面地描述了系统工程的整体框架，为后续系统工程的发展和应用提供了重要指导，也标志着一个较为完善的系统工程方法论基本形成。

1978 年，凯文·福斯伯格（K. Forsberg）和 哈罗德·穆兹（H. Mooz）提出目前被广泛使用的“V 模型”（图 1-3），该模型强调开发过程中测试活动贯穿始终，反映了开发过程和测试过程的对应关系。由于直观形象，V 模型成为阐述系统工程思想最常用的一种形式。

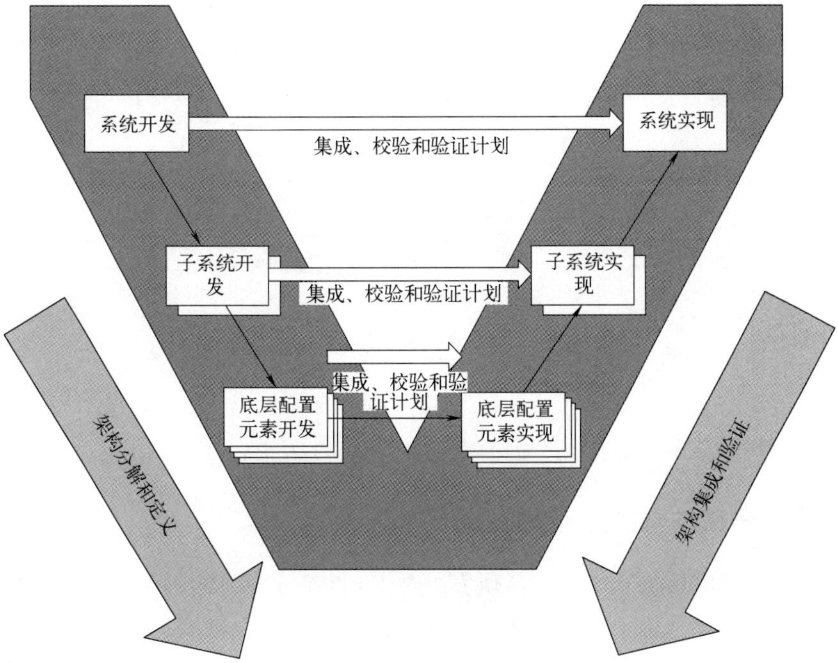

图 1-3　系统工程 V 模型

之后 V 模型被不断改进，相继发展出不同的形式。1991 年，福斯伯格和穆兹在 V 模型中增加了一个维度，提出了双 V 模型（图 1-4）。双 V 模型包含架构和实体两个 V，架构 V 模型关注系统架构的开发，实体 V 模型关注组成架构的实体元素的实现，并强调系统架构和架构中实体的并行开发与实现，即在架构每一层的开发中，都需要同步进行机会与风险管理、集成、校核与验证以及异常情况处理，以避免可能出现的设计问题进入下一个层次。

虽然具有立体视角的双 V 模型比平面的 V 模型更加完善和严谨，但视觉上并不直观，而且绘制也不方便，因此常采用平面 V 模型加注释或多个 V 模型叠加的方式来表示对 V 模型的改进。

虽然系统工程的核心思想是明确的，但其定义并不统一。不同组织、机构或学者分别从不同角度来定义系统工程。下面是国际系统工程协会（International Council On Systems Engineering，INCOSE）2004 年给出的定义，对系统工程的特征及包含的各类活动进行了比较全面和详细的描述[2]：

系统工程是一种使系统成功实现的跨学科的方法和手段。系统工程工作包括在开发周期的早期阶段定义客户需要与所要求的功能，将需求文件化，然后进行设计综合和系统确认，并同时考虑整个系统各方面的问题。换句话说，在考虑运行、成本、进度、性能、培训、支持、试验、制造和维护等问题时，进行设计综合和系统确认。系统工程把所有学科和专业群

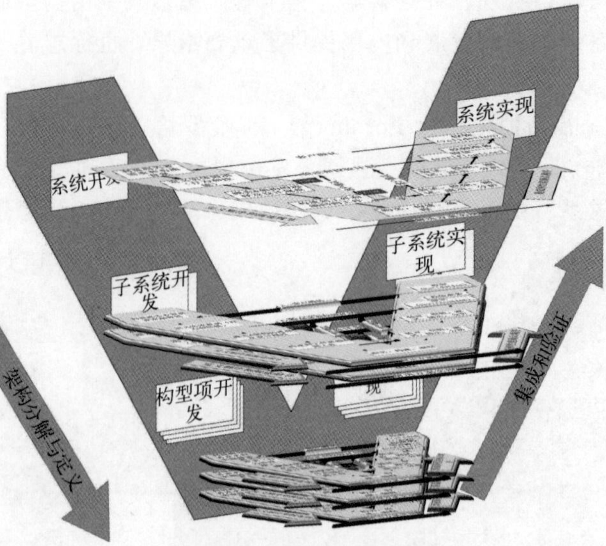

图 1-4 双 V 模型

体综合为一种团队的努力，形成从概念到生产再到运行的结构化开发流程。系统工程以提供满足用户需要的高质量产品为目的，同时考虑所有客户的业务和技术需要。

1.1.2 系统工程在中国的应用和发展

中国的系统工程应用也开始于武器研发。从 20 世纪 60 年代开始，在钱学森等老一辈科学家的推动和带领下，系统工程思想和方法被应用于导弹等武器装备的研制过程，并在该领域发挥了重大的作用，形成了以强调总体设计、遵循研制程序、充分进行地面试验为核心内容的工作原则，建立了由技术总师和管理总师（总指挥）组成的型号两总制度，奠定了中国航天系统工程的基础。系统工程方法在航天领域的实践，也为其他领域应用系统工程提供了宝贵的经验。

1978 年，钱学森、许国志、王寿云在《文汇报》上发表《组织管理的技术——系统工程》[3]，文章基于中国在系统工程方面的实践，全面地阐述了系统工程的思想和方法，将系统工程定义为“组织管理系统规划、研究、设计、制造、试验和使用的科学方法，是一种对所有系统都具有普遍意义的方法”，拓展了国外系统工程的内涵。文章指出，导弹武器这类系统是现代最复杂的工程系统之一，要靠成千上万人的大力协同才能研制成功。这就要求以一种组织、一个集体代替单个指挥者对这种大规模社会劳动进行协调指挥。我国国防尖端技术科研部门建立的这种组织就是“总体设计部”（或“总体设计所”）。总体设计部设计的是系统的“总体”，是系统的总体方案，一般不承担具体部件的设计。

文章在强调总体设计部重要性的同时，还提出基于计算机技术的建模（数学模型）仿真（数学模拟）对于系统工程的重要性。这篇文章在中国系统工程的发展过程中具有重要里程碑意义。20 世纪 80 年代，钱学森在我国所开展的系统工程研究和实践的基础上，进一步提出了“复杂巨系统”“从定性到定量的综合集成方法”“从定性到定量综合集成研讨厅体系”等一系列创新思想，形成了系统工程的中国学派。

值得注意的是，在这一思想体系中，建模仿真发挥着重要作用。钱学森、于景元、戴汝为在《一个科学新领域——开放的复杂巨系统及其方法论》一文中，通过一个实例讲述了综合集成方法的思想（图 1-5）[4]，而建模仿真就是实现从定性到定量分析的关键。

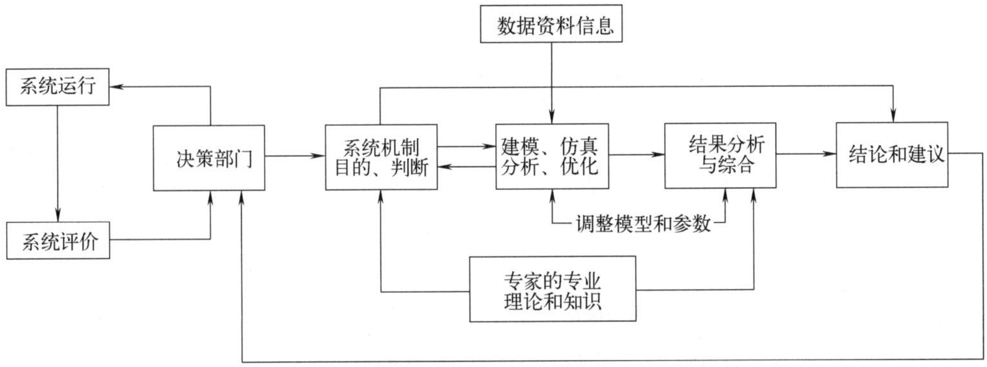

图 1-5　综合集成法实例

1.1.3　关于正向设计

正向设计是一个极具中国特色的术语，近年来成为一个热点话题。这是由于中国制造业整体上正在进入一个新的发展阶段，即从跟踪模仿向原始创新转变。所谓正向设计是从需求开始自上而下的设计（图 1-6），实际上就是基于系统工程的设计方法。

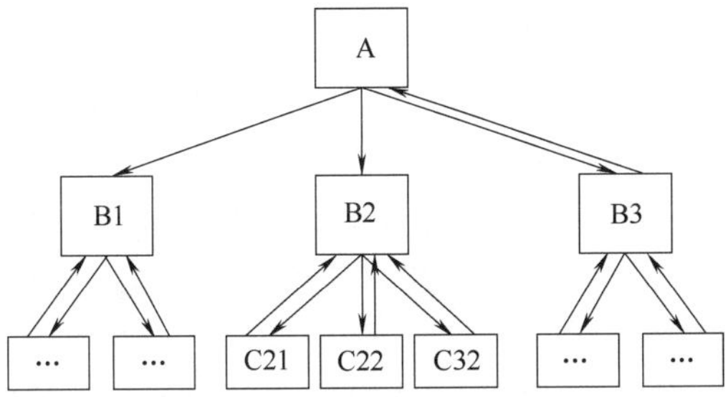

图 1-6　正向设计示意图

跟踪模仿或简单的改进型设计并不太需要正向设计的理念和方法，而原始创新离开正向设计是无法开展的。由于历史原因和产品的特殊性，中国航天科技的发展没有太多可模仿的对象，因此成为我国制造业最早开展正向设计的领域，也是最早采用系统工程方法的领域。

设计的本来含义就是将一个想法变成一个可执行方案。因此可以说，正向设计才是真正意义上的设计。而当前业界强调正向设计，是为了区别于许多行业多年来大量采用的在已有产品的基础上通过反向分析、消化吸收进而进行局部改善或优化的做法。

开展正向设计就需要采用系统工程方法。或者说，系统工程方法论是一种开展系统设计且符合人类认知规律的最基本、最自然的方法论。

本书中提到的设计，在不加特别说明的情况下，都是指正向设计。

1.2
从传统系统工程到基于模型的系统工程

1.2.1 传统系统工程的不足

在系统工程发展的早期，信息技术还不够强大和普及，因此开展系统工程主要依赖于文档，各项活动的产出是大量基于自然语言、以文本格式为主的文档，也包括少量的表格、图片等。所以传统系统工程又称为基于文档或文本的系统工程。传统系统工程在实际应用中有很多不足：

① 自然语言并非专门为工程实践而设计，因此直接用其描述工程问题和技术细节时，会产生大量模糊的甚至歧义的内容。比如，不同领域的技术人员有时会对同一术语有完全不同的解释，而有时对同一个概念又可能用不同的术语来描述，这经常导致误解对方的意图，从而给技术人员之间的沟通带来很大麻烦。

② 文档数量庞大，阅读不堪重负。随着系统和工程过程变得越来越复杂，文档的数量会大幅增加，这使得阅读和理解文档成为一个巨大的负担。

③ 文档之间相互独立，难以建立关联关系。在描述不同学科或子系统的文档之间建立联系，对于了解和优化系统的总体性能是十分重要的。而当文档数量增大时，要在这些非结构化的、分散的文档之间发现或建立某种联系是十分困难的。这也导致文档信息的完整性和一致性难以保证。

④ 文档变更困难且难以重用。由于文档数量庞大，当某个文档的某项内容发生变更时，要确保和这一内容相关的所有内容同步得到修改，是一项极具挑战性的工作。由于变更困难以及规范性差导致文档难以维护和重用。

⑤ 难以描述复杂动态活动。对于相对简单的、参与方不多的活动自然语言尚能胜任。但复杂系统生命周期的各项活动往往是动态、多变且交互的，对于这样的复杂活动用传统的文档很难进行清晰地描述和分析。

⑥ 问题难以回溯。当试验或最终产品出现故障或问题时，要想找到问题的源头，需要对全部过程进行回溯，而要在文件堆里找到隐藏的问题需要具有愚公移山的精神。

因此，即便系统工程的思想十分科学，但工程师们仍然会为解决某个问题而不得不花费大量的时间进行频繁的沟通，严重影响了研发的效率以及最终产品的质量。另外，传统系统工程 V 模型的右侧主要是实物样机，虽然可以进行系统的集成和验证，但存在高昂的试错成本和漫长的试验周期。

上述问题导致传统系统工程不足以应对当今复杂产品研发的需求和越来越激烈的市场竞争，因此基于模型的系统工程（model-based systems engineering，MBSE）便应运而生。

注：关于模型

模型是物理对象的副本，或对事物的一种抽象表达，体现了人类在认识世界的过程中所表现出的高度智慧。[5]。从用途上讲，模型大体上可以分为两种：一种是用于展示或观赏的模型，比如售楼处里的沙盘，公园里的假山，橱窗里的摆件，小朋友的玩具，等等；另一种是用于研究的模型，用模型来研究物理对象的特性，甚至在此基础上对被研究对象进行改造，这样的模型统称为科学模型，即用来进行科学研究的模型。

科学模型可以是实物的，也可以是非实物的。在科学领域，实物模型一般是用于实验的，也就是在一个可控的环境里（如实验室）研究对象的特性，比如模拟飞行器运动的六自由度转台，汽车碰撞实验中的假人，模拟电磁环境的微波暗室，等等。而 MBSE 中的模型，则是另一类模型，即非实物模型，或称为虚拟模型。这类模型是用符号、数学公式或图形来表示的，用符号或数学公式表示的模型称为形式化模型，用图形表示的模型称为半形式化模型。虚拟模型可以在基于计算机的虚拟空间中进行数字化处理，因此也可称为数字化模型。

对于虚拟模型，又可以按不同的维度分成多种类型：

按照模型形态，可分为概念模型（图形、符号）、数学模型（公式、符号）、仿真模型（计算机程序）。

按照模型数学特征，可分为连续模型、离散模型，定性模型、定量模型，线性模型、非线性模型，等等。

按照模型粒度，可分为单元模型、系统级模型和体系级模型。单元模型描述物理对象的某个组成部分或单个方面的属性（如产品的一个零件或某种动力学特性）；系统级模型由多个单元模型组成，各单元之间一般具有较为固定的紧耦合关系（如一个装备的数字样机）；体系级模型由多个单元模型或系统级模型组成，各部分之间一般具有不固定的松耦合关系（如城市交通系统模型、攻防对抗模型）。

按照描述对象的方面，可分为实体模型、行为模型和认知模型。实体模型包括结构模型（也称为几何模型）、动力学模型等；行为模型包括运动学模型、人的举止动作等；认知模型包括知识、推理、决策等模型。

按照对描述对象的认识程度，可分为白盒模型（如机理模型）、灰盒模型（如部分机理、经验模型等）、黑盒模型（如神经网络模型）。

按照系统层级，可分为系统架构模型（主要用于描述系统各组成部分之间的逻辑关系）、物理特性模型（主要用于描述系统的动力学、运动学等物理特性，有时也简称物理模型）。

1.2.2 基于模型的系统工程（MBSE）

2007 年，国际系统工程协会（INCOSE）发布的《INCOSE 系统工程愿景 2020》[2] 中，提出了基于模型的系统工程（MBSE）的概念，并将其定义为：一种形式化的建模应用，用于支持全生命周期各阶段的系统需求、设计、分析、校核与验证等活动[2]。

MBSE 是为应对传统系统工程通过文档进行交流和协作所带来的问题而提出的，核心思想是采用形式化、标准化的模型来代替传统的主要用自然语言描述的文档，贯通产品研发的各个阶段[6]，以支持系统的设计和分析，包括需求分析、功能分析、系统逻辑架构设计、系统物理架构设计，以及系统集成验证。MBSE 能够确保参与研发的系统工程师及各利益相关方对系统信息有一致且明确的理解，使得他们之间的信息交流变得方便和顺畅，从而大大提高协作效率和开发系统的质量[7]。

INCOSE 和对象管理组织（Object Management Group，OMG）在统一建模语言（UML）的基础上开发了系统建模语言（SysML）来描述工程系统[8]。SysML 是目前 MB-SE 最常用的建模语言，它为多个主流的 MBSE 方法论提供支持，如 IBM 的 Harmony-SE，面向对象的系统工程方法（OOSEM）等。一些软件提供商也开发了相应的基于 SysML 的软件，为 MBSE 的实施提供支持，主要商业软件包括 Rhapsody、MagicDraw 等。建模语言、方法和工具被称为 MBSE 的三大支柱，构成 MBSE 的一个完整的技术体系。

注：
关于 SysML 语言（内容来自 OMG 官网）

SysML 语言通过对 UML2.0 的子集进行重用和扩展而来，是一种多视图建模语言。对于复杂系统而言，系统内部结构及其关联关系的复杂性导致很难从一个角度对系统进行清晰且准确的描述，所以在对系统进行建模时，往往需要综合不同视角下的模型才能比较全面地描述系统各方面的信息。多视角下的图形化建模即为多视图（view）建模。

SysML 由图和元模型组成。SysML 的语言结构以包（package）的形式来存放，各包中包括模型参数和语法机制。SysML 中定义了 3 大类图，即结构图、需求图和行为图，这 3 大类图又进一步细化为 9 种图（图 1-7）[9]。细实线框表示与 UML2 相同的图，包括序列图、用例图、状态机图和包图；粗实线图表示从 UML2 修改而来的图，包括活动图、模块定义图、内部模块图；虚线框表示 SysML 所特有的图，包括需求图和参数图。

系统结构由模块定义图和内部模块图表示。模块定义图描述了系统层次结构和系统/组件分类。内部模块图从部件、端口和连接器的角度描述了系统的内部结构。包图用于对模型的组织管理。

行为图包括用例图、活动图、序列图和状态机图。用例图通过系统或系统部件之间的交互实现对系统功能的高层描述。活动图表示活动之间的数据流和控制。序列图表示系统的协作部分之间的交互。状态机图描述了系统或其部件响应事件所执行的状态转换和操作。

SysML 包括一个图形结构，用于表示基于文本的需求，并将它们与其他模型元素相关联。需求图捕获了需求层次结构和需求派生，满足和验证关系允许建模人员将需求与满足或验证该需求的模型元素相关联。需求图提供了典型需求管理工具和系统模型之间的桥梁。

参数图表示对系统特性值（如性能、可靠性和质量特性）的约束，并作为将规范和设计模型与工程分析模型进行集成的一种手段。

SysML 还包括分配关系以表示各种类型的分配，包括功能到组件的分配、逻辑到物理的分配以及软件到硬件的分配。

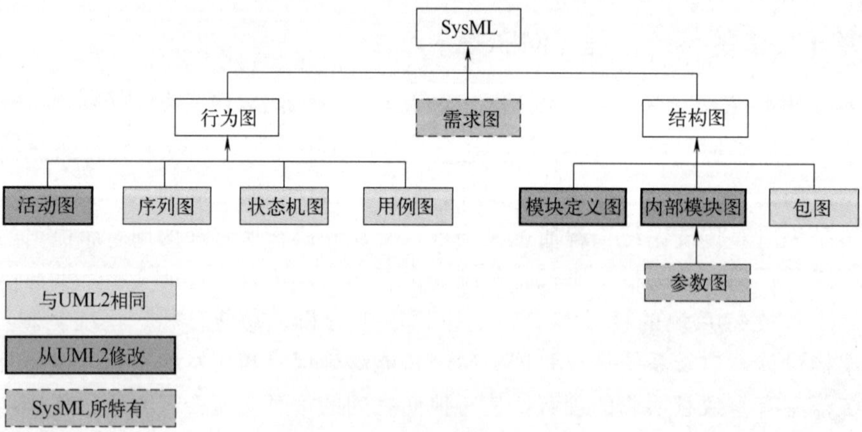

图 1-7　SysML 语言的 9 种图

基于 MBSE 方法，在系统研发时利用 SysML 等建模语言对系统结构、行为、需求和参数等进行统一建模，将传统系统工程中基于文档的信息传递，转变为基于模型的信息传递（图 1-8）[10]，系统设计研发的过程也就转变为建模以及模型的管理和分析的过程，从而帮助系统设计师们从繁琐的文档中摆脱出来，使他们之间的交流变得更加顺畅，可以在很大程度上克服 1.2.1 小节中提到的问题。MBSE 被认为是系统工程实施方式的一次重大变革。

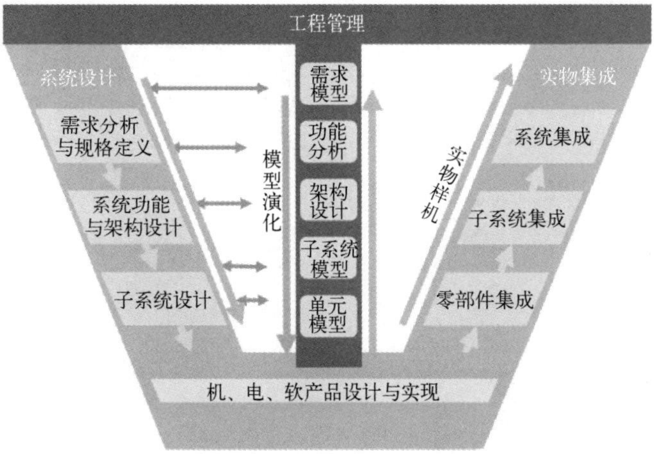

图 1-8　基于模型的系统工程研发模式

1.3 基于建模仿真的系统工程

1.3.1 当前 MBSE 困局

MBSE 方法的核心思想是模型化，使得系统开发各个利益相关方之间可以借助模型进行交流，虽然规范性、歧义性、一致性比自然语言编写的文档都要好，但一个复杂的系统或产品，其模型也相当复杂（图 1-9），要理解这样复杂的模型对于设计师来讲仍然是很困难的。

模型的作用如果仅限于对系统的描述，就会造成一个尴尬局面：

对于简单的系统，一般不需要建模。这类系统涉及的学科和参与的人员并不多，普通文档就足以支持设计师们的日常工作，如果让设计师再去学习一门新的语言去建立和理解一些并不必要的模型，无疑会给他们增加额外的负担。而对于复杂的系统（如汽车、飞机或舰船），其模型也相当复杂（如图 1-9），因此基于这样的模型所能带来的沟通上的便利也就不甚明显。而建立这类复杂的模型，会花费大量的精力和时间，这对于系统工程师来说，同样是一件得不偿失的事情。

这一局面导致一线的设计师对于建模的积极性并不高。这也是 MBSE 推广应用的一大障碍。事实上，对于系统设计师来讲，他们更希望花费大量精力和时间构建的模型能够运行起来，这样可以快速了解系统的性能是否满足设计的需求，也就是说他们需要一个可以仿真的模型。

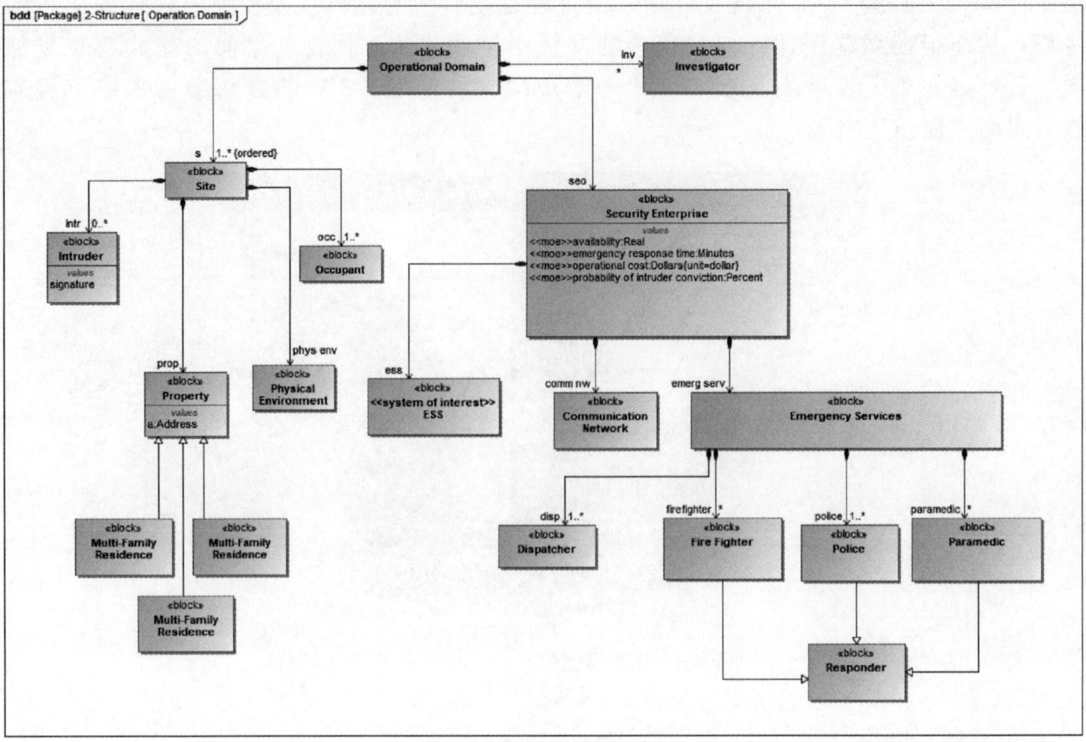

图 1-9　SysML 模型举例

注：
系统仿真与工程仿真

仿真是一种利用模型进行试错的技术。如果所使用的模型为虚拟模型（数字化模型），则称为计算机仿真。这里所说的仿真即为计算机仿真，简称仿真。需要说明的是，在系统的研发过程中，会用到两种类型的仿真技术，即系统仿真技术和工程仿真技术。

系统仿真：是根据系统分析的目的，在分析系统各个要素性质及其相互关系的基础上，建立能描述系统结构和行为过程的且具有一定逻辑关系或数量关系的仿真模型，据此进行试验或定量分析，以获得正确决策所需的各种信息[11]。

面向系统仿真的模型可称为系统模型，有时也被称为一维模型，如逻辑架构模型、基于方程描述的物理特性模型等，国外相关软件如 Matlab/Simulink、Dymola、Anylogic 等，国产软件如苏州同元的 MWorks、北京华如科技的 TSim、世冠科技的 GCKontrol 等。系统仿真一般用于系统或产品的概念设计阶段或总体设计阶段。这一阶段尚不需要对各个分领域的特性进行精细的分析，但也需要对重要的物理特性进行快速的仿真，以便对总体架构和系统分解方案进行验证和优化。系统仿真更关注系统各部分之间的联系和整体性能是否满足需求。

如果 MBSE 能够与系统仿真技术深度融合，即可实现对总体设计方案的快速迭代。

工程仿真：一般是指用 CAE 软件对物理对象特定的物理特性进行精细分析的过程，其模型一般为产品的三维模型，一般采用有限元方法进行数值计算，因此有时也被称为数值仿真。相关国外软件如 Ansys、Fluent、Abaqus 等，国产软件如安世亚太的 PERA SIM、中航工业的 HAJIF、十沣科技的 QFLUX 等。由于工程仿真专业性强，因此针对某个特定的物理特性（如结构、静力、动力、疲劳、断裂、热、光、声、液、气、电磁、摩擦、腐蚀等），往往需要开发专用仿真分析工具，因此工程仿真专用软件的数量非常多。工程仿真一般用于系统或产品的详细设计阶段，更关注系统局部和细节的优化。

理想的 MBSE 过程也可以与工程仿真过程进行数据交换，从而形成系统全生命周期的模型化的数据总线。由于工程仿真软件的多样性，一般采用数据接口的方式实现松耦合集成。

本书中提到的仿真，在不加特别说明的情况下，都是指系统仿真。

一个可仿真的模型可以直接带来以下好处：

① 通过仿真可以在设计早期发现错误，以最大限度地降低由设计错误造成的损失。

② 基于仿真分析可以对设计参数进行优化迭代，以便快速、低成本地找到满意的设计方案。

③ 仿真可以快速且形象地向客户及各利益相关方展示系统的预期行为，以进一步降低沟通的成本。

④ 通过仿真可以尽可能地减少基于物理样机的测试验证（图 1-8 中 V 模型的右侧），实现系统工程全流程的数字化，从而大幅降低研发成本、缩短研发周期，甚至实现制造一次成功。

因此，只有有一个可仿真的模型才能最大程度地发挥 MBSE 的作用，才能使得企业和工程师们具有实施 MBSE 的主动性和积极性，从而使 MBSE 真正落地并实现其预期价值。

然而，当前的 MBSE 技术路线无法很好地解决这一问题。以 SysML 语言为例，SysML 是基于软件工程建模语言 UML 发展出来的一种半形式化语言，虽然为了方便系统分析，SysML 增加了反映性能属性的元素，但对连续和离散混合行为以及智能行为的建模缺乏支持。此外，SysML 旨在表示描述性的设计信息，因此，基于 SysML 语言仍无法构建出一个可以直接针对系统物理性能进行仿真的模型，能做的只是对系统架构模型的逻辑关系进行一些定性的分析和判断。尽管这相比于传统基于文档的方法已经是一个很大进步，但对于系统设计而言是远远不够的。因此在应用 MBSE 方法论时，不得不借助外在的仿真工具与 SysML 建模工具进行配合，来开展系统性能仿真。

目前学术界和工业界主要通过两类手段解决 MBSE 中的系统设计与仿真的集成问题。一是模型转换，即根据 SysML 的扩展机制，构建针对特定仿真语言的 SysML 元模型扩展配置文件，实现从系统架构模型到性能仿真模型之间的转换。例如 SysML 到 Simulink[12] 的转换[13]、SysML 到 Modelica[14] 的转换[15]，业内开发了一些转换语言来进行这种模型之间的转换，例如 QVT[16]、ATL[17]、ETL[18]、ReqIF[19]、VIATRA[20]。二是软件集成，即在系统架构建模软件和仿真软件之间开发适用的接口[21,22]，实现系统架构模型与其他仿真语言定义的模型之间的联合仿真。目前业内广泛使用基于 FMU/FMI 的接口规范。一些研究利用 FMI 及其功能模型单元（FMU）来实现具有离散特征的 SysML 状态机模型和具有连续特征的 Modelica 模型的联合仿真[23]。表 1-1 给出了部分模型转换与软件集成的研究工作。

表 1-1　系统设计（建模）与仿真验证一体化研究

相关研究	评述
2009 年，W. Schamai 等人通过扩展 UML 的方式进行 Modelica 的仿真映射，ModelicaML 是第一个较完备的设计和仿真建模集成方法[24]	并不支持完整的 Modelica 语法标准，扩展形式不友好

续表

相关研究	评述
2012 年，OMG 提出了基于 QVT 的 SysML 和 Modelica 映射方法，并给出了用于转换元模型的 SysML4Modelica 扩展包定义[16]	不支持模型间的双向转换，关于方程和算法的扩展定义不够完善
2013 年，基于 SysML 的统一行为模型扩展(UBML)方法，联合 Matlab/Simulink，在复杂机电系统中用三元语法将设计模型自动映射到仿真模型[25]	不支持模型间的完整转换和双向转换，Matlab/Simulink 本身对多领域复杂系统建模也难以支持
2015 年，J. M. Gauthier 等人使用 OMG 的 SysML4Modelica 扩展包，并采用 ATL 的转换方法对 SysML 模型转换到 Modelica 模型[26]	不支持模型间的双向转换，扩展方法没有完善
2016 年，基于 SysML 的可视化模型转换方法，结合元模型转换思想，构造转换规则和活动元模型，通过对转换元模型的实例化实现 SysML 模型转换到 Modelica 模型[27]	元模型的对应关系粒度较粗，多数基础语义无法表达
2018 年，基于 ATL 的 SysML 和 Modelica 映射方法，并给出了用于转换元模型的 M-Design 扩展包定义[22]	不支持模型间的双向转换，状态机算法的扩展定义不够完善
Feldman 等人使用 FMI 将 SysML 模型编译为. fmu，并与 Simulink 和 Modelica 集成，从而可以实现对连续子系统和离散子系统的集成设计并进行早期的联合仿真[28]	只能够支持部分 SysML 文件的转换，不支持对于 SysML 中状态机图和活动图的集成
李清等人发明了一种基于 SysML-Modelica 的混合系统建模方法及其向混合接口自动机的转换[29]	不支持模型间的双向转换，且混合系统的建模一半使用了 SysML 的状态机，一半使用了 Modelica 使得模型结构割裂
周书华等人基于 ATL 实现了 SysML 到 Modelica 的映射，并给出了元模型转换的 M-Design 扩展包的定义[30]	仍有相关元模型未定义，如状态机等，并且仅实现了 SysML 到 Modelica 的单向转换
2019 年，R Barbau 等人使用对物理交互和信号流仿真进行建模所需的附加信息来扩展 SysML，并构建拓展后的 SysML 与物理仿真语言和工具的转换器[31]	只是从软件层面实现了单向的扩展，无法进行全面的双向转换
2021 年，Ramos R J S 等人提出了一种基于 SysML 到 Simulink 的模型转换方法，应用于子系统设计的仿真支持[32]	仅支持 SysML 到 Simulink 单向转换，无法实现双向反馈，且主要集中在子系统设计，难以扩展到更复杂的系统或多学科集成
2021 年，J. Yan 等人利用 SysML 的结构图和端口实现 SysML 模型与 Modelica 模型的通信，可以得到系统完整的半形式化模型。提出了一种变换算法将其转化为形式化模型，并通过互模拟来证明算法的正确性[33]	无法完成一体化建模，基于端口通信的方式对于复杂系统建模支持困难
2022 年，B. Huang 等针对 SysML 建模软件活动图仿真能力不足的问题，基于 fUML 规范实现了 SysML 活动图仿真功能[34]	仅仅实现了单个图的仿真，对复杂系统的综合仿真支持不足
2023 年，Xinquan W 等人提出了一种基于 DEVS 框架的 SysML 混合模型仿真方法，通过模型转换实现了对 SysML 模型的仿真支持[35]	仅支持从 SysML 到 DEVS 框架的单向转换，难以实现双向反馈，无法有效将仿真结果反馈回原始 SysML 模型

续表

相关研究	评述
2024 年，Brian Pepper 等人提出基于 SysML 和 Modelica 的集成方法。利用 SysPhS 标准实现 SysML 驱动 Modelica 仿真，并将仿真结果反馈回 SysML 以支持设计决策和早期验证[36]	实现了 SysML 与 Modelica 间高效的"双向信息交换"，而非完全无损的异构模型"双向转换"。其核心是 SysML 驱动仿真、Modelica 反馈结果，支持顶层设计决策，但因语言抽象层级差异，无法实现模型内容的完全语义对等重构

注：
关于 Modelica 语言

Modelica 建模语言成立于欧洲的非营利组织 Modelica 协会开发，是一种适用于大规模复杂异构物理系统建模的面向对象语言，可以免费使用。Modelica 支持对大规模复杂多领域系统建模，例如机电模型（机器人、汽车和航空应用中的机电系统包含了机械、电子、液压和控制子系统）、过程应用、电力发电和输送等。

Modelica 是一个面向对象的建模语言，其包括 Model、Block、Function、Record 和 Connector 等多个受限类，支持模型设计的继承/泛化。Model 类支持建模人员以微分、代数、偏微分方程（组）的形式建模物理系统，相关的 Modelica 工具能够决定如何自动求解方程变量，使开发者集中精力建立数学模型，而不必过分关心模型求解和编程实现的过程。Connector 支持基于广义基尔霍夫定律建立多领域物理模型之间的接口，从而能够以非因果建模方式对物理模型建模，能够清晰直观地体现物理系统的实际拓扑结构，直观反映多领域物理系统的连接。同时 Block 类也支持以类似 Simulink 的因果图关系连接建模。而 Function 和 Record 类则分别提供了函数建模和数据结构建模的支持。

（上述内容来自 Modelica 官网）

虽然 Modelica 可以支持复杂系统的多领域统一建模，但方程的语言特性导致其对于动态数据结构（比如经典的列表、堆栈等数据结构）以及变量的运行绑定（比如 C 语言中的指针特性）的支持不足。而这两个特性是离散事件及智能化行为建模和仿真中非常重要的基础元素，因此 Modelica 对于离散事件及智能行为建模和仿真非常不友好。此外，因为对离散事件支持不全面，Modelica 对于连续离散混合系统的建模和仿真也存在缺陷，这也是 SysML 和 Modelica 之间映射转换困难的一个很重要的原因。

尽管学术界和工业界在接口开发和模型转换方面做出了种种努力，SysML 本身也在试图对系统性能及参数进行更加细致的描述（在 SysML V2.0 中为了便于更加细致地对系统性能和参数进行描述补充了文本语法），尽量方便地与各种仿真工具之间进行衔接，但仍然难以摆脱模型转换固有的缺陷。即使是最好的 MBSE 商业工具，在模型转换或软件集成过程中也不可避免地需要手工操作。因此无法从根本上解决系统架构模型和系统性能仿真之间相互脱节的问题（图 1-10），导致无法突破 MBSE 的应用困局。主要表现为以下几个方面：

① 系统建模语言（SysML、UML 等）和仿真建模语言（Modelica、Simulink 等）在语法和语义上存在显著差异，而元模型的扩展机制无法完全弥补这些差异。模型转换过程中无法避免信息的丢失，这导致转换之后的模型无法与原模型保持完全一致。而且，目前的模型转换大多只支持单向转换，无法实现设计模型与仿真模型之间的双向转换。

② 对系统集成验证（图 1-8 中 V 模型的右侧）的支持不足，仍然需要大量的物理

样机和物理实验来完成测试，导致研发效率、成本和周期等重要指标难以获得更大的提升。

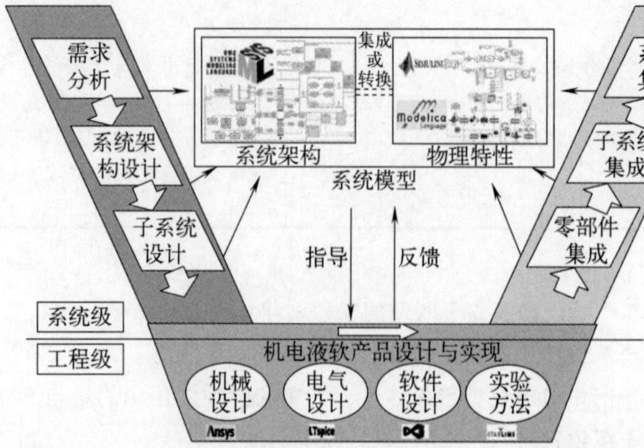

图 1-10　系统架构模型与性能仿真之间的鸿沟

③ 现有基于 SysML 的建模工具与 FMI 之间存在语义差距，导致联合仿真效率较低。

④ 当模型中的任何参数发生变化或调整时，都必须通过手工方式重新进行接口封装和适配[39]，需要工程师具有丰富的经验并付出巨大努力来保持模型参数的一致性。

⑤ 对系统参数的优化主要依赖设计师个人的能力，一般只能在很小的范围内开展，难以通过优化算法开展自动的全局的优化。

⑥ 当验证发现问题时，难以进行回溯以快速找出问题的原因和位置。

除了上述问题之外，现有 MBSE 建模语言对系统中智能行为的建模仿真也不能很好地支持。

要使上述问题得到彻底的解决，关键是充分发挥仿真的作用，将系统建模和仿真从根本上变成一个整体。

1.3.2　基于建模仿真的系统工程（MSBSE）与 X 语言

事实上，在仿真领域，建模和仿真本来就是一个整体。仿真被称为基于模型的活动，而建立模型就是为了开展仿真。基于模型的系统工程（MBSE）强调了模型在系统生命周期的重要性，但在其方法体系中，仿真仍处于从属地位。如果能在 MBSE 中深入全面地贯彻建模仿真一体化的理念，就会最大程度地体现模型的价值，进而破解前面提到的 MBSE 困局。这时基于模型的系统工程（MBSE）事实上就成为了基于建模仿真的系统工程（modeling and simulation-based systems engineering，MSBSE）。

正式文献中，最早使用“基于建模仿真的系统工程（MSBSE）”这一术语的是 2015 年 D. Gianni 等编辑出版的 *Modeling and Simulation-Based Systems Engineering Handbook* 一书[37]。MSBSE 将模型和仿真放在同等重要的地位，追求可仿真的模型和更高效的仿真。MSBSE 是一种可实现设计仿真一体化的系统工程，也是仿真领域和系统工程领域的一次深层次的碰撞和融合。

MSBSE 是对 MBSE 理念的完善和深化。其通过全面应用建模与仿真技术，提高对全系统进行数字化评估和优化的能力；通过在数字空间的反复试错，帮助系统工程师在系统设计（或称总体设计、架构设计）阶段尽早地发现设计中的错误或缺陷，从而最大限度地降低风险和研发成本[38]。

当前的 MBSE 的验证过程主要在同层之间开展，即针对系统架构模型只能进行逻辑验证，物理仿真结果无法直接反馈到系统架构，因此难以基于系统的物理行为表现对架构设计进行快速的迭代优化。而 MSBSE 则致力于打通系统架构模型与其物理特性模型之间的壁垒，形成一个设计、仿真和优化一体化的系统设计模式。

如前所述，已有的 MBSE 语言、方法和工具还不能充分体现 MSBSE 的理念。已有的 MBSE 建模语言和面向仿真的物理建模语言，均难以独立完成一个可仿真的一体化系统模型的构建任务。

为此，需要一种可实现系统架构和物理特性建模仿真一体化的新语言，并在此基础上形成一套能充分体现 MSBSE 理念的设计仿真方法和软件工具，从而从根本上破解 MBSE 困局。

此外，现有 MBSE 的核心思想、建模语言和方法论、核心模型组件、接口标准等均由外国主导，下游的软件生态受制于人，难以实现真正自主可控。而且，现有 MBSE 应用于中国企业时，一般难以与企业的研发模式或管理模式完全匹配，往往需要对方法和软件进行定制化修改，有时甚至需要修改底层的建模语言。而语言修改、升级的话语权仍掌握在外国人手里，这使得我国的建模理论创新、建模仿真工具发展在源头上受制于人。

因此，无论从技术本身的角度还是自主可控的角度，都需要一套真正实现一体化建模和仿真且完全自主可控的面向 MSBSE 的语言、方法和工具。

X 语言及相关的技术体系就是在这种需求和背景下开发完成的（图 1-11），其间得到了国家重点研发项目等国家项目的支持。

XLanguage
—X 语言—

图 1-11 X 语言注册商标

X 语言可实现系统架构和物理特性的统一描述，从而形成一个一体化的可仿真运行的系统模型（如图 1-12 所示），从根本上弥补了现有 MBSE 设计建模与仿真验证相互脱节的缺

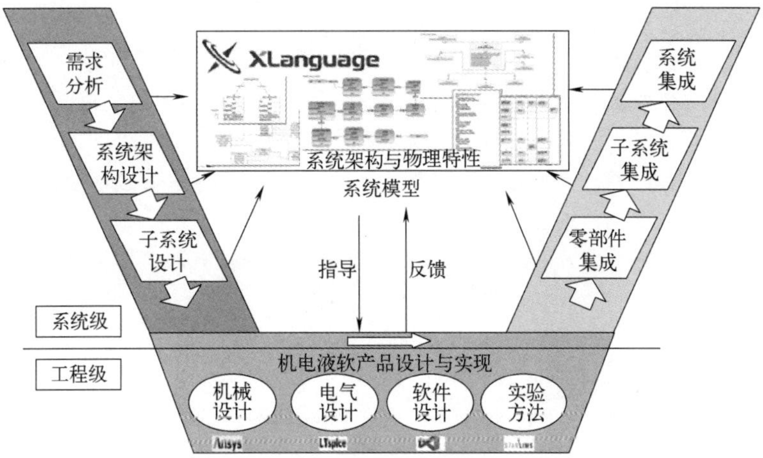

图 1-12 基于 X 语言的 MBSE/MSBSE

陷，使得协同设计、仿真及优化过程更加高效。X 语言融合了多种建模思想和描述规范，提供元模型一致的图形和文本两种建模语法，在此基础上形成了从概念设计、系统架构到物理行为的统一形式化建模规范，支持连续、离散、智能体等多学科混合建模和联合仿真，确保了各个阶段的无缝衔接，提高了复杂系统全流程建模和仿真的可追溯性，并方便研发团队实现全面高效的信息交换、共享和重用。X 语言及相应的方法和软件构成了我国自主研发的第一个 MBSE/MSBSE 技术体系。

X 语言可应用于各种领域的系统工程或体系工程，例如航空航天、船舶、汽车、电力、电子、通信、网络等。无论是设计高级复杂的飞行控制系统，还是开发创新的智能交通系统，X 语言都能为工程师们提供强大的建模与仿真工具，支持他们在系统全生命周期中的决策与验证。

1.4 本章小结

系统工程是到目前为止指导和开展复杂系统正向创新设计的一种最有效的方法。基于模型的系统工程（MBSE）是传统的基于文档的系统工程的发展，为复杂产品的研发提供了一种高效的数字化手段。本章简要回顾了系统工程的发展历程和我国在系统工程领域的探索和实践，介绍了 MBSE 的基本理念及发展现状，梳理了从系统工程到基于模型的系统工程，再到基于建模仿真的系统工程（MSBSE）的发展脉络。针对 MBSE 在工程应用中的困局，分析了现有的用于 MBSE 的建模语言、方法和工具在支持系统设计方面存在的不足，以及仿真对全面实现 MBSE 价值的重要性，最后简要介绍了 X 语言的研发背景和目的。后续各章将对 X 语言进行详细的介绍，包括 X 语言相关基础理论、X 语言架构及描述规范、基于 X 语言的 MBSE/MSBSE 方法论 X-SEM、面向 X 语言的一体化建模仿真软件 XLab、基于 X 语言的体系建模，以及 X 语言应用案例等。

参考文献

［1］ 国际系统工程协会（INCOSE）、系统工程手册［M］. 张新国，译. 北京：机械工业出版社，2022.

［2］ INCOSE，《System Modeling Vision 2020》，2007.

［3］ 钱学森，许国志，王寿云. 组织管理的技术——系统工程. 上海理工大学学文汇报，1978 年 9 月 27 日.

［4］ 钱学森，于景元，戴汝为. 一个科学新领域——开放的复杂巨系统及其方法论［J］. 自然杂志，1990（1）：3-10.

［5］ 张霖，张雪松，宋晓，等. 面向复杂系统仿真的模型工程［J］. 系统仿真学报，2013，25（11）：2729-2736.

［6］ Motamedian B. MBSE applicability analysis［J］. International Journal of Scientific and Engineering Research，2013，4（2）：1-7.

［7］ Selic B. Model-Based Software Engineering：Expected and Unexpected Challenges［C］//JISBD. 2008：357-358.

［8］ Holt J，Perry S. SysML for Systems Engineering：A Model-Based Approach［M］. IET Digital Library，2013.

[9] OMG，What is SysML? https：//www. omgsysml. org/what-is-sysml. htm.

[10] Henderson K，Salado A. Value and benefits of model - based systems engineering (MBSE)：Evidence from the literature [J]. Systems Engineering，2021，24 (1)：51-66.

[11] 中国仿真学会. 建模与仿真技术词典 [M]. 北京：科学出版社，2018.

[12] 江玲玲，张俊俊. 基于 AMESim 与 Matlab/Simulink 联合仿真技术的接口与应用研究 [J]. 机床与液压，2008，36 (1)：148-149.

[13] Chabibi B，Douche A，Anwar A，et al. Integrating SysML with simulation environments (Simulink) by model transformation approach [C]//2016 IEEE 25th International Conference on Enabling Technologies：Infrastructure for Collaborative Enterprises (WETICE). IEEE，2016：148-150.

[14] Kerzhner A A，Jobe J M，Paredis C J J. A formal framework for capturing knowledge to transform structural models into analysis models [J]. Journal of Simulation，2011，5 (3)：202-216.

[15] OMG. SysML-Modelica Transformation Specification Version 1. 0. 2012. https：//www. omg. org/spec/SyM.

[16] Kurtev I. State of the art of QVT：A model transformation language standard [C]//Applications of Graph Transformations with Industrial Relevance：Third International Symposium，AGTIVE 2007，Kassel，Germany，October 10-12，2007，Revised Selected and Invited Papers 3. Springer Berlin Heidelberg，2008：377-393.

[17] Jouault F，Allilaire F，Bezivin J，et al. ATL：a QVT-like transformation language [C]//Companion to the 21st ACM SIGPLAN symposium on Object-oriented programming systems，languages，and applications. 2006：719-720.

[18] Muñoz L，Mazon J N，Trujillo J. ETL process modeling conceptual for data warehouses：a systematic mapping study [J]. IEEE Latin America Transactions，2011，9 (3)：358-363.

[19] Ebert C，Jastram M. ReqIF：Seamless requirements interchange format between business partners [J]. IEEE software，2012，29 (5)：82-87.

[20] Bergmann G，David I，Hegedus A，et al. Viatra 3：A reactive model transformation platform [C]//Theory and Practice of Model Transformations：8th International Conference，ICMT 2015，Held as Part of STAF 2015，L'Aquila，Italy，July 20-21，2015. Proceedings 8. Springer International Publishing，2015：101-110.

[21] Zeigler B P，Mittal S，Traore M K. MBSE with/out Simulation：State of the Art and Way Forward [J]. Systems，2018，6 (4)：40.

[22] Zeigler B P. DEVS and MBSE：a review [J]. International Journal of Modeling，Simulation and Scientific Computing，2022，13 (02)：2230001.

[23] Bastian J，Clau ββ C，Wolf S，et al. Master for co-simulation using FMI [C]//8th International Modelica Conference. Linkoping University Electronic Press，Linkopings universitet Dresden，Germany，2011.

[24] Schamai W. Modelica modeling language (ModelicaML)：A UML profile for Modelica [M]. Linkoping University Electronic Press，2009.

[25] Cao Y，Liu Y，Fan H，et al. SysML-based uniform behavior modeling and automated mapping of design and simulation model for complex mechatronics [J]. Com-

puter-Aided Design，2013，45 (3)：764-776.

[26] Gauthier J M，Bouquet F，Hammad A，et al. Tooled process for early validation of SysML models using Modelica simulation [C] //Fundamentals of Software Engineering：6th International Conference，FSEN 2015，Tehran，Iran，April 22-24，2015. Revised Selected Papers. Springer International Publishing，2015：230-237.

[27] 李新光，刘继红．基于SysML的系统设计-仿真模型可视化转换 [J]．计算机辅助设计与图形学学报，2016，28 (11)：1973-1981.

[28] Feldman Y A，Greenberg L，Palachi E. Simulating rhapsody SysML blocks in hybrid models with FMI [C]//10th Modelica Conference. 2014：43-52.

[29] 李晴，曹子宁，黄涛．基于SysML-Modelica的混成系统建模及其转换为混成接口自动机的方法：CN202210057171. 2 [P] . CN202210057171. 2 [2024-03-15].

[30] 周书华，曹悦，张政，等．基于SysML和Modelica的复杂机电产品系统设计与仿真集成 [J]．计算机辅助设计与图形学学报，2018，30 (4)：728-738.

[31] Barbau R，Bock C，Dadfarnia M. Translator from extended SysML to physical interaction and signal flow simulation platforms [J]. Journal of Research of the National Institute of Standards and Technology，2019，124：1-3.

[32] Ramos R J S，Monteiro J P，Gil P J S. Model Transformation from SysML to Simulink Applied to Simulation in Support of Subsystem Design [C]//Workshop on Simulation and EGSE for Space Programmes (SESP). 2021.

[33] Yan J，Hu B，Wang X，et al. Supporting Automotive Cooling and HVAC Systems Design Using a SysML-Modelica Transformation Approach [C] //Complex Systems Design & Management：Proceedings of the 14th International Conference on Complex Systems Design & Management Asia and of the 12th Conference on Complex Systems Design & Management CSD&M 2021. Springer International Publishing，2021：435-446.

[34] Huang B，Liu Y，Wu X，et al. Design and Implementation of SysML Activity Diagram Simulation Function Based on fUML Specification [C] //2022 7th International Conference on Control，Robotics and Cybernetics (CRC). IEEE，2022：7-11.

[35] Xinquan W，Xuefeng Y，Xingchan L，et al. Simulating hybrid SysML models：a model transformation approach under the DEVS framework [J]. The Journal of Supercomputing，2023，79 (2)：2010-2030. Pepper B，Arifin H H，Pavalkis S，et al.

[36] Unlocking Synergy：Leveraging SysML and Modelica with Bi-Directional Transformation and Simulation Integration Standards [C]//INCOSE International Symposium. 2024，34 (1)：1820-1837.

[37] Modeling and simulation-based systems engineering handbook [M]. CRC Press，2014.

[38] Modeling and simulation based systems engineering：Theory and practice [M]. World Scientific，2023.

第 2 章
X语言相关基础理论

X 语言的主要目标是解决当前 MBSE 建模语言难以支持系统架构与物理特性统一建模和仿真的问题。系统架构模型表示系统各组成部分之间的逻辑关系，其行为往往具有离散系统的特点。系统的物理特性大多表现为多物理域的连续系统行为，也可能包含离散事件系统行为或智能行为。比如一个由多个设备组成的生产线系统，其系统架构模型只关注产线各设备之间的交互逻辑以及加工物品的传递过程，是一个离散系统模型。而产线中的每一个设备的物理特性将基于表示物理机理的方程进行建模，所构建模型是多个连续行为模型，其中的某些智能加工设备具有智能行为属性。这样整个产线的模型就是一个包含多种要素的混合模型。从理论上讲，智能行为是一个在离散时间维度上的决策序列，也可以基于离散系统理论进行描述。但对于较复杂的智能体，如果仅用基于离散系统建模的方法进行描述，其建模过程和所建模型都会比较复杂，所以有必要提供专门的智能体描述规范。因此，系统架构与物理特性一体化建模和仿真问题，本质上是一个混合系统的统一建模和仿真问题，其核心是连续离散混合系统建模仿真。

在实现系统架构和物理特性的集成建模之后，将构建好的模型用于系统验证时，还会遇到诸多问题。因为复杂系统的分析设计过程涉及需求收集、功能分析、架构建立、物理特性建模，以及仿真验证等。在不同的阶段将会构建不同的模型，比如需求收集阶段将会构建需求的模型，在功能分析阶段建立功能模型。这些不同阶段的模型可能描述的是系统的不同方面，比如架构模型和物理行为模型；但也可能是同一个方面在不同阶段的描述，比如在功能分析时将会对系统各个功能之间的交互工作流建模描述，同时这个交互工作流也会在后续的行为或者架构建模阶段进一步地精细化描述。在建模的不同阶段，系统工程师也会使用这些模型进行仿真验证工作，以确保这些模型正确地满足设计需求。但由于设计阶段所产生的这些不同阶段和不同方面的模型，要在对应的时机构建对应的仿真模型，对于系统工程师来说并不容易。因此，为了对这些不同方面、不同阶段的模型进行描述，并方便地组织为仿真模型，就需要一个完备的文件管理和组织方法。

综上所述，一个理想的建模语言需要具备支持离散逻辑系统建模和仿真的能力、基于方程描述连续系统建模和仿真的能力、连续离散混合系统建模和仿真能力，以及智能体行为建模和仿真的能力，以支持系统工程师顺利开展对复杂系统的建模、分析、设计等活动。同时也要具备对建模过程中以及建模完毕后的模型进行管理、组织、仿真验证的能力。在本章接下来的内容中，我们将依次对连续离散混合系统和智能体的定义及建模理论进行介绍，并给出相应的模型管理和组织方法。

2.1 混合系统

本节将对混合系统的概念进行简单的介绍，包括连续离散混合系统以及智能行为系统。

2.1.1 连续离散混合系统

连续离散混合系统主要有三种类型，分别是：以连续行为为主的混合系统、以离散行为为主的混合系统和这两类混合模型相互交互构成的混合系统[1]。

(1) 以连续行为为主的连续离散混合系统

这种类型混合系统的状态变量随时间的变化轨迹是连续的，但其轨迹在某些时间点经历离散事件或者说被离散事件中断。这一类混合系统状态变量的时变连续轨迹通常用方程来描述。而当状态变量在某一时刻超过预定阈值（内部事件）或模型接收到外部信号（外部事件）时，系统将触发中断连续轨迹的离散事件。随后，这些触发的离散事件导致描述连续轨迹的方程立即转换为新的方程，或瞬时离散地跳转到状态变量的新值，如图 2-1 所示。以弹跳小球模型为例，该模型描述了一个小球从高处被放下做自由落体运动，然后接触到地面后不断弹起的过程，如图 2-2 所示。在小球做自由落体运动的时候，其运动过程可由运动学方程（自由落体方程）进行描述，这个阶段是其状态变量（高度 h 和速度 v）进行连续变化的过程。然后小球在与地面进行接触（即所处高度为 0）的瞬间，其速度方向将发生跳变，此时将触发离散事件。在发生离散事件将速度初始值进行重置之后，小球将会继续进行自由落体运动，即继续先前连续变化的过程。该案例是一个典型的第一类混合系统，即系统状态变量为连续时变轨迹，而整条轨迹被离散事件分割为几个片段。为了便于描述，在后续的介绍中将使用Ⅰ型混合系统代指这种类型的系统。

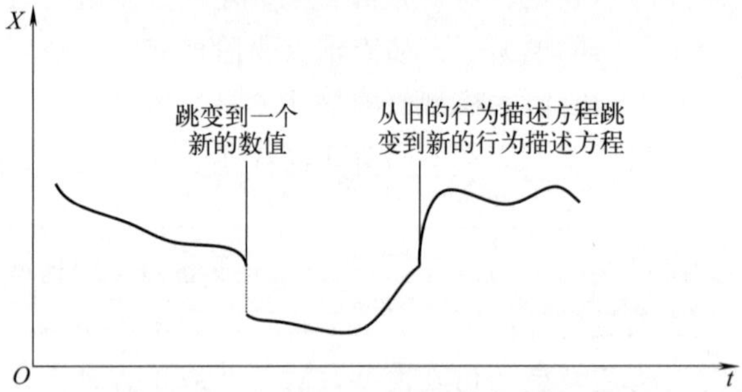

图 2-1　Ⅰ型混合系统的离散事件行为

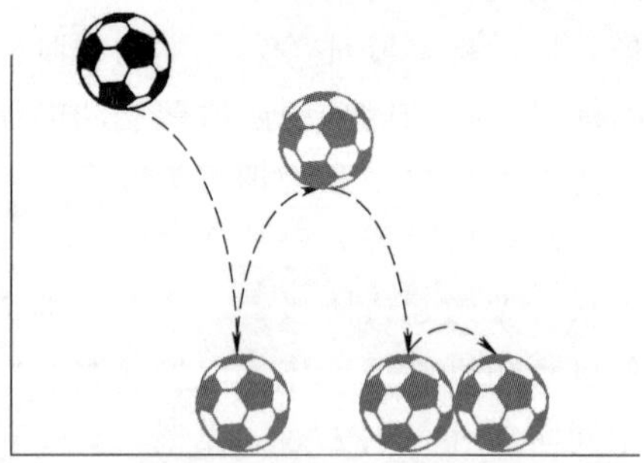

图 2-2　弹跳小球示意图

(2) 以离散行为为主的混合系统

以离散行为为主的混合系统指的是状态变量的变化在绝大多数情况下主要由事件驱动（当不发生离散事件时状态变量的数值保持不变），但在某些特定的时间间隔内连续变化的系统。具体而言，状态变量通常在两个离散事件之间保持不变，而在少数时间内根据特定时变方程进行连续演化。以某汽车发动机模型为例，该模型包含怠速和工作两种状态，存在速度

v 和行驶距离 x 两个状态变量。图 2-3，在怠速状态下汽车的速度 v 为 0，行驶距离 x 不变。当汽车接收到控制信号（tau）时，模型将切换到工作状态。在工作状态下，v 和 x 按下式进行连续变化：

$$\frac{dx}{dt}=v$$

$$1000\times\frac{dv}{dt}+5v\times \text{abs}(v)=-5000\times \text{tau} \tag{2-1}$$

当汽车在工作状态下接收到控制信号时，根据控制信号的数值确定下一个状态。如果控制信号的数值<0，则状态变为怠速，否则，系统处于工作状态。图 2-3 描述了汽车速度和距离的仿真结果。很明显，在怠速状态下，这两个状态变量都保持为零。直到收到控制信号后汽车进入工作状态，两个状态变量的数值根据特定的方程变化。离散制造车间的生产过程大多属于这种类型。为了便于描述，在后续的介绍中将使用Ⅱ型混合系统代指这种类型的系统。

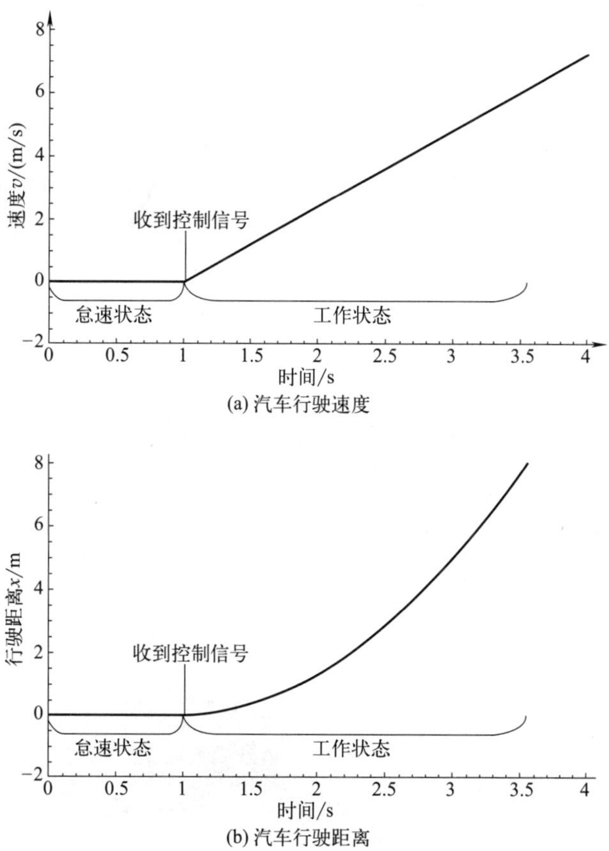

图 2-3　汽车速度和行驶距离随时间变化情况

(3) 连续行为和离散行为交互的混合系统

第三类混合系统是以连续为主的混合系统和以离散为主的混合系统之间不断进行交互的

系统。第三类混合系统首先必须是一个系统，其内包括具备以连续为主的特征和以离散为主的特征的混合组件，这些组件之间又直接或者间接进行信息的交互，且这种信息的交互是基于离散事件展开的。比如图 2-4 所示的案例，是一个简单的汽车控制电路。当开关断开后电容的电压低于特定的数值时，该电路将会向以离散为主的混合模型汽车的控制信号（tau）接口发送信号，控制汽车从怠速状态向工作状态转换。为了便于描述，在后续的介绍中将使用Ⅲ型混合系统代指这种类型的系统。

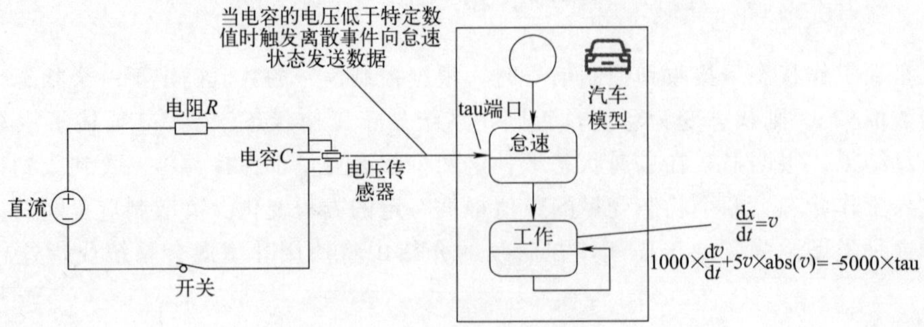

图 2-4　汽车控制电路示意图

2.1.2　智能系统

复杂系统中的一些组件或者设备往往具有自主决策、自主学习等自治特性的行为，比如智能汽车的智能驾驶模块能够支持汽车的智能驾驶，包括加速、急刹、转弯等，这类具有自主决策、自主学习等自治特性的行为称为智能行为。具备这类行为的对象一般被称为智能系统（或智能体，agent）。智能体的定义通常包括两种类型：人类控制策略型智能体和具有自我学习能力的智能体[2]。人类控制策略型智能体主要通过人类的控制策略来和外界进行交互学习，并依据不同的条件选择不同的策略。但相对的，智能体的每一个控制策略的选取条件都相对固定，不便于处理复杂的场景。具有自我学习能力的智能体则通过结合人工智能算法实现智能体自主学习策略，目的是通过智能体之间的交互以及智能体与环境的交互来学习到处理某一个问题的最优解。这两种定义虽然有差别，但因为它们都是一种抽象的具有智能性质的对象，所以两种智能体存在很多相似之处。随着人工智能技术的普及，这两种智能体定义逐渐进行融合，并且在不同的应用场景中均取得了良好的效果，本书中所描述的所有智能体对象就是这种融合的智能体。

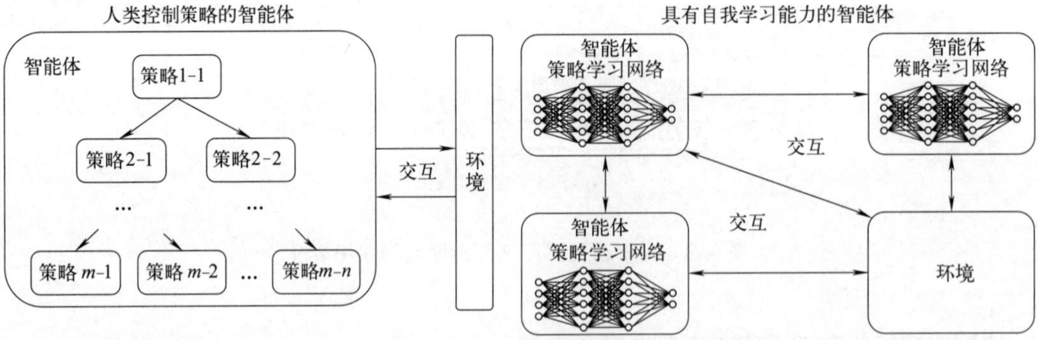

图 2-5　两种类型的智能体定义

2.2
混合系统建模相关理论方法

在 2.1.1 节中已经对连续离散混合系统进行了详细的介绍。为了解决混合系统的建模问题，X 语言的设计吸收了多种建模理论的思想，下面对其中几种有代表性的理论进行简要的介绍。

2.2.1 离散系统建模理论

(1) 状态机图系统规范

在离散系统领域中，状态机图（state charts）系统规范是一种重要的系统描述形式[3]。状态机图系统拥有三种类型状态：基本状态（basic-state）、或状态（or-state）以及与状态（and-state）。基本状态处于状态层次的底层，不存在子状态，不能够再被分解。或状态和与状态属于复合状态，或状态由若干子状态通过迁移（transition）连接而成，这些子状态可以是基本状态，也可以是复合状态。当或状态为活跃状态时，有且仅有一个子状态是活跃的。而当与状态为活跃状态时，所有子状态都是活跃的。一个复合状态会有一个或若干个缺省子状态（default）。当该复合状态被触发为活跃时，这些缺省子状态同时变为活跃的。还有一个特殊的状态，它没有父状态，处于状态层次的顶端，被称为根状态（root）。公式(2-2) 是对状态机图系统的形式化语法描述：

$$
\begin{array}{ll}
StateCharts & SC<S,t,r,\rho,D,E,T,L> \\
S & \text{所有状态的集成} \\
t & \text{状态类型} \\
r & \text{根状态 } root \\
\rho & \text{状态的层次关系} \\
D & \text{默认确认状态集合} \\
E & \text{系统中生成的原子事件集合} \\
T & \text{迁移集合} \\
L & \text{迁移上所有可能的标号集合}
\end{array}
\tag{2-2}
$$

其中，t 和 ρ 是用于定义子状态的函数。状态机图通过定义状态的子状态实现层次关系的建立。每一个子状态都有唯一的父状态，记为 parent（s）。特别的，根状态 r 没有父状态，且最基本的状态没有子状态。ρ 就是通过将状态机图的父子状态关系组织为树结构来实现对状态机层级结构的建模，该树形结构以根状态为根节点，基本状态为叶子节点。此外，在状态机图中，状态的迁移使用“e[g]/a”来表示，包括：迁移出发的状态（source），迁移的目的状态（destination），产生迁移的触发事件 e，迁移使能的条件表达式 g，以及迁移产生之后的动作 a。符号 e、g 和 a 即标号集合 L 中表达迁移内容的表达式。如图 2-6 所示为有限状态机结构例子。

(2) 离散事件系统规范

离散事件系统规范（discrete event system specification，DEVS）[4] 是亚利桑那州立大学的 B. P. Zeigler 教授提出的一个以离散事件为基础的支持连续和离散系统建模、分析和仿

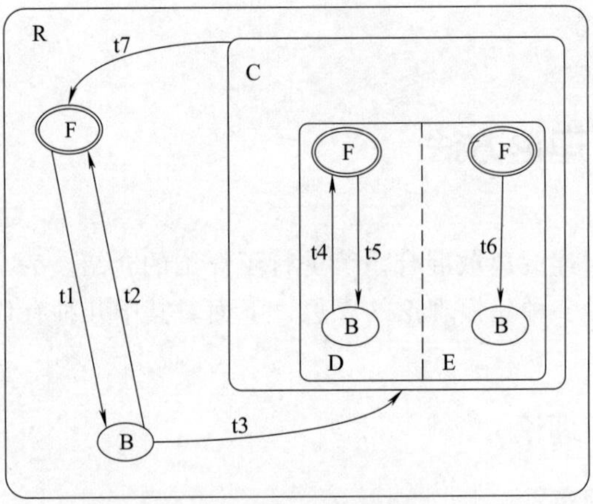

图 2-6　有限状态机结构例子 [5]

真的系统描述规范，是应用最广泛的离散系统仿真框架之一。DEVS 包括两类模型：atomic 模型和 couple 模型。其中 couple 模型规定了系统的耦合关系和层级结构，atomic 模型规定了不可再划分层级的原子系统的动态行为。

DEVS 中的 atomic 模型可以用下式定义：

$$AM=\langle X,Y,S,\delta_{ext},\delta_{\mathrm{int}},\lambda,ta\rangle \tag{2-3}$$

式中　X——输入端口集合；

Y——输出端口集合；

S——状态集合；

δ_{ext}——$Q\times X\rightarrow S$，为外部转移函数，$Q=\{(s,e)\mid s\in S,0\leqslant e\leqslant ta(s)\}$；

δ_{int}——$S\rightarrow S$，为内部转移函数；

λ——$S\rightarrow Y$ 输出函数；

ta——$S\rightarrow \mathbb{R}^{+}_{0,\infty}$ 时间步进函数。

在 atomic 模型中，内部接口、外部接口以及状态定义了 atomic 模型的静态结构。外部转移函数、内部转移函数、输出函数和时间步进函数定义了模型的动态行为。状态集合中的每一个状态都在时间步进函数中定义了该状态的持续时间。如果在该持续时间内，atomic 模型没有收到外部事件，即外部转移函数没有被触发，则 atomic 模型将触发内部转移函数中该状态对应的行为，并计算模型的下一个状态，同时激活 λ 函数产生输出。如果在持续时间之内 atomic 模型接收到了来自外部的触发事件，则 atomic 模型将会触发外部转移函数，执行收到该外部事件时触发的行为，并转移到外部转移函数中定义的下一个状态。

DEVS 中的 couple 模型可以用下式定义：

$$CM=\langle X,Y,D,M_d\mid d\in D,EIC,EOC,IC,Select\rangle \tag{2-4}$$

式中　X——$X=\{(p,v)\mid p\in Iports,v\in X_p\}$，输入端口集合；

Y——$Y=\{(p,v)\mid p\in Oports,v\in Y_p\}$，输出端口集合；

D——组件名称集合；

M_d——构成 couple 模型的组件，其中 $d\in D$ 是组件的名称。

couple 中的耦合方式分为三种：

外部输入端口耦合到内部组件的输入端口：$EIC\subseteq\{[(N,ipN),(d,ip_d)]\mid ipN\in IPorts,d\in D,ip_d\in IPorts_d\}$

组件端口耦合到向外部输出的端口：$EOC \subseteq \{[(d, op_d), (N, opN)] | opN \in OPorts, d \in D, op_d \in OPorts_d\}$

内部组件之间的端口连接耦合：$IC \subseteq \{[(a, op_a), (b, ip_b)] | a, b \in D, op_a \in OPorts_a, ip_b \in IPorts_b\}$

Select：定义系统中多个耦合连接交互同时发生时的执行顺序函数。

在 couple 模型的定义中，输入输出接口和模型组件集合定义了模型的静态结构，三种连接定义了其动态行为（即模型组件之间的互操作）。三种连接中，*IC* 定义了内部组件之间的互操作，*EIC* 定义了外部接口同其内部组件的交互；*EOC* 定义了内部组件向外的输出。通过这种清晰的层级结构描述规范，DEVS 实现了对多层级离散系统的结构和行为的描述。

这里使用一个案例来进一步介绍 DEVS，案例如图 2-7 所示。DEVS 模型层级结构总体上能够归纳为两个层次，第一层定义系统的组件、端口以及端口之间的连接，对应到 DEVS 中为 couple，第二层细化 I/O 系统的内部的行为，一般使用 atomic 构建。

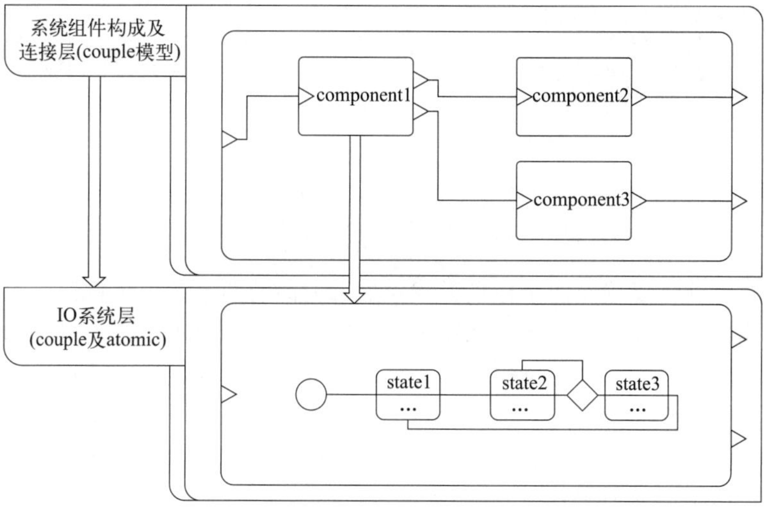

图 2-7 DEVS 层级结构

2.2.2 多物理域连续系统建模理论

针对系统的多物理域描述，微分方程一直占主要地位。近些年来，随着基于方程的面向对象建模语言（如 Modelica）的广泛使用，基于微分方程的建模技术占据了连续系统建模与描述的半壁江山。这种基于面向对象的连续系统建模理论主要是基于达朗贝尔原理[6]、基尔霍夫定律[7,8] 和键合图（Bond 图）[9] 的思想演变而来的，本节将对这些概念进行简要的介绍。

(1) 达朗贝尔原理

达朗贝尔原理是面向对象建模的基础。该原理表明对物理系统的建模来说，整个系统的行为可以通过其组件的受力派生出来。达朗贝尔原理可以使用下式表示：

$$\sum f - ma = 0 \tag{2 5}$$

上式表明，对于任意物理系统，所有惯性力或施加的外力，经过符合约束条件的虚位移，所做的虚功的总和等于零。图 2-8 给出了一个相对杠杆臂长度分别为 l_1 和 l_2 的非对称跷跷板模型。位于跷跷板两端的质点受到三种力：重力 mg、法向力 f_n 和向心力 f_z。总共

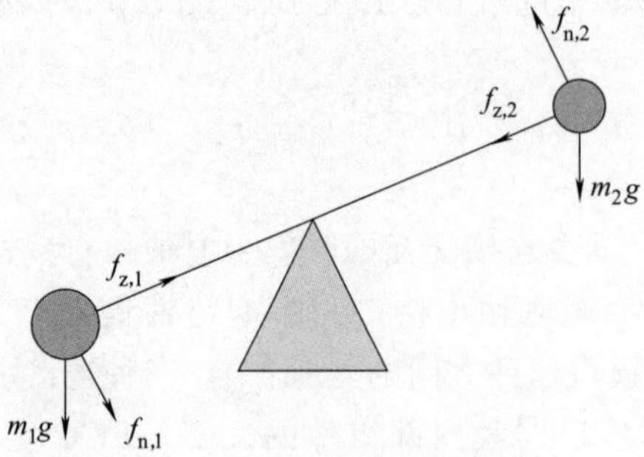

图 2-8　达朗贝尔原理的阐述

有 6 个未知数。

进一步地，使用杠杆原理可以定义如下两个方程：

$$
\begin{aligned}
f_{n,1}l_1+f_{n,2}l_2=0 \\
a_1l_1=-a_2l_2
\end{aligned}
\tag{2-6}
$$

根据达朗贝尔原理，作用在物体上的力必须与所施加的惯性力保持平衡。因此有：

$$
\begin{aligned}
f_{n,1}e_n+f_{z,1}e_z+\begin{pmatrix}0\\-m_1g\end{pmatrix}-m_1a_1e_n=0 \\
f_{n,2}e_n+f_{z,2}e_z+\begin{pmatrix}0\\-m_2g\end{pmatrix}-m_2a_2e_n=0
\end{aligned}
\tag{2-7}
$$

这两个向量方程可以看作四个标量方程，加上上面的两个方程，就得到了一个完整的六未知数线性方程组。可以看到，基于达朗贝尔原理，可以获得表示任意机械物理系统行为的微分方程。这一套微分方程是通过组件的受力情况分析得到的系统整体行为表示。

(2) 基尔霍夫定律

达朗贝尔原理提供了一种推导刚性约束机械组件行为描述方程组的方法，基尔霍夫在电路分析领域也完成了类似的工作。1845 年，他提出了两个著名的电路定律：基尔霍夫电流定律和基尔霍夫电压定律[7,8]。

基尔霍夫定律的基础是任何基本的电子元件都可以解释为电流和电压之间的函数。例如，电阻上的电压与电流成正比：$u=Ri$。电容可以描述为：$i=C(\mathrm{d}u/\mathrm{d}t)$。基于这一基本原则，即可以应用基尔霍夫定律，从电子元件以及其连接结构推导出完整的电路描述方程。

基于电荷守恒定律，基尔霍夫电流定律指出，对于电路中的任何节点，流入节点的电流必须等于流出的电流。应用带符号的电流变量，该定律可以用以下更方便的形式重新表述，即流入节点的所有电流之和为零。

$$\sum i=0 \tag{2-8}$$

根据能量守恒定律，基尔霍夫电压定律指出，电路中任何闭合网格周围的电位差的有向和必须为零，即连接在一起的所有节点的电势必须相等。

$$v_1=v_2=\cdots=v_n \tag{2-9}$$

基于基尔霍夫定律，在给定电路的连接结构及其各个组件的方程的情况下，建模者能够推导出任何电路的行为描述方程。通过这种方式，使面向对象的电力系统建模成为可能。基尔霍夫定律证明了电路的连接结构可以基于通用接口实现（比如电压和电流），因此，电子元件组件（其内部方程）的实现可以与接口分离。这种分离使电路系统能够作为单个组件封装，从而隐藏其内部的复杂结构。而封装的组件的接口则描述了如何应用这些组件。同时，具有等效接口的组件之间可以进行通用交换。这使得电路模型可以充分地进行重用和传播。基尔霍夫定律带来的这些性质完美符合面向对象的建模理念。

虽然基尔霍夫定律是在电路分析领域提出的，但使用电压 u 和电流 i 的乘积表示功率流的方法可以推广到更多的领域。试验研究发现，如果将一个物理系统细分为基本组件，则产生的组件实体都表现出关于功率和能量的特定行为，即某些组件像电容一样存储能量，而其他组件像机械阻尼器一样耗散能量，电池可以看作是一种能源，在组件之间流动的功率沿不同类型的节点分布。

这种由基尔霍夫定律延伸出的功率流物理过程（有时称为广义基尔霍夫定律），奠定了基于微分方程的多领域建模的基础。

(3) Bond 图

Bond 图（键合图）是一种基于功率流物理过程的图形化建模方法，由美国麻省理工学院 H. M. Paynter 于 1959 年提出[6]。Bond 图中的一个键如图 2-9 所示。该图表示的是物理系统之间的功率流，使用类似鱼叉的符号表示，并带有两个变量：流变量 f（写在键的一侧）和势变量 e（写在键的另一侧）。

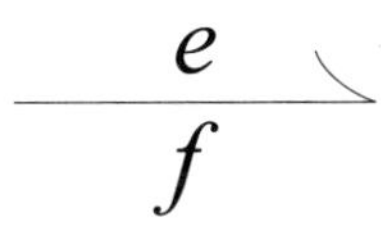

图 2-9　Bond 图中键的表示方式

Bond 图的优点在于可以很好地描述多领域的模型结构，比如电子电气、机械和液压系统。势和流的乘积在 Bond 图中被定义为能量，相应的键表示从一个顶点元素到另一个顶点元素的功率流。势变量和流变量的选取决定了该键所应用的建模领域，表 2-1 列出了一些主要的物理域的流/势变量对。Bond 图很好地揭示了面向对象建模范式的物理基础，同时也说明面向对象方法在大多数物理领域是可行的。

表 2-1　特定领域的流/势变量对

领域	势变量	流变量
电学(electrictity)	电压	电流
传动力学(translational mechanics)	力	速度
转动力学(rotational mechanics)	转矩	角速度
声学/液压(acoustics/hydraulic pressure)	压力	体积流量
热力学(thermodynamics)	温度	熵流
化学(chemical)	化学势	摩尔流量

2.2.3　智能体建模规范

对于智能行为的建模一般应用智能体架构来实现。智能体架构包括反应式架构和感知型架构。反应式架构主要指一种根据输入映射输出的架构，这个架构中只考虑智能体的输入输出关系，并且根据迭代来学习历史的经验，例如强化学习中的智能体主要就是基于这个架构。感知型架构较为复杂，它不仅仅描述智能体的输入输出关系，还会建立智能体内部的情感性模块，以模拟人在思考和决策时的过程。感知型架构具有更加全面的建模能力，并且解释性也更好，尤其适用于复杂系统中的智能体建模过程。

(1) BDI 智能体架构

BDI（belief-desire-intention，信念-愿望-意图）架构是智能体感知型架构中最常用的一种。BDI 架构的核心思想体现在三个方面，即信念、愿望和意图的表示，选择意图的理性和逻辑过程，以及对当前意图集的灵活和适应性承诺[10,11]。首先，整个 BDI 架构将智能体内部的组织内容按照信念、愿望和意图三个方面进行了划分和描述，如图 2-10 所示。信念代表智能体对环境和自身内部状态的认知程度；愿望代表智能体更具体的目标，即智能体决定要实现的非冲突欲望；意图代表智能体为了达到自己的愿望而需要遵循和采取的一系列计划或行动的序列。BDI 架构还需要给出根据愿望选择意图的流程和机制。虽然具体如何根据智能体的实时感知状况来决定下一步要做什么是需要建模人员定义的，但是 BDI 架构需要给出整个过程的处理框架。另外，意图作为一种计划的集合，可能包含多种不同类型的计划。BDI 模型需要保证其意图部分的灵活性和适应性，以使得智能体可以针对不同的应用场景做出不同粒度的计划。一般认为 BDI 架构是一种与符号学习方法对应的定性模型，它复杂但可解释。目前并没有一套统一的流程来完成 BDI 架构的智能体建模，事实上，BDI 建模的细节流程往往会随着被描述的智能体的类型不同而有所不同，以适应不同智能体的建模需要[11]。

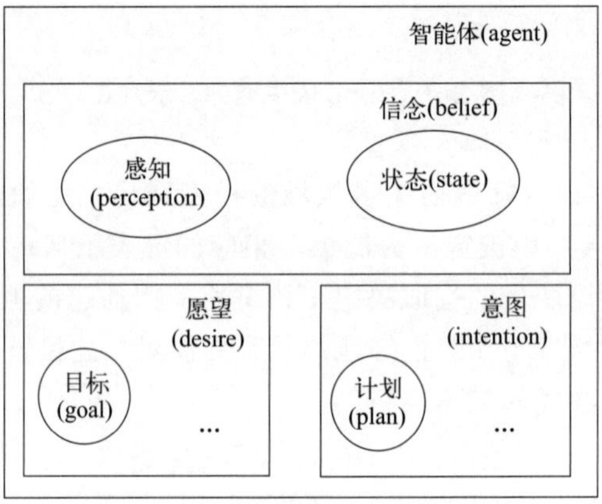

图 2-10 智能体的 BDI 架构图

BDI 架构为复杂智能体模型的设计和实现提供了很多启示与指导，然而一直以来 BDI 架构难以对具有学习能力的智能体进行建模。BDI 架构的特点在于将智能体仿真的运行机制按照人的做事与思考方式进行了抽象，形成了一套可解释的架构，但是这个过程并没有包括对学习能力的抽象和提取。针对 BDI 架构难以对学习与自适应特性进行建模的问题，目前已经有了很多相关的研究。这些研究工作提出的模型架构可以分为两类，分别是基于意图学习的 BDI 架构和基于强化学习的 BDI 架构。

意图学习主张利用 BDI 架构中的已有组织内容，对其增添学习的特性，从而实现对学习过程进行建模的能力。具体来说，意图学习又可以分为目标学习、计划学习和上下文学习[11]。目标学习指的是智能体通过获取的信念来更新自己的目标，以使智能体的目标随着环境的变化而做出自适应的改变。计划学习会在智能体仿真中增添新的计划，意味着智能体会在不断地学习后自己产生新的适应性计划。上下文学习指的是智能体在不改变任何目标和计划的前提下，学习如何在适当的上下文条件下采取最合适的计划，即学习一种自适应的策略。虽然早期也有依赖于专家系统和符号学习的意图学习算法，不过目前意图学习的实现还主要依赖于机器学习算法，其中决策树和神经网络是两种常见的意图学习算法。总而言之，意图学习是一种元层次的学习，它将 BDI 架构中的三个组成部分作为待学习的对象，因此意图学习也可以看作对 BDI 架构的智能化扩充。

(2) 强化学习

强化学习（reinforcement learning，RL）是常用的智能体学习策略，通过与环境进行互动，强化学习能够帮助智能体获取最大化的回报或实现特定目标[12]。在强化学习中，一个智能体可以通过马尔可夫决策过程（Markov decision process，MDP）[13] 来建模，该模型可以表示为一个五元组：

$$agent = \langle S, A, \pi, P, R \rangle \tag{2-10}$$

式中，S 为状态空间；A 为动作空间；π 为策略，$S \rightarrow A$；P 为转移函数，$S \times A \rightarrow P$；R 为奖励函数，$S \times A \times S \rightarrow R$。

此外，构建强化学习智能体还需要两个关键函数：值函数和 Q 值函数。分别如式（2-11）和式（2-12）所示，其中 $G_t = \sum_{k=0}^{\infty} \gamma^k R_{t+k+1}$，用于估计未来的回报。

$$V(S) = E\{G_t \mid S_t = s\} \tag{2-11}$$

$$Q(s, a) = E\{S_t = s, A_t = a\} \tag{2-12}$$

强化学习算法的目标是最大化智能体的累积回报[12]。这种累积回报是通过和目标进行不断的交互，并计算交互的收益来进行评估的。目前大量的研究表明，强化学习在解决智能体与环境的交互学习问题中效果显著，因此将 BDI 架构与强化学习进行结合是十分合理的[14,15]。实际上，强化学习本身的重点并不在于智能体，而在于整个智能体与环境交互过程中学习到的最优策略，因此强化学习的研究主要集中在不同任务场景的具体算法。将强化学习算法融入 BDI 架构中，可以赋予智能体在复杂任务中学习和自适应的能力。

(3) 多智能体强化学习

多智能体强化学习（MARL）是指在以强化学习为基础构建的多个智能体之间进行交互、博弈学习的方法。随着深度强化学习（DRL）技术的发展，MARL 在许多序列决策问题上取得了显著的成效，并在实时游戏、机器人控制和自动驾驶等领域有多种应用[14]。

目前 MARL 算法的架构主要分为集中训练分散执行（centralized training and decentralized execution，CTDE）、集中训练集中执行（centralized training and centralized execution，CTCE）和分散训练分散执行（decentralized training and decentralized execution，DTDE）三大类。其中 CTDE 架构凭借其高效的训练过程和高准确率成为主流架构[12]。具体而言，CTDE 就是智能体在拥有独立的策略网络的同时，在训练过程中额外使用一个中央控制器收集所有智能体的动作、状态和奖励，辅助智能体的训练。而当训练结束之后智能体只会根据自己训练得到的策略网络做出决策，不再依赖中央控制器的指令。在后续的智能体行为建模方法中，我们将基于 CTDE 架构对多智能体系统进行描述。

2.3 连续离散混合系统建模规范 XDEVS

为保证在统一的语言框架下实现对混合系统的一体化建模和仿真，我们基于 DEVS 开发了一种连续离散系统建模仿真框架——XDEVS[16]。DEVS 本质上是一个建模和仿真结合的规范，对其进行改进的原因是，DEVS 虽然能够对模型的架构进行清晰的表述和定义，但当作为直接建模工具时，其建模方法和模型的数学描述之间存在语义上的鸿沟。如图 2-11 所示，在进行建模时，建模人员主观上希望对于相同对象的描述被放在同一个位置。但在 DEVS 中，状态作为原子模型定义的一个部分，其各个属性被分化到多个函数中进行定义。这种设计更多地考虑了仿真框架和系统结构的一致性，却在一定程度上失去了对模型描述的直观性。为了解决这个问题，增强建模的直观性，在 XDEVS 中，状态将作为独立的元素存在，状态的行为（内部事件行为和外部事件行为）和持续时间都将直接在状态中得到定义。在本节接下来的内容中将对 XDEVS 的模型组成以及状态的定义进行进一步的介绍。

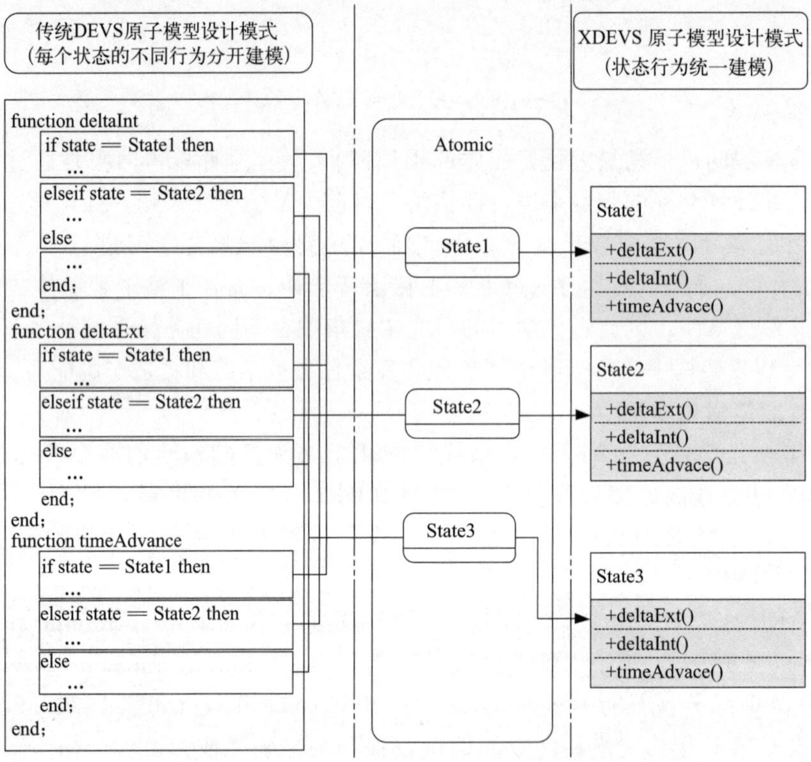

图 2-11 DEVS 和 XDEVS 两种建模设计模式对比

2.3.1 XDEVS 中的模型定义

(1) XDEVS 原子模型

在 XDEVS 中，一个原子模型可以被定义为：

$$XAM = \langle X, Y, S, Q \rangle \tag{2-13}$$

在式（2-13）中，X 和 Y 分别是实数空间上的输入值和输出值的集合，S 是状态的集合，Q 是实数空间中连续状态变量的集合。XDEVS 原子模型由正常状态和连续状态两种状态类型中的至少一种组成。正常状态是状态量保持不变的状态。在连续状态下，状态变量随着给定的约束而变化，关于状态的定义将在后续给出。

（2）XDEVS 耦合模型

同 DEVS 的耦合模型类似，XDEVS 的耦合模型可以被定义为：

$$CM=\langle X,Y,D,M_d \mid d\in D,EIC,EOC,IC\rangle \tag{2-14}$$

在式（2-14）中，X 和 Y 分别是一对模型在实数空间上的输入值和输出值的集合；D 是该耦合模型中包括的所有模型的名称集合，对于每个 $d\in D$，M_d 是一个原子模型或一对模型；EIC、EOC 和 IC 是耦合模型中的三种类型的耦合连接。EIC 定义了外部输入 $x\in X$ 与组件 $d_1(d_1\in D)$ 的连接。EOC 定义了组件 $d_1(d_1\in D)$ 的输出与输出 $y\in Y$ 的连接。IC 定义了组件 $d_1(d_1\in D)$ 的输出与组件 $d_2(d_2\in D)$ 的输入之间的内部耦合连接。

2.3.2 XDEVS 中的状态定义

在 XDEVS 中，状态 State 可以用下式定义：

$$State=<\Delta_{ext},\Delta_{\mathrm{int},\lambda},ta,f> \tag{2-15}$$

其中，Δ_{ext} 表示状态外部事件的集合，即系统位于该状态时系统对可能接收到的各种外部事件的响应；$\Delta_{\mathrm{int},\lambda}$ 表示状态内部事件及其对应的输出的集合；ta 定义该状态持续的时间；f 定义系统在该状态持续期间的行为。

对于状态的定义，我们扩充了 DEVS 对状态的表述。在 DEVS 中定义的状态是状态变量保持不变的一个阶段，这种定义在对连续系统的描述上遇到了困难。因为连续系统中状态变量保持不变的时间只有一个时间步长，或类似量子状态系统（quantized state system，QSS），状态变量在其变化超过一个量子之前都是保持不变的。这种建模方式相比连续模型常用的微分方程更难以理解，可视为建模和仿真二者的需求不一致。即 DEVS 建模是从仿真需求出发的，而建模需求则希望模型能够同其数学模型相似。为了克服这种不一致，在 XDEVS 中，将状态重新定义如下。

定义 1 状态： 状态变量保持不变或者是状态变量的变化可以用一致的描述定义的阶段。

由此在 XDEVS 中引入了连续状态的定义如下。

定义 2 连续状态： 系统状态变量按照给定约束变化的状态称为系统的连续状态，当触发事件（内部事件或者外部事件）出现时，连续状态结束。

定义 2 中所说的约束即为系统行为的数学模型，在连续系统中通常为微分代数方程。此外，导致连续状态结束的内部事件比 DEVS 中所定义的更为广泛，DEVS 中内部事件为系统状态持续时间结束时发生的事件，即时间事件。然而处于连续状态时，状态变量能够随时间发生改变，所以不仅仅只有满足时间条件时才会导致状态结束，状态变量满足某个条件时也能够触发内部事件，这种事件称为状态事件。因为状态事件也可以视作系统内部诱发的事件，所以在 XDEVS 中，也将状态事件归类为内部事件。通过引入连续状态的定义，在 XDEVS 中给出了针对混合模型的定义。

定义 3 混合模型： 在系统模型中同时包括连续状态和离散状态的模型为混合模型。

2.4 基于 XDEVS 的连续离散混合系统建模方法

本节介绍一种基于 XDEVS 的连续离散混合系统建模方法[17]。与 DEVS 和通用离散事件系统规范（General Discrete Event System Specification，GDEVS）[18] 相比，XDEVS 为混合系统建模提供了更直观的形式。但为了更好地基于 XDEVS 对混合系统进行建模和仿真，还需要对 XDEVS 中的输入输出端口进行补充定义。这是因为在 XDEVS 定义中将输入和输出段限制为 DEVS 段[19]，这确保在给定的时间段内只能发生有限数量的外部输入事件。但在连续离散混合建模中，当一个连续系统与一个离散系统耦合时，连续模型不可避免地向离散模型输出连续段。如果 XDEVS 将分段连续段定义为 DEVS 段，这将导致要么将连续输出段表示为无限的离散输出，要么将连续输入段表示为无限的离散输入，这两种情况都会导致无效的系统模型。为了克服这个问题，需要对 XDEVS 中的连续输入和输出信号进行补充定义。在这一补充定义的基础上，进一步给出基于 XDEVS 的三类混合模型的建模方案。

2.4.1 连续输入/输出端口定义

为了实现在 XDEVS 中对连续输入/输出端口进行建模，在这里补充以下两个定义：

定义 4：定义 XDEVS 中的输入 $\boldsymbol{X}$ 和输出 $\boldsymbol{Y}$ 分别是实数空间上的向量。

定义 5：连续输出段定义为在向量 $\boldsymbol{Y}$ 上的 y_t，且 XDEVS 模型只有在处于连续状态时才能产生连续输出段。

依据这两个定义，即时间点 t 产生的输出 $y_t=\lambda\,{}^{S}_{Q_t}$，其中 Q_t 为 XDEVS 模型处于连续状态 s 时状态变量向量 $\boldsymbol{Q}$ 在 t 时刻的值。当 XDEVS 模型在接收到连续输入段 $\omega\langle t_{in},t_f\rangle\in(X,R)$ 时，可以得到两种情况：目标 XDEVS 模型在接收期间处于普通状态或将转入普通状态；目标 XDEVS 模型在接收期间处于连续状态。针对这两种情况，做出以下规定：

① 如果目标 XDEVS 模型在接收期间处于普通状态或将转入普通状态，则连续输入段必须遵守输入合法性原则。换句话说，连续输入段中只有有限数量的值可以触发外部转换函数并导致模型的状态发生转换。

② 如果目标 XDEVS 模型处于连续状态，则在任意时间点 $\omega\langle t_{in}, t_f\rangle$ 必须满足方程约束条件 f。

基于上述规定，XDEVS 模型可以实现连续段的输入和输出。

2.4.2 连续行为为主的混合系统建模

Ⅰ型混合系统具有由离散事件分割的连续轨迹。对这类混合系统进行建模，要求建模形式能够描述连续轨迹和离散事件。在定义连续状态时，XDEVS 提供了 f 来描述状态变量的一般连续轨迹。然而，在设计建模语言的语法时，必须考虑该语言的主要建模场景，并确定最合适的描述格式。在 X 语言中，第一类混合系统的主要建模场景是对机械和电气模型的描述。微分代数方程（differential algebraic equations，DAEs）是主流的连续轨迹描述规范，在许多建模语言（如 Modelica[20]）中被用作连续系统建模。当使用 DAEs 对Ⅰ型混合系统的连续轨迹建模时，Ⅰ型混合系统可以认为是混合微分代数方程（hybrid differential algebraic equations，HDAEs）[21]。在 HDAEs 中，DAEs 轨迹被离散事件分割。因此，为了将 HDAEs 描述的第一类混合系统与其他类型混合系统用统一的规范进行描述，我们将 HDAEs 嵌入到 XDEVS 中。即利用 DAEs 对 XDEVS 中的连续轨迹进行建模，将 HDAEs 中的离散事件触发条件和离散事件行为嵌入到 XDEVS 中。基于 XDEVS 的 HDAEs（XHDAE）描述的Ⅰ型混合系统可以用下式表示：

$$
\begin{aligned}
&XHDAEs=<X,Y,S,Q>,\text{where}\\
&X=\{u(t)\}\\
&Y=\{y(t)\}\\
&S=\{initial,solve,idle\}\times x(t)\times v(t)\times q(t)\\
&Q=x(t)\times v(t)
\end{aligned}
\tag{2-16}
$$

$$
\begin{aligned}
&State_{initial}=<\Delta_{ext},\Delta_{\text{int}},ta,f>,\text{where}\\
&\Delta_{ext}(e)=\{\}\\
&\Delta_{int}(x(t),v(t),q(t),p,t_e)=(solve,x_0,v_0,q_0,p,t_e)|_{HDAEs_{initial}},\text{where } p=p_0\\
&HDAEs_{initial}=\begin{cases}f(x(0),\dot{x}(0),u(0),v(0),0,q(0),q_{pre}(0),p,c(0))=0\\ g(x(0),u(0),v(0),0,q(0),q_{pre}(0),p,c(0))=0\end{cases}\\
&\lambda:y(0)\\
&ta=0\\
&f=\{\}
\end{aligned}
\tag{2-17}
$$

$$
\begin{aligned}
&State_{solve}=<\Delta_{ext},\Delta_{\text{int}},ta,f>,\text{where}\\
&\Delta_{ext}(e,x(t),v(t),q(t),t_e)=(solve,x(t_{ext}),v(t_{ext}),q(t_{ext}),t_{ext})\\
&t_{ext}=t_l+e\\
&\Delta_{int}(x(t),v(t),q(t),t_e)=\begin{cases}(solve,x(t_e),v(t_e),q(t_e),t_e)|_{Event_{update}(t_e)} & \text{if } (t==t_e\&t<timeEnd)\\ (idle,x(t_{timeEnd}),v(t_{timeEnd}),q(t_{timeEnd}),t_{timeEnd}) & \text{else}\end{cases}\\
&Event_{update}(t_e):q(t_e):=f_q(x(t_e),\dot{x}(t_e),u(t_e),v(t_e),t_e,q_{pre}(t_e),p,c(t_e))\\
&\lambda:y(t_e)\\
&ta=\text{if}(t_e\leqslant timeEnd)\ \text{then}(t_e-t_l)\quad \text{else}\quad (timeEnd-t_l)\\
&f=\begin{cases}f(x(t),\dot{x}(t),u(t),v(t),t,q(t_e),q_{pre}(t_e),p,c(t_e))=0\\ g(x(t),u(t),v(t),t,q(t_e),q_{pre}(t_e),p,c(t_e))=0\end{cases}
\end{aligned}
\tag{2-18}
$$

$$
\begin{aligned}
&State_{idle}=<\Delta_{ext},\Delta_{\text{int}},ta,f>,\text{where}\\
&\Delta_{ext}(e,x(t))=(solve,x(t_{ext}))\\
&\Delta_{int}=\{\}\\
&\lambda=\{\}\\
&ta-infinite\\
&f=\{\}
\end{aligned}
\tag{2-19}
$$

XHDAE 有三个状态：initial、solve 和 idle。其输入输出值分别对应 HDAEs 的输入变

量 $u(t)$ 和输出变量 $y(t)$。连续变量 Q 由 HDAEs 的 $x(t)$ 和 $v(t)$ 组成。在 initial 状态下，通过求解内部事件转移函数中 HDAEs 的初始方程，为 HDAEs 模型的 $x(t)$、$v(t)$ 和 $q(t)$ 赋予初始值。同时计算系统中下一个事件发生的时间点 t_e，即 HDAEs 中离散事件判断向量 $\boldsymbol{c}(t)$ 从 false 变为 true 的时间点，该时间将用于计算 solve 状态的持续时间。然后模型将进入 solve 状态求解 DAEs 方程，并将求解状态的持续时间设置为 $t_e - t_l$，其中 t_l 为上一个事件发生的时间。在求解状态下，使用 f 计算变量的值，其中 f 对应 HDAEs 中的 DAEs 方程。当条件 $c(t_e)$ 变为真值并重新分配事件相关变量 $q(t_e)$ 的值时，将触发求解状态的内部转换函数。如果 $t_e < timeEnd$，则推进仿真时间并执行这个事件；否则，模型将进入 idle 状态。当模型在 solve 状态持续时间内接收到输入 $x(t_{ext})$ 时（t_{ext} 为外部事件触发的时间点），模型将会触发 solve 状态的外部转换函数，并将 $x(t)$ 的值更新为 $x(t_{ext})$。最后，当仿真结束，模型将处于 idle 状态。

我们在这里使用一个控制模型（control）来进一步展示基于 XDEVS 的 Ⅰ 型混合模型建模。该模型有一个状态变量 m，输出变量 tau。状态变量 m 根据式（2-20）进行更新，输出值 tau 由时间变量 t 和 m 决定。控制模型的 XDEVS 描述由式（2-21）～式（2-24）给出。

$$f=\begin{cases}\dfrac{\mathrm{d}m}{\mathrm{d}t}=0.5n\\ n=t\sin t\\ tau=\text{if}(t>10)\text{then}\left(\dfrac{m}{1000}\sin t\right)\text{else}\left(\dfrac{m}{1000}\cos t\right)\end{cases} \tag{2-20}$$

$$\begin{aligned}&XDEVS_{control}=<X,Y,S,Q>,\text{where}\\&X=\{\}\\&Y=\{tau\},\text{where } tau\in\mathbb{R}\\&S=\{initial,work\}\times tau,\text{where } tau\in\mathbb{R}\\&Q=m\times n,\text{where } m,n\in\mathbb{R}\end{aligned} \tag{2-21}$$

$$\begin{aligned}&State_{initial}=<\Delta_{ext},\Delta_{\text{int}},ta,f>,\text{where}\\&\Delta_{ext}=\{\}\\&\Delta_{int}:solve,m:=0,tau:=0,n:=0,timeEnd:=110\\&\lambda=\{\}\\&ta=0\\&f=\{\}\end{aligned} \tag{2-22}$$

$$\begin{aligned}&State_{solve}=<\Delta_{ext},\Delta_{\text{int}},ta,f>,\text{where}\\&\Delta_{ext}=\{\}\\&\Delta_{int}=\text{if }(t_e<timeEnd)\text{ then }\ solve\ \text{ else }\ idle\\&\lambda:tau\\&ta=100s\\&f=\begin{cases}\dfrac{\mathrm{d}m}{\mathrm{d}t}=0.5n\\ n=t\sin t\\ tau=\text{if}(t>10)\text{then}\left(\dfrac{m}{1000}\sin t\right)\text{else}\left(\dfrac{m}{1000}\cos t\right)\end{cases}\end{aligned} \tag{2-23}$$

$$
\begin{aligned}
&State_{idle} = <\Delta_{ext}, \Delta_{int}, ta, f>, \text{where} \\
&\Delta_{ext} = \{\} \\
&\Delta_{int} = \{\} \\
&\lambda = \{\} \\
&ta = infinite \\
&f = \{\}
\end{aligned}
\tag{2-24}
$$

注：混合微分代数方程

混合微分代数方程（hybrid differential algebraic equations，HDAEs）[21] 用于描述由离散事件分割的分段微分代数方程（differential algebraic equations，DAEs）轨迹。目前主流的多领域建模语言 Modelica 就是基于 HDAEs 进行连续离散混合系统的描述。HDAEs 的定义如下：

$$
\begin{aligned}
&f(x(t), \dot{x}(t), u(t), v(t), t, q(t_e), q_{pre}(t_e), p, c(t_e)) = 0 \quad (a) \\
&g(x(t), u(t), v(t), t, q(t_e), q_{pre}(t_e), p, c(t_e)) = 0 \quad (b)
\end{aligned}
\tag{2-25}
$$

$$
q(t_e) := f_q(x(t_e), \dot{x}(t_e), u(t_e), v(t_e), t_e, q_{pre}(t_e), p, c(t_e))
\tag{2-26}
$$

$$
c(t_e) := f_c(q^B(t_e), q^B_{pre}(t_e), P^B, v(t_e), rel(v(t_e)))
\tag{2-27}
$$

式（2-25）描述的是 HDAEs 中被离散事件分割的连续 DAEs 轨迹，其中式（a）为微分方程，式（b）为代数方程。方程（a）和（b）的组合表示系统在两个离散事件之间的连续行为，其中 t 为系统的时间变量，$x(t)$ 为状态变量的向量，$\dot{x}(t)$ 为其微分形式，$u(t)$ 表示不依赖于模型中其他元素的输入变量向量，$v(t)$ 是除了上述变量之外剩余变量的向量，也包括输出变量 $y(t)$。

HDAEs 的离散事件部分用式（2-26）表示。在离散事件发生时系统将会基于式（2-26）对与事件相关的变量进行重新赋值。其中离散事件发生的时间记为 t_e，离散事件发生时发生变化的变量记为 $q(t_e)$，事件发生前的这些变量的值记为 $q_{pre}(t_e)$。式（2-27）中定义的 $c(t_e)$ 是离散事件发生的条件判断向量，当向量中对应位置的条件的值为 true 时，意味着事件在 t_e 时刻被触发。

2.4.3 离散行为为主的混合系统建模

Ⅱ型混合系统的特征是其状态变量的变化轨迹在大多数的时间是离散的，同时在这些离散的轨迹中也存在连续变化的轨迹片段。XDEVS 的设计支持这种混合系统的建模。在 XDEVS 中，我们使用普通状态对离散轨迹段进行建模，使用连续状态对分段连续段进行建模。

以某汽车引擎模型（engine）为例，该模型包含 idle 和 work 两种状态，存在转速 v 和汽车行驶距离 x 两个状态变量，idle 状态下 v 为 0，x 不变。当引擎接收到输入 tau 时，模型将切换到 work 状态。在 work 状态下，v 和 x 按下式连续变化：

$$
\begin{aligned}
&\frac{dx}{dt} = v \\
&1000\frac{dv}{dt} + 5v \times abs(v) = -5000tau
\end{aligned}
\tag{2-28}
$$

当引擎在 work 状态中接收到 tau 时，它将根据 tau 的值确定下一个状态。如果 $tau < 0$，则状态变为 idle。否则，系统处于 work 状态。engine 模型的 XDEVS 表达式如下：

$$
\begin{aligned}
&XDEVS_{engine}=<X,Y,S,Q>,\text{where}\\
&X=\{tau\},\text{where } tau\in\mathbb{R}\\
&Y=\{\}\\
&S=\{idle,work\}\times V_d\times X_d,\text{where } V_d,X_d\in\mathbb{R}\\
&Q=v\times x,\text{where } v,x\in\mathbb{R}
\end{aligned}
\tag{2-29}
$$

$$
\begin{aligned}
&State_{idle}=<\Delta_{ext},\Delta_{\text{int}},ta,f>,\text{where}\\
&\Delta_{ext}(tau)=\begin{cases}work & \text{if}(tau\geqslant 0)\\ idle & \text{else}\end{cases}\\
&\Delta_{int}=\{\}\\
&\lambda=\{\}\\
&ta=infinite\\
&f=\{\}
\end{aligned}
\tag{2-30}
$$

$$
\begin{aligned}
&State_{\text{work}}=<\Delta_{ext},\Delta_{\text{int}},ta,f>,\text{where}\\
&\Delta_{ext}(tau)=\begin{cases}idle & \text{when } tau<0\\ work & \text{when } tau\geqslant 0\end{cases}\\
&\Delta_{int}=(work,v,x)\\
&\lambda=\{\}\\
&ta=0.1s\\
&f=\begin{cases}\dfrac{\mathrm{d}x}{\mathrm{d}t}=v\\ 1000\dfrac{\mathrm{d}v}{\mathrm{d}t}+5v\times abs(v)=-5000tau\end{cases}
\end{aligned}
\tag{2-31}
$$

2.4.4 连续行为和离散行为交互的混合系统建模

Ⅲ型混合系统描述了Ⅰ型和Ⅱ型混合系统之间的相互作用。由于Ⅰ型和Ⅱ型混合系统都可以接收和输出连续段，因此对Ⅲ型混合系统的建模需要首先对它们之间的连续输入输出连接进行建模。XDEVS中的连续输入输出连接定义如下：

① Ⅰ型混合模型的连续输出接口与Ⅱ型混合模型的连续输入接口耦合。在这种耦合关系中，Ⅰ型混合模型的输出为连续段。当连续段输入Ⅱ型混合模型时，必须遵循合法性原则。

② Ⅱ型混合模型的连续输出接口与Ⅰ型混合模型的连续输入接口耦合。在这种耦合关系中，Ⅱ型混合模型可以输出连续段和常数值，且连续段只能在连续状态下输出。由于Ⅰ型混合模型的输入必须是分段连续段，因此Ⅱ型混合模型的连续段输出可以被Ⅰ型混合系统接收。针对常数值输出，我们将其转换为分段常量段（即在一段时间内变量的数值保持不变）。分段常量段是分段连续段的子类，因此可被Ⅰ型混合模型接收。

综上所述，通过在XDEVS中补充对连续端口连接的描述，可以使用连续和离散事件端口连接来对Ⅰ型和Ⅱ型混合模型之间的交互进行建模。这意味着XDEVS实现了Ⅲ型混合系统的建模。

下面的示例耦合了上述的Ⅰ型混合模型control和Ⅱ型混合模型engine。端口*tau*是从Ⅰ型混合模型到Ⅱ型混合模型的连续段输出。当engine模型处于work状态，即连续状态时，engine 模型可以接收连续段 tau。当功率模型处于 idle 状态时，它只在 $tau\geqslant 0$ 的时间点触发一个外部事件，这保证了连续输入 tau 遵循合法性原则。

$$
\begin{aligned}
&CM=\langle X,Y,D,M_d \mid d\in D,EIC,EOC,IC,Select\rangle \text{where}\\
&X=\{\}\\
&Y=\{\}\\
&D=\{control,engine\}\\
&EIC=\{\}\\
&EOC=\{\}\\
&IC=\{(control.tau,engine.tau)\}
\end{aligned}
\tag{2-32}
$$

2.5 智能体建模方法

在本章前面的内容中，对混合系统中的连续离散混合系统的建模方法进行了介绍，接下来将介绍混合系统中智能体的建模方法。考虑到智能体的智能性需要通过群体交互来体现，所以这里对智能体建模的介绍将从单智能体开始，然后拓展到多智能体的建模。

2.5.1 智能体建模架构 BDI-DEVS

综合 BDI 和 DEVS 的理念和描述规范，BDI-DEVS 架构分为三个模块，即目标（goal）、意图（intention）和交互（interaction），如图 2-12 所示。顶层的目标模块控制智能体的期望，它将智能体的决策和策略传递给意图模块并接收计划的实施情况。然后，意图模块将目标分解为可执行的计划。此外，智能体通过交互模块与其他智能体或者环境进行通信，该交互模块是智能体进行信息交换的唯一渠道。这三个模块基于 DEVS 中的 atomic 模型或 couple 模型构建，并在顶层由一个 couple 模型将它们组合在一起以形成一个完整的智能体。

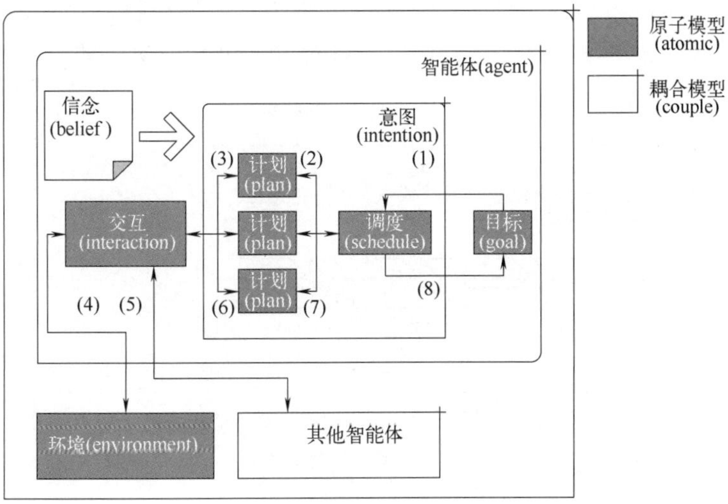

图 2-12　BDI-DEVS 整体架构

为了适应 DEVS 的特性和机制，我们对 BDI 的结构进行了一些调整。首先，通常认为智能体的期望包含多个目标，但 BDI-DEVS 可以使用一个目标来简化建模过程。在 BDI-DEVS 中，一个主要目标可以划分为不同的子目标来描述代理的需求，从而达到完成多个目标的目的。其次，将 BDI 中的信念（belief）模块替换为交互模块以适合马尔可夫决策过程。尽管信念模块和交互模块在构建环境感知方面相似，但是交互模块更多地关注交互协议和过程。这些调整使智能体建模更加有效，同时还保留了 BDI 结构的可解释性。

目标模块（goal）在仿真过程中代表智能体的期望控制智能体的生命周期。目标模块需要给出关于整个智能体的决策以及做出决策的策略，具体来说就是在什么情况下选择什么计划。一个完整的目标周期从目标模块发送消息开始，到目标模块接收到反馈结束。当智能体的目标模块中的所有目标都达到要求时，整个智能体的仿真过程也就结束了，因此一个智能体的生命周期为目标周期的整数倍。

意图模块将信号从目标模块转换为特定的执行计划，从而形成智能体的意图。意图模块包含两个部分，分别是调度模块（schedule）以及计划模块（plan）。计划模块控制着计划的执行过程，并将整个智能体的计划调度过程集中在一起。一个完整的调度周期从调度模块给计划模块发送信息开始，到该计划模块反馈给调度模块信息结束。而完成一个目标周期需要多个调度周期的配合，因此一个目标周期的长短取决于目标制定的计划执行列表的大小。

交互模块负责智能体之间或智能体与环境之间的消息通信。交互模块只能由计划模块进行调用，这意味着所有智能体的交互行为都需要制定计划，这一点与 BDI 中的定义是一致的。交互模块除了负责与外界智能体或环境进行交互外，还负责将消息按照协议格式进行传递和解读，以及对消息发送和接收的计划进行筛选。

2.5.2 多智能体离散事件仿真框架

多智能体系统是指由多个智能体组成的系统，在单个智能体个体行为的基础上，进一步强调这些智能体之间的交互。通过智能体之间的交互行为，多个智能体能够通过协作获得单个智能体中并不具备的功能，这种特性称为涌现性。涌现性也是智能体具有智能特性的主要原因。基于上一小节所提出的 BDI-DEVS 架构，我们构建了多智能体离散事件仿真（multi-agent discrete event simulation，MADES）框架，其总体结构如图 2-13 所示。MADES 框架主要包括多智能体系统和环境两部分。接下来将对 MADES 框架中的一些关键组件分别进行介绍。

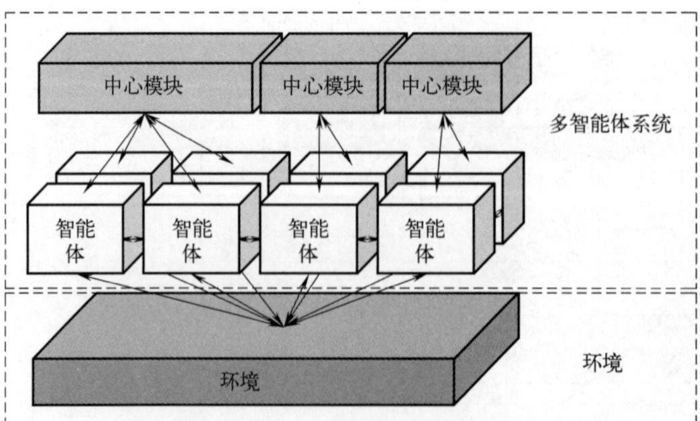

图 2-13　MADES 框架总体结构

(1) 中心模块

MADES 中的每一个智能体都是基于 BDI-DEVS 设计的智能体，这些智能体通过中心模块进行信息的管理。中心模块直接连接到每一个智能体中的目标模块，对所有智能体的信号和数据进行收集和排序。该模块为 MARL 中的集中训练分散执行（centralized training and decentralized execution，CTDE）架构[22] 的集中训练过程提供了一个中央处理组织。中心模块和多智能体之间的交互过程如图 2-14 所示。

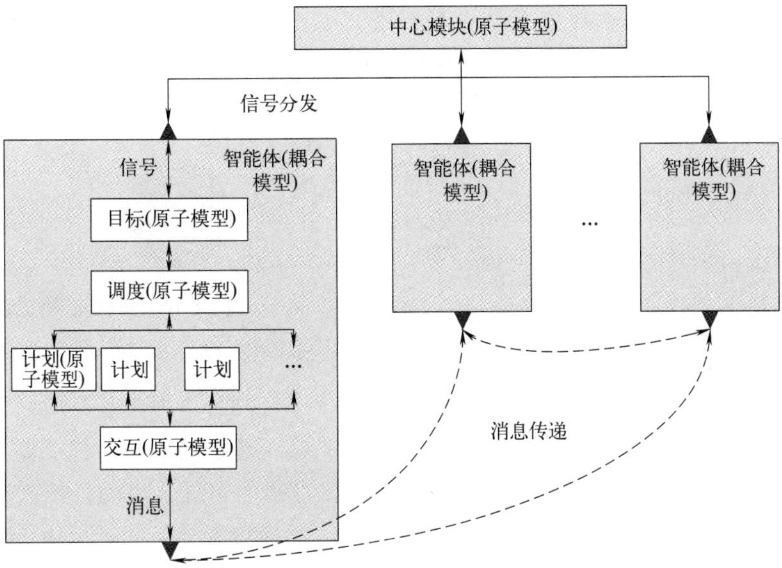

图 2-14　MADES 中的多智能体系统交互示意图

(2) 环境模块

在 MADES 框架的设计中，环境被视为一个单独的建模对象。环境具有以下特点：

① 共享性：环境被该多智能体系统中的所有智能体共享。

② 可变性：在与智能体的交互过程中，环境可能会受到智能体行为的影响导致其属性或者特征发生变化。

③ 信息集成：环境能够收集所有智能体的交互信息，并根据全局信息为与其进行交互的智能体提供反馈。

基于上述特征，设计如图 2-15 所示的环境模型结构。该结构包括两个部分：步进缓冲（step buffer）模块和环境数据（environmental data）模块。步进缓冲模块负责收集来自智能体的信息，然后使用这些信息修改当前环境。此外，步进缓冲模块可以在收集到所有信息后将反馈发送给对应的智能体，也可以立即响应特定的智能体，这两种形式可以依据不同的情况来对应使用。环境数据模块的作用是收集智能体的全局信息。

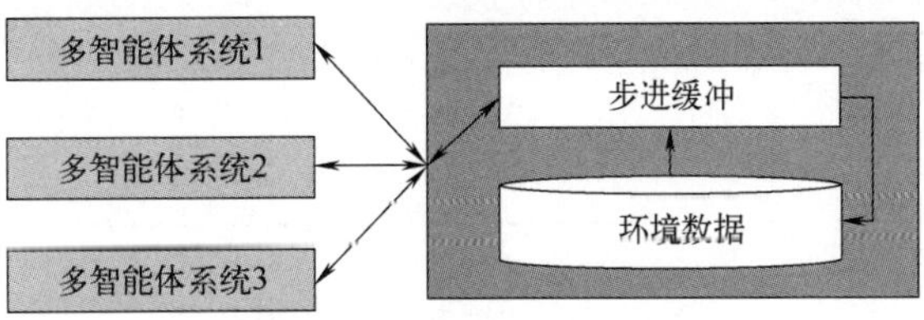

图 2-15　MADES 框架中的环境模型结构

2.5.3 案例

在本小节中将基于捕食者-猎物系统案例对上述 BDI-DEVS 的单智能体建模和基于 MADES 框架的多智能体建模进行介绍。捕食者-猎物系统属于追击-逃避类型的系统，如图 2-16 所示，该案例中有三只捕食者，它们联合捕捉一个猎物，而猎物会躲开它们。在图 2-16 中存在两个黑色障碍物，整个过程以捕食者成功捕获猎物结束。这里将使用一种 MARL 算法，即多智能体深度确定性策略梯度（multi-agent deep deterministic policy gradient，MADDPG）[20] 为捕食者-猎物系统中的每一个智能体提供智能决策能力。

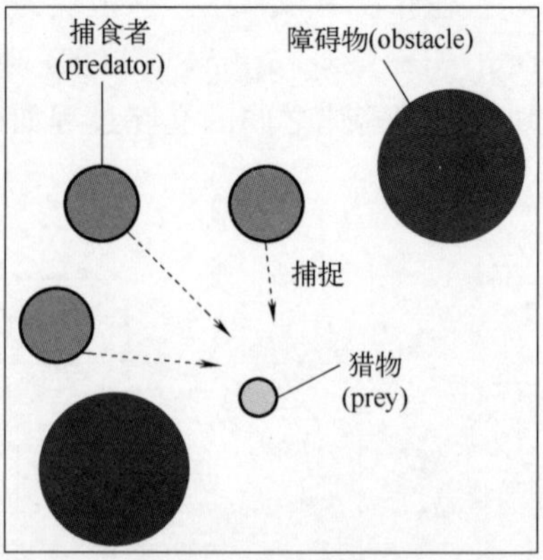

图 2-16 捕食者-猎物系统示意图

(1) 建模过程

作为 CTDE 架构的代表，MADDPG 的训练过程（集中训练）和执行过程（分散运行）是不一致的，因此将这两个过程分开建模。根据任务的不同，将整个系统划分为两个子系统，即捕食者子系统和猎物子系统，捕食者子系统包含三个智能体，猎物子系统包含一个智能体，这些智能体都是基于 BDI-DEVS 架构建模的（图 2-17）。其中，猎物子系统采用随机控制策略，该策略只包含随机选择下一个动作和初始化执行两个计划。而捕食者子系统则采用 MADDPG 算法对其行为进行控制，在一个捕食者子系统中有 5 种计划，如表 2-2 所示。在训练过程中，捕食者子系统智能体的计划执行顺序为 plan2→plan3→plan1。对于执行过程，顺序为 plan2→plan4。

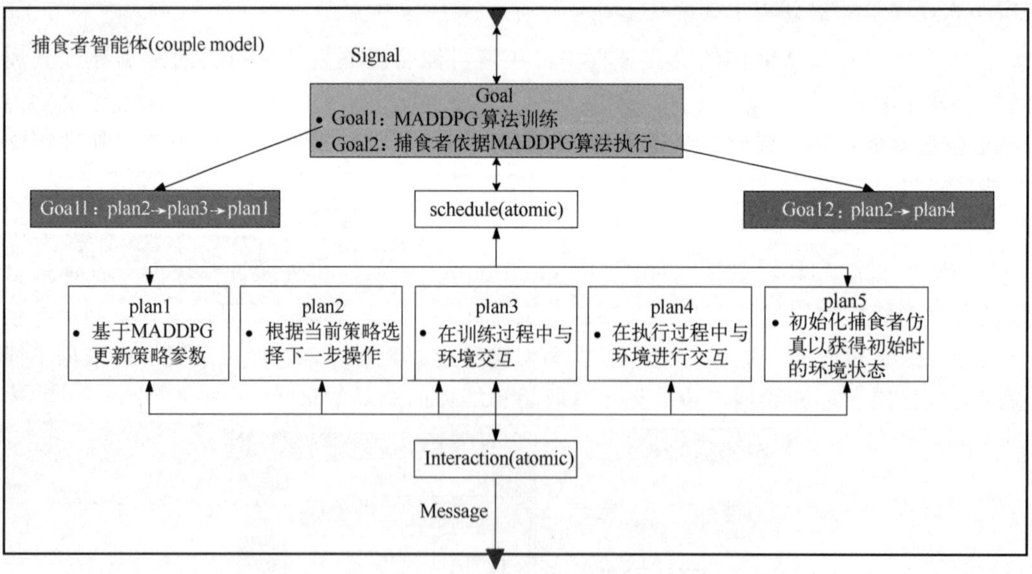

图 2-17 捕食者智能体建模

表 2-2　捕食者的计划列表

计划	计划内容
plan1	基于 MADDPG 更新策略参数
plan2	根据当前策略选择下一步操作
plan3	在训练过程中与环境交互
plan4	在执行过程中与环境交互
plan5	初始化捕食者仿真以获得初始时的环境状态

(2) 训练结果

在本案例中使用多智能体粒子环境（multi-agent particle environment，MPE）为 MADDPG 算法提供环境奖励[23]。在经过 4300 个训练步骤后，得到了如图 2-18 所示的某捕食者的训练奖励曲线，显示了三种捕食者在 MADDPG 算法下的训练奖励函数变化情况。由于这三种捕食者是对称训练的，所以它们的训练过程是相同的。图 2-18 所示的每个时间步长均代表智能体的最小训练周期，阴影部分为 5 次训练模拟的波动范围，实线为平均值。

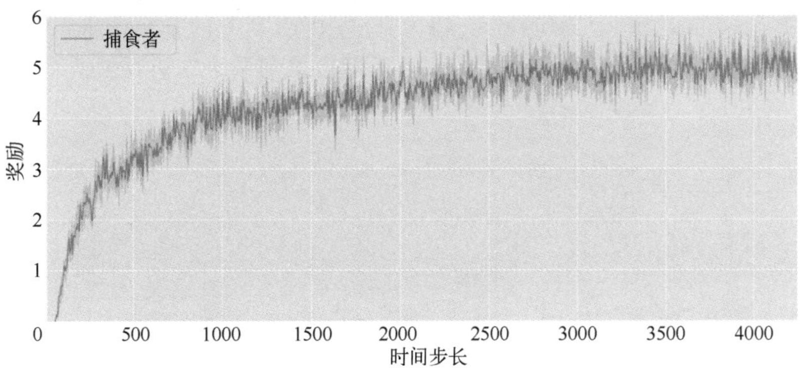

图 2-18　捕食者在 MADES 框架下基于 MADDPG 算法的训练奖励曲线

2.6 基于 SES-X 的系统模型管理方法

在对复杂系统进行建模的过程中，将会在不同的阶段生成从不同视角描述的系统的模型。对这些模型进行合理的管理，可以方便系统工程师在完成对应阶段的建模工作之后，将不同的模型组合成需要的仿真模型，以开展不同层次和不同维度的仿真验证工作。在这一小节中，将给出一种模型管理方法，该方法基于系统实体结构/模型库（system entity structure/model base，SES/MB）[24] 框架拓展而来。下面首先对 SES/MB 框架进行简要介绍，然后进一步给出改进的系统模型管理方法。

2.6.1 SES/MB 框架

SES/MB 是基于系统实体结构（system entity structure，SES）和模型库（model base，MB）的建模框架[24]。其中 SES 是对系统所有可能的层次化复合结构的统一描述，MB 是存储了定义完备的输入输出接口的可配置参数模型的动态模型库。SES 可以使用一个树形结构来表示，树的每一个节点对应系统中的一个实体，描述这些实体的模型存储在 MB 中。图 2-19 展示了一个 SES/MB 模型从系统结构最终转化为仿真模型的过程。在图 2-19 所示的 SES 模型中，方块代表实体节点，表示的是一个真实世界的对象。除了模型对应的节点外，SES 的树形结构中还包含三种类型的节点，分别用后缀 Dec（description，描述），MultiA（multiaspect，多方面）和 Spec（specialization，特化）。一个描述节点表示其上一个节点是其后续实体节点构成的，即其后续节点是上一个实体的分解，每一个分解对应上一个实体的一个方面。类似地，多方面节点表示其前一个节点由相同类型的多个实体组成，至于对应的类型数量将在后续的剪枝（pruning）（即从实体节点的多个特化中选择合适的特化节点留下，其他的剪去，并确定每一个多方面节点对应的数量）过程中确定，比如图 2-19 中的剪枝过程将 ABCD 实体中的 B 实体数量确定为三个。特化节点由一条双垂直线连接到一个实体，用 ‖ 表示。此节点描述实体的特化，表示根据选择规则在剪枝过程中选择特化实体的方式。

然后，通过剪枝过程，建模人员能够从构建的 SES 描述的所有可能的系统结构中选出唯一的用于配置并执行仿真的系统配置方案。剪枝的结果也是一个树形结构，这个树被称为剪枝实体结构（pruning entity stricture，PES）。利用 PES 中的系统配置信息，再使用 MB 中对应的模型作为 PES 中的实体，经过实例化后即可得到系统的仿真模型。

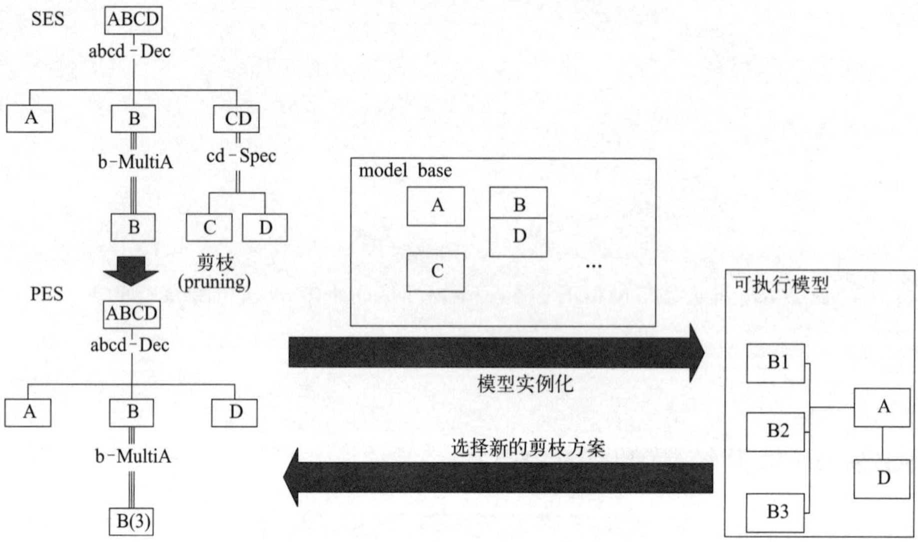

图 2-19 SES/MB 建模仿真过程

2.6.2 SES-X

SES-X 是在 SES/MB 基础上，为适应基于 X 语言的 MBSE/MSBSE 过程而开发的一个模型管理方法[25]。相比于 SES，SES-X 更加强调在 MBSE/MSBSE 执行的不同阶段对模型进行相应的操作，旨在将系统建模和仿真验证的整个过程构建为一个树形结构模型。如表 2-3 所示，SES-X 和 SES 之间的主要区别是，SES-X 是一个过程建模管理方法，而不是一个系统的层级结构建模方法，它的节点是模型或文档，而不是实体。SES-X 方法包含四个阶段，即分析阶段、架构分解阶段、物理建模阶段和仿真验证阶段。与此过程相对应，在架构分解阶段和物理建模阶段将会对不涉及仿真计算的模型或者文档进行剪枝，从而将这些不同阶段、不同精细度和不同视角的模型组织起来进行模型的仿真和验证，如图 2-20 所示。通过剪枝，系统工程师能够更好地组织和管理需要用于仿真的模型，使得模型管理和仿真验证工作更加方便。下面，我们对每个步骤的详细过程进行介绍。

表 2-3　SES 和 SES-X 的不同点

项目	SES	SES-X
解决的目标问题	系统架构管理	MBSE/MSBSE 全过程模型管理
树节点所指代的对象	系统中的实体	建模过程中产生的各种模型或文档
剪枝操作	从实体的多个特化中选择一个，并剪去其他的特化	从模型的系统架构的特化中选择一个，剪去设计辅助模型和其他特化模型
根节点	剪枝作用的根节点必须为系统实体，不允许任意选择子实体作为根节点	子树的根节点可以是树结构中的任意一个模型节点

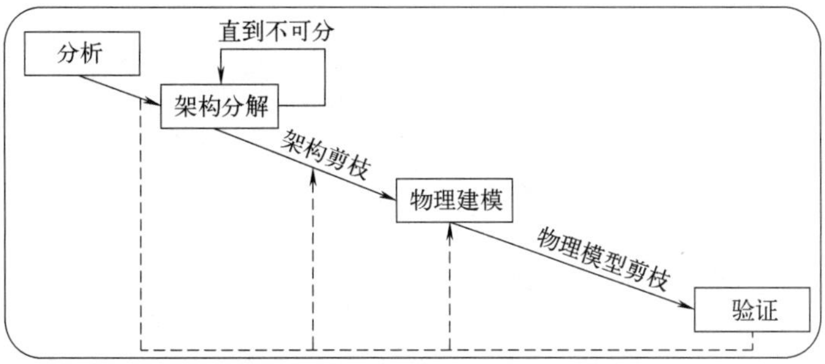

图 2-20　SES-X 方法全流程阶段

(1) 第一阶段：分析阶段

这个阶段是对系统模型进行抽象分析并建立主要系统架构的阶段。在 SES-X 中主要从系统的三个视角来对系统进行描述：即需求、功能和系统架构。其中需求、功能两个视角主要帮助模型的构建者和使用者分析和理解系统。需求视角描述利益相关者对系统功能、形式上的要求和约束。功能视角反映系统必须为用户提供的功能。系统架构视角则从功能架构和逻辑架构两个角度构建模型。功能和逻辑架构分别用于描述系统功能的交互关系和系统内部运行逻辑。即在 SES-X 中，对一个系统而言，如果将其视为整体则只研究其功能的运行过程（功能架构视角）；如果将系统视为多个子系统/模型的集成，则需要研究功能的分解以及功能之间的交互逻辑（逻辑架构视角）。即功能架构模型是系统架构的一个特化模型，在功能架构中主要对系统的黑盒功能进行抽象的实现。而逻辑架构是功能架构的精细化实现，是系统架构的第二个特化模型。在分析阶段这一特化模型尚未构建完成，不能用于这一阶段的验证，需要在第二阶段中通过对分解的子实体进行功能和架构上的补充。分析阶段完成之后能够得到如图 2-21 所示的基于 SES/MB 构建的系统级模型。

(2) 第二阶段：架构分解阶段

第二阶段是架构分解阶段，将第一阶段构造的系统架构进一步分解。与整个系统一样，子系统也由需求、功能和系统架构三个视图组成。分解遵循自顶向下的过程，递归地进行，直到得到不可分割的原子模型。在进行模型分解之后，每个子系统都将被分配到对应的需求和功能，这些需求和功能是更高的层次上的需求模型和功能模型的分解。在此阶段之后，将能够获得如图 2-22 所示的 SES-X 架构分解模型。为了管理这个相较上一阶段而言更加复杂

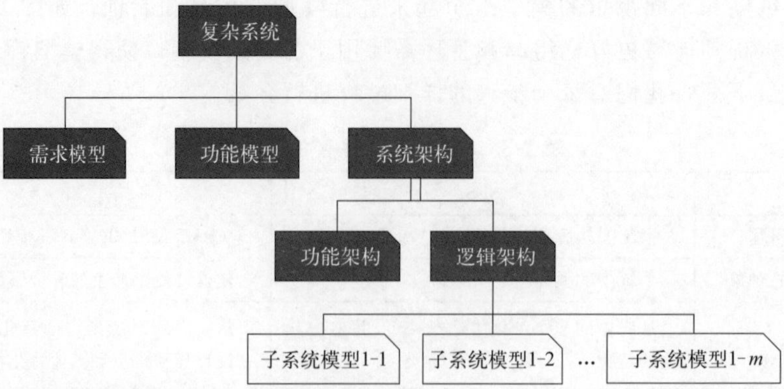

图 2-21　系统级模型

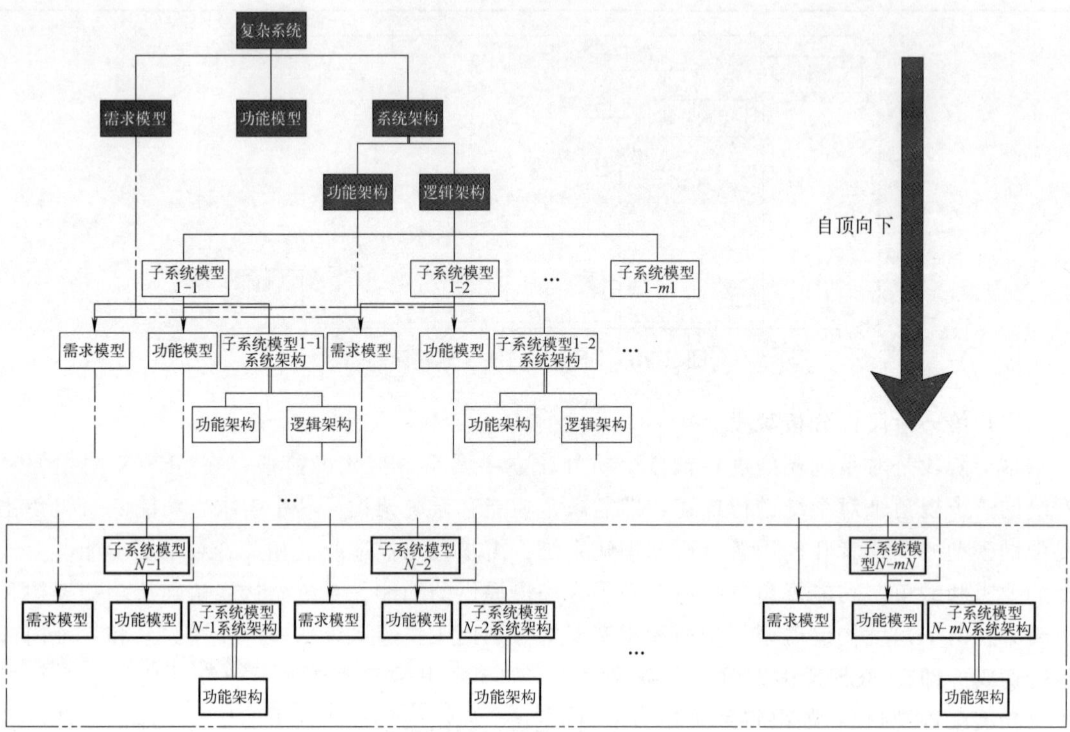

图 2-22　SES-X 架构分解模型

的模型，并进行功能验证（即验证系统的功能是否能够满足设计需求），需要通过剪枝操作获得适当规模的模型，比如通过耦合子系统的功能，测试它们与更高层级系统的需求的一致性。逐个验证所有子系统的功能（或者是关键子系统的功能）之后，这个阶段的设计也就告一段落。

注：SES-X 的剪枝

SES-X 的剪枝扩充了 SES 中剪枝的定义。因为 SES-X 构建的模型中包括了用于辅助设计的模型：需求模型和功能模型。而这两类模型在验证过程中不能够直接执行。所以如果按照 SES 的定义对系统模型进行剪枝，从实体的特化模型中选择一个作为实体，则将会得到一个不能执行的模型。因此 SES-X 的剪枝除了从多个特化模型中选择出执行的实体之外，也会将所有的辅助设计的模型剪去。除了剪枝对象的不同，SES-X 和 SES 剪枝的根节点也不同。SES 模型剪枝，是从系统模型所有的可能性中选出一个子树，子树的根节点为系统实体节点，并使用该子树进行验证。而 SES-X 的剪枝所选择的子树的根节点不要求一定为系统实体节点，可以是树结构中的任意一个实体节点。这种设计确保了在系统的子实体设计过程中，能够随时验证子实体的设计是否能够满足设计需求。剪枝的过程如图 2-23 所示，剪枝的结果是一个实体模型序列（PES 树），所得 PES 树以目标复杂系统模型为根节点。

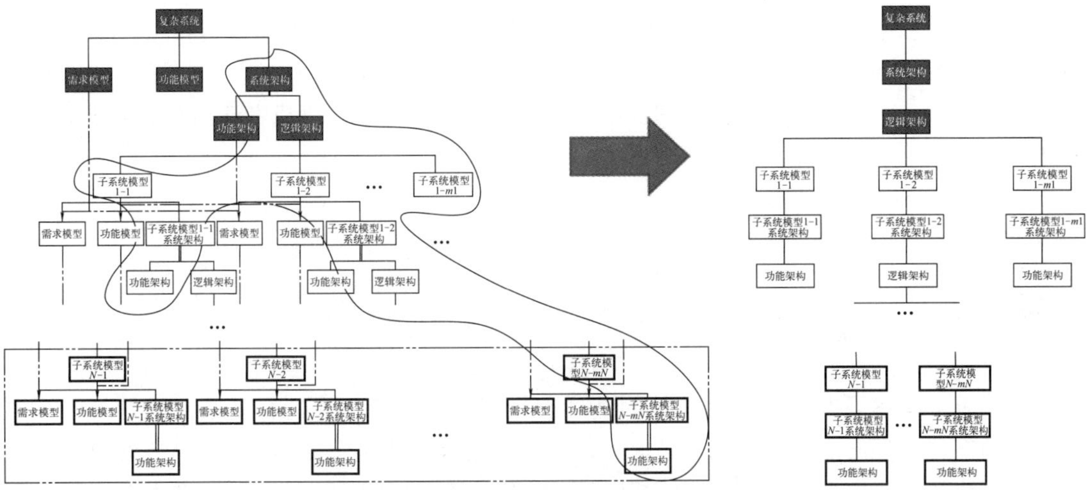

图 2-23　SES-X 架构剪枝

(3) 第三阶段：物理建模阶段

第三阶段与前一阶段不同，此阶段的物理模型将用于支持最终的仿真，因此主要关注组成系统的各个子系统的逻辑和物理特性。在此阶段之后，将能够获得如图 2-24（a）所示的 SES-X 模型。该 SES-X 模型是一个 SES 树形结构，其描述了系统模型的一组可能的系统结构，并能够像 SES/MB 一样通过剪枝用于系统的仿真和验证。需要注意的是，物理模型剪

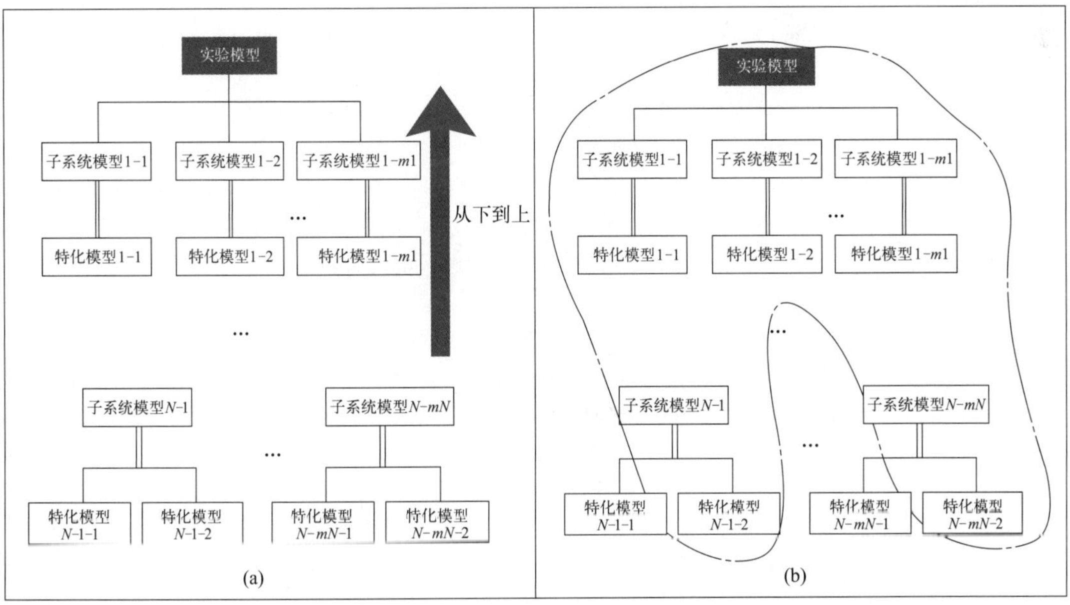

图 2-24　SES-X 的物理模型和剪枝后的物理模型

枝后获得的仿真模型将主要用于验证系统的行为和性能是否能够满足设计需求。即这一阶段的目标是从系统模型的多个备选方案中使用剪枝的方式选择出一个支持仿真的系统模型。这与第二阶段中的架构剪枝不同，前者仅用于功能检查。在此阶段之后，将能够获得如图 2-24（b）所示的 SES-X 模型。

(4) 第四阶段：验证阶段

最后阶段是系统仿真验证。到这个阶段，我们已经构建了具备仿真能力的物理模型。因此，只需进一步给出仿真所需要的参数，即可将系统架构模型转换为仿真模型。如图 2-19 所示，SES-X 的建模和仿真是一个迭代过程。这意味着当仿真完成后，如果系统的结果不能满足要求，系统工程师需求对物理模型或系统架构模型进行修改或者选择新的剪枝方案重新进行仿真。

2.7 本章小结

本章重点阐述了支持 X 语言设计的基础理论。首先介绍了在进行复杂系统建模时可能会遇到的三种类型的连续离散混合系统，以及目前主流的两类智能体的定义。然后介绍了连续离散混合系统建模规范 XDEVS，并进一步给出了基于 XDEVS 的连续离散混合系统建模方法和基于 BDI-DEVS 的智能体建模方法。最后，针对系统建模和物理建模集成设计过程中的模型管理问题，介绍了 SES-X 方法。SES-X 以 SES 树的形式，对系统建模和仿真验证流程中产生的模型进行管理和组织。

本章介绍的建模理论方法，是 X 语言语法设计和 X 语言相关建模软件研发的基础。在本书后续的内容中，将对 X 语言的语法进行介绍。

参考文献

[1] Nutaro J, Kuruganti P T, Protopopescu V, et al. The split system approach to managing time in simulations of hybrid systems having continuous and discrete event components [J]. Simulation-Transactions of the Society for Modeling and Simulation International, 2012, 88 (3): 281-298.

[2] Wang X, Zhang L, Laili Y, et al. MADES: A Unified Framework for Integrating Agent-Based Simulation with Multi-Agent Reinforcement Learning [J]. Proceedings of the 2021 Annual Modeling and Simulation Conference, ANNSIM 2021, 2021: 1-12.

[3] Harel D. Statecharts: A visual formalism for complex systems [J]. Science of Computer Programming, 1987, 8 (3): 231-274.

[4] Zeigler B P, Praehofer H, Kim T G. Theory of Modeling and Simulation: Integrating Discrete Event and Continuous Complex Dynamic Systems [M]. Academic press, 2000.

[5] 陈彬. 面向 DEVS 的多范式建模与仿真关键技术研究与实现 [D]. 长沙：国防科学技术大学，2010.

[6] Szabo I. Geschichte der mechanischen Prinzipien [M] //SZABÓ I. Birkhäuser Verlag. Birkhauser Verlag, 1987. http://www.jstor.org/stable/231415.

[7] Kirchhoff S. Ueber den Durchgang eines elektrischen Stromes durch eine Ebene, insbesondere durch eine kreisförmige [J]. Annalen der Physik, 1845, 140 (4): 497-514.

[8] Kirchhoff G. Ueber die Auflösung der Gleichungen, auf welche man bei der Untersuchung der linearen Vertheilung galvanischer Ströme geführt wird [J]. Annalen der Physik, 1847, 148 (12): 497-508.

[9] PAYNTER H M. Analysis and design of engineering systems [M]. Cambridge, MA: M. I. T. Press, 1960.

[10] Tan A H, Ong Y S, Tapanuj A. A hybrid agent architecture integrating desire, intention and reinforcement learning [J]. Expert Systems with Applications, 2011, 38 (7): 8477-8487.

[11] Adam C, Gaudou B. BDI agents in social simulations: a survey [J]. The Knowledge Engineering Review, 2016, 31 (3): 207-238.

[12] Ding Z, Huang Y, Yuan H, et al. Introduction to Reinforcement Learning [M]// Deep Reinforcement Learning. Singapore: Springer Singapore, 2020: 47-123. DOI: 10. 1007/978-981-15-4095-0_2.

[13] Kessler C, Capocchi L, Santucci J F, et al. Hierarchical Markov decision process based on DEVS formalism [J]. Proceedings - Winter Simulation Conference, 2017: 1001-1012.

[14] Zhang K, Yang Z, Başar T. Multi-Agent Reinforcement Learning: A Selective Overview of Theories and Algorithms [J]. Studies in Systems, Decision and Control, 2021, 325: 321-384.

[15] Hernandez-Leal P, Kartal B, Taylor M E. A survey and critique of multiagent deep reinforcement learning [J]. Autonomous Agents and Multi-Agent Systems, 2019, 33 (6): 750-797.

[16] Xie K, Zhang L, Laili Y, et al. XDEVS: A hybrid system modeling framework [J]. International Journal of Modeling, Simulation, and Scientific Computing, 2022, 13 (2).

[17] XIE K Y, et al. Integrated modelling and simulation method of hybrid systems based on X language [J]. IET Collaborative Intelligent Manufacturing, 2024, 6 (4): e70006.

[18] Giambiasi N, Carmona J C. Generalized discrete event abstraction of continuous systems: GDEVS formalism [J]. Simulation Modelling Practice and Theory, 2006, 14 (1): 47-70.

[19] Praehofer H. System theoretic formalisms for combined discrete-continuous system simulation [J]. International Journal of General Systems, 1991, 19 (3): 226-240.

[20] Association M. Modelica - A Unified Object-Oriented Language for Systems Modeling. Language Specification Version 3.4 [EB] //Linköping: Modelica Association. (2017) [2023-10-16].

[21] Lundvall H, Fritzson P, Bachmann B. Event Handling in the OpenModelica Compiler and Runtime System [M]. Linköping University Electronic Press, 2008.

[22] Sharma P K, Fernandez R, Zaroukian E, et al. Survey of recent multi-agent reinforcement learning algorithms utilizing centralized training [J]. https: //doi. org/10.1117/12. 2585808, 2021, 11746: 665-676.

[23] Lowe R, Wu Y, Tamar A, et al. Multi-Agent Actor-Critic for Mixed Cooperative-Competitive Environments [J]. Advances in Neural Information Processing Systems, 2017, 30.

[24] Kim T G, Lee C, Christensen E R, et al. System Entity Structuring and Model Base Management [J]. IEEE Transactions on Systems, Man and Cybernetics, 1990, 20 (5): 1013-1024.

[25] Xie K, Zhang L, Li X, et al. SES-X: A MBSE Methodology Based on SES/MB and X Language [J]. Information 2023, Vol. 14, Page 23, 2022, 14 (1): 23.

第 3 章 X语言架构及描述规范

3.1 X 语言架构

X 语言的设计目标是要在统一的语言框架下构建一个统一的系统模型来描述系统的需求、架构（功能、逻辑）和物理特性，来支持 MBSE/MSBSE 的完整研发过程[1,2]。

从语言能力层面，要对系统架构和物理特性进行统一的描述，需要 X 语言支持对因果和非因果连续系统、基于事件的离散系统、连续和离散混合系统以及智能系统的一体化建模[3]。而系统验证和确认这一过程则要求基于 X 语言的架构模型和物理模型具备可仿真的能力[4,5]。

从语言形式层面，图形化的建模形式更有助于建模人员直观地分析复杂系统需求、功能、结构，以及行为的关系。同时，为了支持系统仿真验证过程，以及对模型的分析、管理和重用，系统模型需要具备文本化的描述形式。为此，X 语言设计了图形和文本两种建模形式并支持相互间的转换。

复杂系统的开发是一个周期长且需要不断迭代的过程。这要求 X 语言应该具备对不同层级以及不同阶段的模型进行有效管理的能力。

为了实现以上功能，X 语言的理论架构应该包含四个层面，具体如图 3-1 所示。

在系统层，对系统建模的需求进行描述，形成包含建模目标和约束的元模型，建立系统需求、系统功能、系统结构、系统行为、包含对象、系统驱动参数及流程时序要求的描述范式。

在模型架构层，基于 XDEVS 规范给定模型耦合关系、模型关联事件、模型内外转换机制的描述范式[3]。其中，为支持连续、离散以及混合系统建模，通过参考 Modelica[6-8]、Matlab/Simulink，以及 DEVS[9-12] 等典型建模规范及软件的架构和风格，构建 X 语言的连续和离散模型建模文本。为支持智能系统建模，增添对智能体模型和神经网络模型的描述，基于底层的 XDEVS 仿真引擎，设计智能体的 BDI 架构[13-15]，并提出新的上层文本范式[16]，从而拓展了 X 语言对智能系统的描述能力。

在模型仿真层，遵循面向对象的设计思想，以变量和方程等形式描述其特性和功能，并

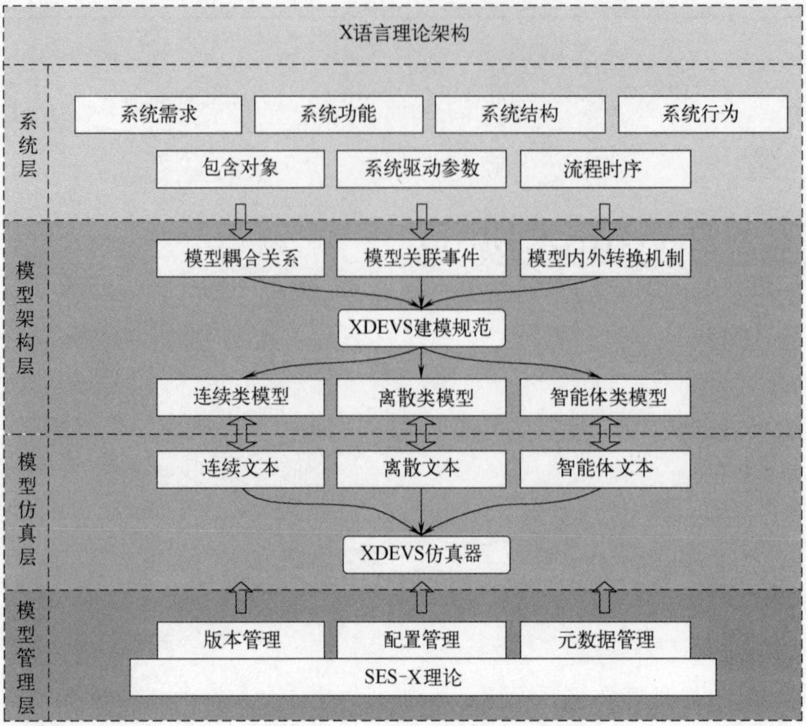

图 3-1　X 语言理论架构

支持连续时间系统、离散事件系统、连续离散混合系统，以及智能系统的建模和仿真。具体来说，在底层借助 XDEVS 建模框架对多领域模型的统一描述能力，使用事件机制将连续模型和智能体模型的仿真统一到离散事件仿真框架下。然后通过开发统一的编译器，实现将连续模型、离散模型以及智能体模型编译为可直接由底层仿真框架进行仿真的可执行代码，这样便实现了对于离散、连续、混合，以及智能体系统的统一建模和仿真。

在模型管理层，遵循 2.6.2 小节中 SES-X 方法[17]，实现对系统不同层级和不同阶段模型的统一管理。

基于上述分析，X 语言总体架构如图 3-2 所示。X 语言从需求分析、功能分析、系统逻辑与物理架构设计和模型管理四个角度定义了 X 语言的基本要素，完整地覆盖了 X 语言的理论架构提出的四个层面。

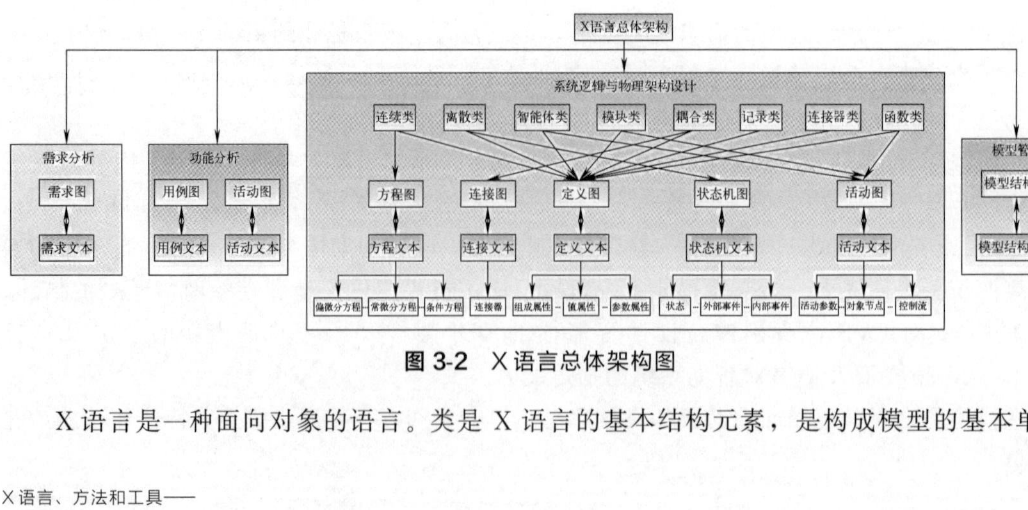

图 3-2　X 语言总体架构图

X 语言是一种面向对象的语言。类是 X 语言的基本结构元素，是构成模型的基本单元。

类分为一般类和受限类。受限类是一般类概念的特殊化形式，在模型中特定类关键字可以被一般类关键字 class 替代，而不会改变模型的行为。受限类也可以在适当条件下替代一般类关键字 class，只要二者在语义上等价。由于复杂产品的设计与研发会涉及不同行为（连续、离散、混合、智能体等）的对象，因此 X 语言定义了 8 种受限类来支持系统逻辑与物理架构设计（图 3-2）。其中，连续类（continuous class）用于对非因果连续系统以及以连续为主的混合系统建模，模块类（block class）用于对因果连续系统建模，离散类（discrete class）用于对基于事件触发的离散系统以及以离散为主的混合系统建模，智能体类（agent class）用于对具有自主决策能力的智能系统建模，耦合类（couple class）用于对不同类型系统（连续、离散、混合系统，以及智能系统）的集成建模，连接器类（connector class）用于对非因果连续系统遵循广义基尔霍夫定律的端口建模，记录类（record class）用于对复杂的数据结构建模，函数类（function class）用于对复杂的系统功能建模。

需要指出的是，X 语言的每种类都定义了图形和文本两种形式，文本形式的类可以进行仿真实现系统验证和确认。如图 3-3 所示，每一个文本部分对应相应的图，如定义文本对应着定义图、状态机文本对应着状态机图等。一个完整的单个 X 语言类由不同的图/文本组合而成。具体来说，耦合类由定义图/文本和连接图/文本组成，连续类由定义图/文本和方程图/文本组成，模块类由定义图/文本和活动图/文本组成，离散类由定义图/文本和状态机图/文本组成，智能体类由定义图/文本和活动图/文本组成，函数类由定义图/文本和活动图/文本组成。此外，记录类、连接器类均由定义图/文本组成。

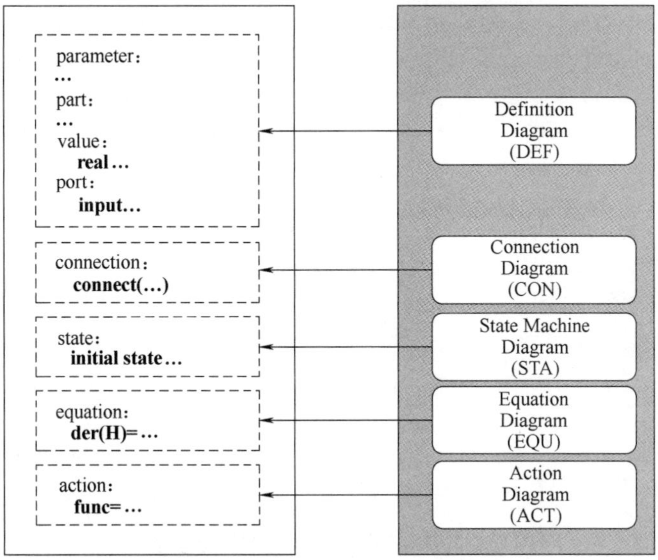

图 3-3　X 语言中类的图形和文本对应图

X 语言也借鉴或拓展了 SysML 中特定的图，以支持 MBSE/MSBSE 的完整开发过程[18-20]。具体来说，对需求图进行了拓展，用于对系统需求开展多层次的分析和追踪；借鉴用例图和活动图，用于系统功能分析。另外还基于 2.6.2 小节的 SES-X 方法创建了模型结构图，对基于 X 语言的系统开发过程中不同层级和不同阶段的模型进行管理。此外，针对这几种图，X 语言也同样定义了相应的文本。

本章节后续将依据 X 语言的总体架构图的四个角度（需求分析、功能分析、系统逻辑与物理架构设计和模型管理）介绍 X 语言的基本要素。此外，为了方便专业的建模人员对

X 语言的语法规范有更深层次理解，本章节提供了关于 X 语言的巴克斯范式的部分示例，X 语言完整的 BNF 范式见本书附录。

注：X 语言的巴克斯范式

巴克斯范式，又称巴克斯-诺尔范式（Backus-Naur form，BNF），是以美国人巴克斯（Backus）和丹麦人诺尔（Naur）的名字命名的一种用来描述语法的一种形式体系，是一种典型的元语言。它不仅能严格地表示语法规则，而且所描述的语法是与上下文无关的。它具有语法简单、表示明确、便于语法分析和编译的特点。

X 语言的巴克斯范式的部分示例如下：

```
//整体存储框架
stored_definition ::= ['within' name ';'] {['final'] class_definition}
//类定义
class_definition ::= ('encapsuate')? class_prefixes class_specifier
//类前缀
class_prefixes ::= ['partial']('class'|'continuous'|'discrete'|'agent'|'couple'|'con-
nector'|
'enum'|'record'|'function')
//类结构定义
class_specifier
::=
(IDENT
definition_section
{composition}
'end')|
enumeration_definition
//类组成部分
composition ::= connection_section | stm_section | equation_section | act_section
```

3.2 X 语言基本要素

3.2.1 需求分析

需求分析往往是复杂系统研发的第一步。需求的有效跟踪、管理，以及快速验证对系统研发至关重要。然而，需求的建模元素几乎不参与系统的设计和仿真过程，因此，在 X 语言中往往采用需求图/文本实现对需求的分析。

(1) 创建需求图/文本的目的

基于文字的需求在传统上是系统工程的重要产品，这并不意味着所有方法都需要基于文字的需求。越来越被广泛使用的技术是创建用例来替换基于文字的功能性需求，创建约束表达式来替换基于文字的非功能性需求。然而，当需要显示这些需求以及它们与其他模型元素之间的关系时，就可以创建需求图。X 语言借鉴了 SysML 需求图的表示方法和规则，并在此基础上通过基于模型的设计方式进行了需求元模型的扩展。X 语言的需求图针对利益相关者需求、系统设计需求、需求关系等进行了详细的扩充，确保了需求工程师可以从不同的粒度去表达需求，实现了对利益相关者需求、系统设计需求，以及需求关系的语法和语义的定义，比如，需求的来源、类型、层级、优先级等。这可以有效地支持面向不同粒度需求的建模。扩展的需求关系可以保证在系统开发过程中，建立从需求的起源、利益相关者需求、系统设计需求到系统模型元素的完整追踪链。当需求发生变更时，可以确保系统工程师快速定位受影响的需求或系统模型元素，从而达到快速迭代，提高设计效率的目的。此外，扩展的需求关系还定义了元模型一致的需求文本，支持需求的自动追踪。

(2) 何时创建需求图/文本

在系统建模过程中，往往需要建立需求和模型元素之间的关联关系，从而在系统设计和开发过程中确立需求的可跟踪性。需求图/文本的创建可以有效地支持需求的可追溯性管理。

(3) 需求图/文本基本要素

① 利益相关者。

利益相关者代表整个项目的需求方，是整个项目开发的需求提出者或践行者。利益相关者的标识符是一个矩形，在名称之前有元类型≪stakeholder≫。具体图形及文本表示法如图 3-4 所示。

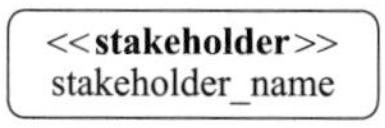


```
stakeholder stakeholder_name
end;
```

图 3-4　利益相关者图形（左）及文本（右）表示法

② 责任利益相关者。

责任利益相关者代表整个项目需求的负责方，是整个项目开发的践行者。责任利益相关者的标识符是一个矩形，在名称之前有元类型≪responsible stakeholder≫。具体图文表示法如图 3-5 所示。

```
responsible stakeholder Responsible stakeholder_name
end;
```

图 3-5　责任利益相关者图形（左）及文本（右）表示法

③ 需求源。

需求源代表整个项目需求的起源，可能是某个官方单位或者需求规范文档等。需求源的标识符是一个矩形，在名称之前有元类型≪source≫。具体图文表示法如图 3-6 所示。

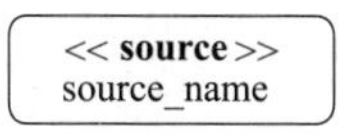


```
source sourec_name
end;
```

图 3-6　需求源图形（左）及文本（右）表示法

④ 利益相关者需求。

利益相关者需求的标识符是一个矩形，在名称之前有元类型≪need≫。利益相关者需求有 4 个属性：id、source、stakeholder、text。这四种属性的类型都是 string。其中，id 表示该需求的编号，source 表示需求的来源，stakeholder 表示提出需求的利益相关者，text 一般通过自然语言描述需求的具体内容（利益相关者的需求往往没有具体的约束）。具体图文表示法如图 3-7 所示。

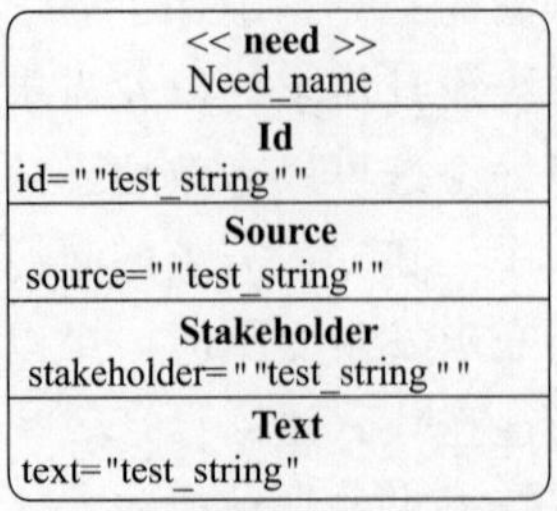


```
need Need_name
Id:"test_string";
Source: "test_string";
Stakeholder:"test_string";
Text:"test_string";
end;
```

图 3-7　利益相关者需求图形（左）及文本（右）表示法

⑤ 需求。

需求的标识符是一个矩形，在名称之前有元类型≪requirement≫。需求有 7 个属性：id、responsible stakeholder、priority、type、level、role、text，这七种属性的类型都是 string。其中，id 表示该需求的编号，responsible stakeholder 表示需求的践行负责方，type 代表需求的类型（一般包括功能性需求和非功能性需求，非功能性需求可细分为性能需求、设计需求、环境需求、适用性需求），level 表示需求的层级（一般包括系统级需求以及组件级需求），role 代表面向多学科设计分析优化（MDAO）的需求角色（一般包括设计变量、设计变量边界、输入参数、约束、目标对象），text 一般通过自然语言描述需求的具体内容（针对不同类型的需求，需求的描述有不同约束格式）。具体图文表示法如图 3-8 所示。

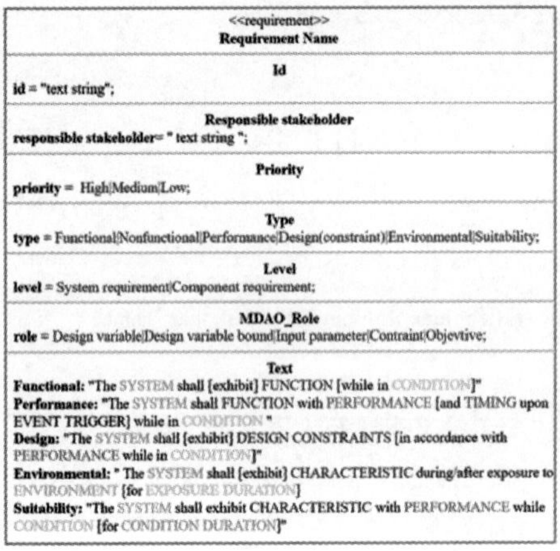


```
requirement Requirement_Name
id:"test_string";
responsible stakeholder:"test_string";
priority:"High"|"Medium"|"Low";
type "Funtional"|"Performance"...;
Level:"System requirement"|"Component requirement";
Role:"Design varible"|"Design varible bound";
Text:"test_string";
end;
```

图 3-8　需求图形（左）及文本（右）表示法

⑥ 需求关系。

在系统模型中记录需求很有用。然而，需求和其他模型元素之间的关系往往有更大的价值。在建模过程中，一般可能会使用十种需求关系：来源、提出、负责、包含、跟踪、继承、改善、满足、验证、映射。

这些需求关系在系统模型中确立了需求的可跟踪性。需求关系一般可以通过 X 语言建模工具自动生成，并在需求发生变更时，自动执行下游的影响分析。这些功能会节省大量时间和成本。

来源：需求来源于某一官方单位或需求规范文档，来源关系描述需求的起源。具体图文表示法如图 3-9 所示。

提出：需求一般由所有的利益相关方提出，提出关系描述与原始需求直接相关的利益相关者。具体图文表示法如图 3-10 所示。

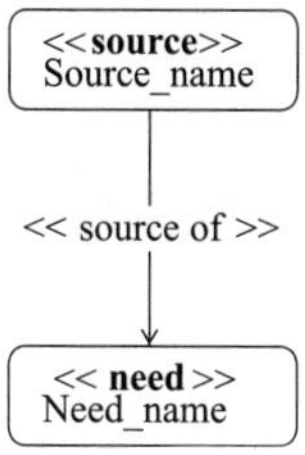

source(Source_name,Need_name);

图 3-9　来源关系图形（左）及文本（右）表示法

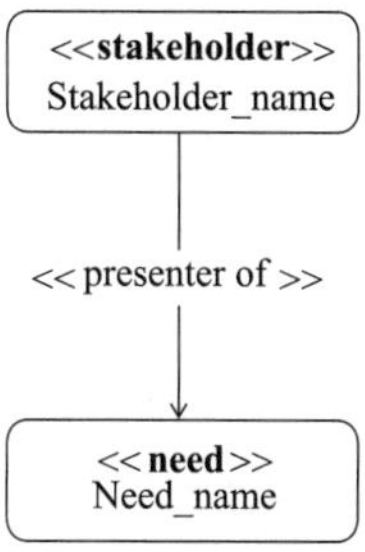

presenter (Stakeholder_name,Need_name);

图 3-10　提出关系图形（左）及文本（右）表示法

负责：需求在设计过程中会有相应的负责践行的利益相关者。具体图文表示法如图 3-11 所示。

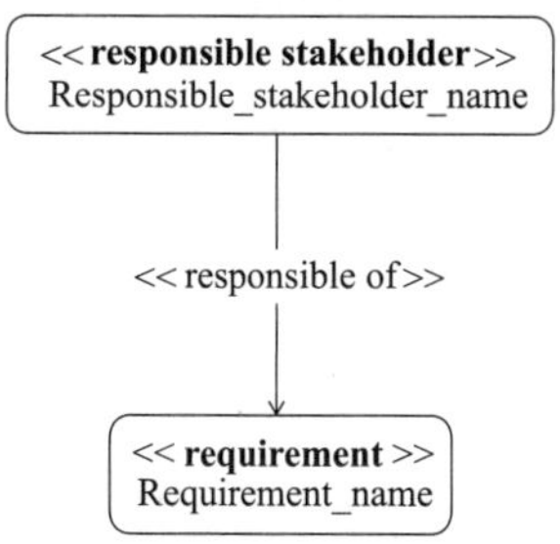

responsible (Responsible_stakeholder_name, Requirement_name);

图 3-11　负责关系图形（左）及文本（右）表示法

包含：需求之间存在包含关系，即需求可以包含其他需求。一般通过十字准线标识法表示需求之间的包含关系。具体图文表示法如图 3-12 所示。

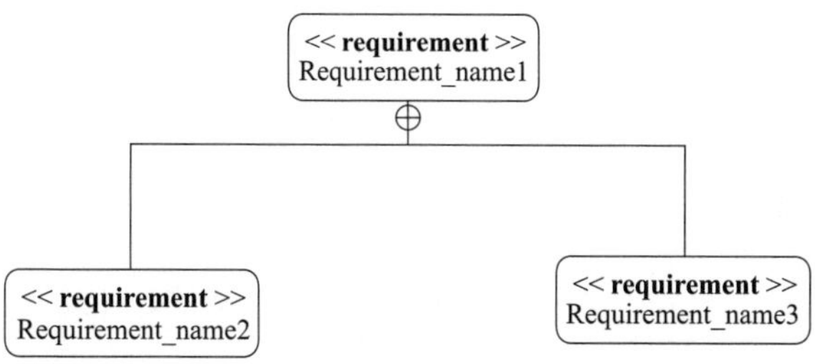

componse (Requirement_name1, Requirement_name2);
componse (Requirement_name1, Requirement_name3);

图 3-12　包含关系图形（左）及文本（右）表示法

图中表示需求 1 包含需求 2 和需求 3。

跟踪：跟踪关系是一种依赖关系。跟踪关系是一种弱关系，它只是表达一种基本的依赖关系，即对提供方元素的修改可能会导致需要对客户端元素修改。跟踪关系一般通过带有开口箭头的实线（上方带有≪trace≫元类型）表示。具体图文表示法如图 3-13 所示。

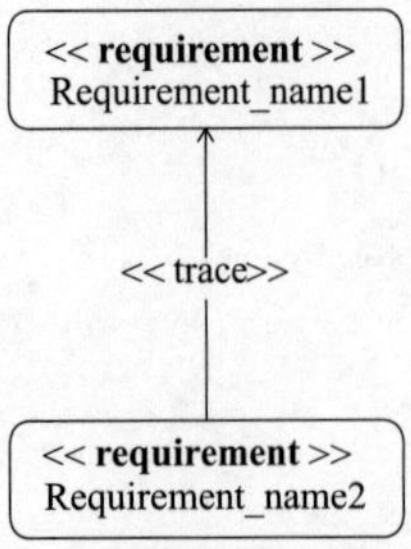

trace (Requirement_name2,Requirement_name1);

图 3-13　跟踪关系图形（左）及文本（右）表示法

图中表示需求 2 会跟踪需求 1。

继承：继承需求关系是另一种依赖关系。这种关系必须在客户端和提供方端都有需求。继承需求关系表示客户端的需求继承了提供方的需求。继承需求关系一般通过带有开口箭头的虚线（上方带有≪derive≫元类型）表示。继承关系可以是多级的，并是可传递的。因此，如果基本的需求发生变更，那么下游的影响会贯穿整个继承需求关系链。具体图文表示法如图 3-14 所示。

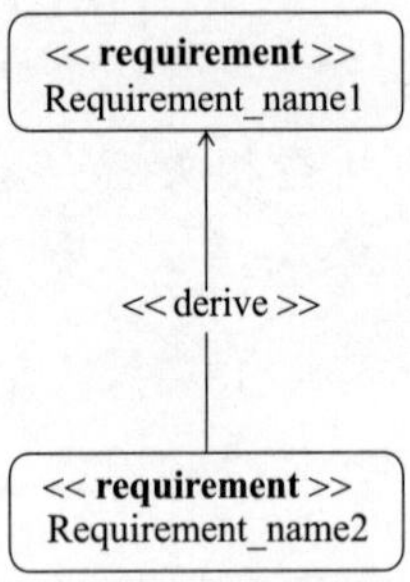

derive (Requirement_name2,Requirement_name1);

图 3-14　继承关系图形（左）及文本（右）表示法

图中表示需求 2 继承自需求 1。

改善：改善关系是另一种依赖关系。对于改善关系的任意一端所能够显示的元素种类，X 语言没有任何限制。然而，一般使用用例对文本的功能性需求进行改善。改善关系表示客户端的元素要比提供方端的元素更加具体。改善关系一般通过带有开口箭头的实线（上方带有≪refine≫元类型）表示。具体图文表示法如图 3-15 所示。

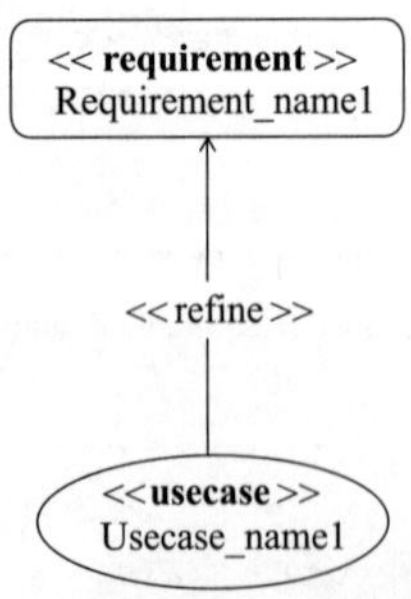

refine (Usecase_name1, Requirement_name1);

图 3-15　改善关系图形（左）及文本（右）表示法

图中表示用例 1 改善了需求。

满足：满足关系是另一种依赖关系。这种关系在提供方端必须有一个需求。X 语言没有对客户端所能够出现的元素种类施加限制。然而，客户端元素通常是类（连续类、离散类等）。满足关系是一种断言，说明客户端类的实例会满足提供方端的需求。满足关系一般可以通过带有开口箭头的虚线（上方带有≪satisfy≫元类型）表示。具体图文表示法如图 3-16 所示。

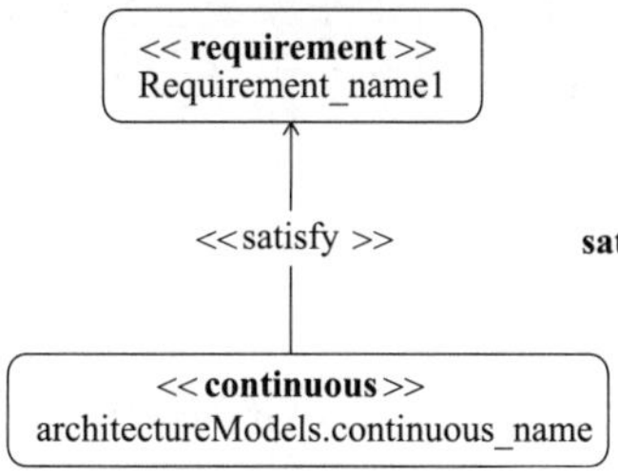

satisfy(architectureModels.continuous_name,Requirement_name1);

图 3-16　满足关系图形（左）及文本（右）表示法

图中表示连续类 1 会满足需求 1。

验证：验证关系是另一种依赖关系。和满足关系一样，验证关系必须在提供方端有一个需求。X 语言没有对客户端所能够出现的元素种类施加限制。然而，客户端元素通常是测试用例。测试用例一般会是一种系统行为，当进行仿真的时候，会证明系统是否真正满足了需求。验证关系一般可以通过带有开口箭头的实线（上方带有≪verify≫元类型）表示。具体图文表示法如图 3-17 所示。

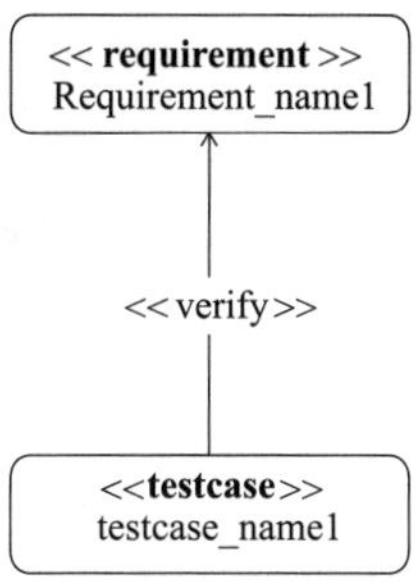

verify (testcase_name1, Requirement_name1);

图 3-17　验证关系图形（左）及文本（右）表示法

图中表示测试案例 1 验证了需求 1。

映射：映射关系是另一种依赖关系，和验证一样，映射关系必须在提供方端有一个需求。客户端一般是对应模型元素内部具体的属性或行为。映射关系的设定目的是建立需求和实现需求对应的模型元素的具体属性或行为的关联关系。映射关系一般可以通过带有开口箭头的实线（上方带有≪mapped to≫元类型）表示。具体图文表示法如图 3-18 所示。

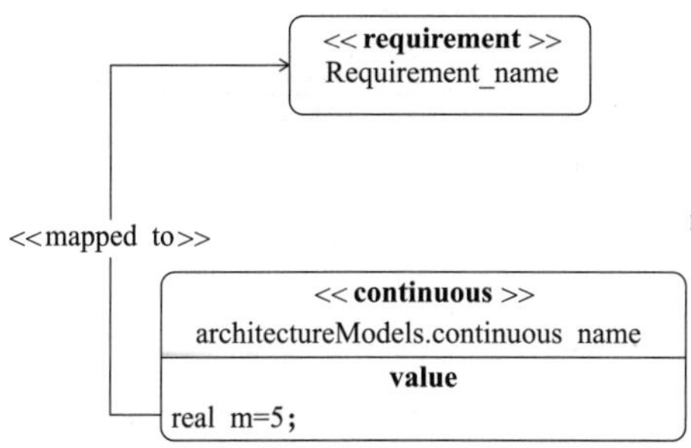

map(architectureModels.continuous_name.m, Requirement_name);

图 3-18　映射关系图形（左）及文本（右）表示法

(4) **建模案例**（导弹电气系统）

导弹电气系统主要支撑导弹在制导过程中，依据当前的飞行状态给不同的用电设备供电，以完成制导任务。导弹电气系统主要包括电源模块、雷达模块、舵机模块、机电引信模块、控制总线模块、弹道场景控制模块，以及导弹动力学模块七个子系统。系统设计的目标是保证在制导过程中，导弹电气系统按照预定指令进行电力资源的分配并完成打击任务。

本章后续对 X 语言建模要素解释的建模案例，大部分都以该系统或者其子系统的设计为例[21]。

该案例实现了对导弹电气系统设计过程中的需求建模，给出了系统需求的提出者、利益相关者需求、导弹电气系统设计需求，以及它们之间的需求关系。具体如图 3-19 和图 3-20 所示。

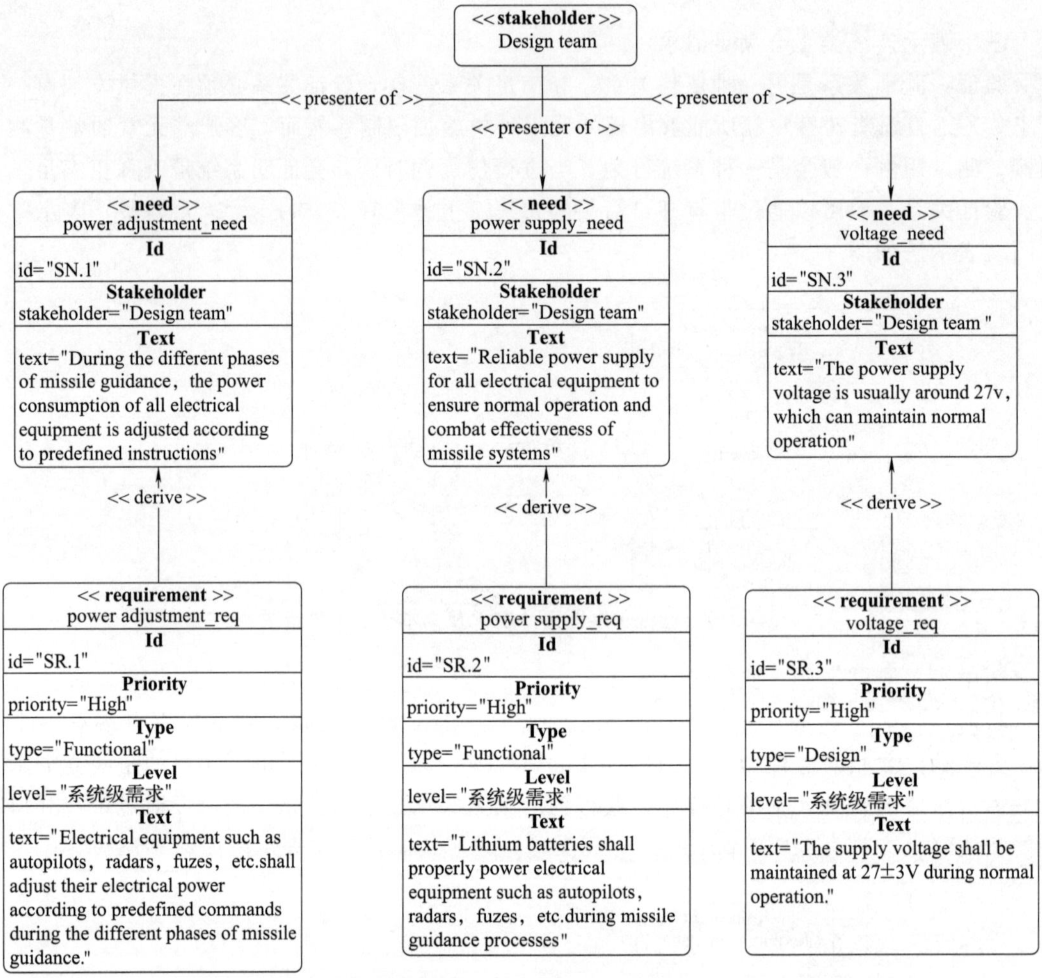

图 3-19 导弹电气系统需求图形建模

3.2.2 功能分析

功能分析是根据需求进行的，需求确定了系统需要达到的目标和要求，而功能分析则是为了满足这些需求而对系统进行细化和分解。功能分析帮助识别和理解需求，通过功能间的

missile_electrical_system.xl[文本视图] ×

```
Req missile_electrical_system
stakeholder Design team:
end;
need power supply_need:
  Id: "SN.2";
  Stakeholder: "Design team";
  Text: "Reliable power supply for all electrical equipment to ensure normal operation and combat effectiveness of missile systems";
end;
need power adjustment _need:
  Id: "SN.1";
  Stakeholder: "Design team";
  Text: "During the different phases of missile guidance, the power consumption of all electrical equipment is adjusted according to predefined instructions";
end;
need voltage_need:
  Id: "SN.3";
  Stakeholder: "Design team";
  Text: "The power supply voltage is usually around 27v, which can maintain normal operation";
end;
end;
traciability:
  presenter(Design team,power adjustment _need);
  presenter(Design team,voltage_need);
  presenter(Design team,power supply_need);
  derive(power adjustment _req,power adjustment _need);
  derive(power supply_req,power supply_need);
  derive(voltage_req,voltage_need);
end;
```

图 3-20　导弹电气系统需求文本建模

细化和关联，确保系统能够提供用户所需的各项功能。系统的功能分析过程并不参与系统的设计与仿真过程，因此，在 X 语言中主要采用用例图和活动图实现系统的功能分析过程。

(1) 用例图/文本

① 目的。

用例图会简洁地传递一系列用例、系统提供的外部可见服务，以及触发和参与用例的执行者。用例图是外部用户（参与者）所能观察的系统功能的模型图。用例图是系统的蓝图，可以辅助系统工程师捕获需求、指导测试，并且可以作为后续系统开发过程的指导，用于捕获系统的功能。X 语言的用例图借鉴 SysML 的用例图表示方法和规则，因此关于用例图的建模元素在此就不一一赘述了。值得一提的是，X 语言定义了元模型一致的用例文本，支持功能用例模型信息的挖掘与重用。

② 何时创建用例图/文本。

用例图/文本是一种分析工具，一般会在系统生命周期的早期创建。系统工程师可能会枚举各种用例，然后在系统概念和操作的开发阶段创建用例图。

③ 建模案例（导弹电气系统）。

本案例实现了对导弹电气系统设计过程中的功能用例建模，定义了系统边界、执行者，以及相应的用例。具体如图 3-21 和图 3-22 所示。

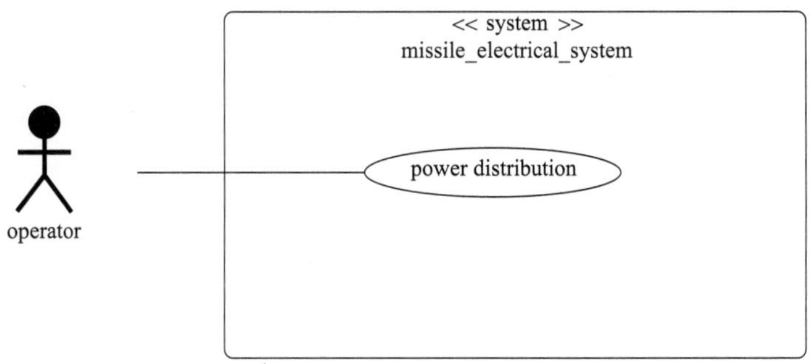

图 3-21　导弹电气系统用例图形建模

missile_electrical_system.xl[文本视图] ×

```
Us missile_electrical_system
actor:
  operator;
end;
system missile_electrical_system
  usecase:
    power distribution;
  correlation:
    interact(operator,power distribution);
end;
end;
```

图 3-22　导弹电气系统用例文本建模

(2) 活动图/文本

① 目的。

活动图是能够传达系统动态行为信息的一种图。活动图的作用是描述一系列具体动态过程的执行逻辑，可以表示活动之间转移的控制流，甚至可以描述复杂逻辑控制的行为。活动图是对功能用例的一种细化，可以支持系统功能需求的实现。X 语言的活动图借鉴 SysML 的活动图表示方法和规则。因此关于活动图的建模元素在此就不一一赘述了。值得一提的是，X 语言定义了元模型一致的活动文本，支持功能活动模型信息的挖掘与重用。

② 何时创建活动图/文本。

活动图/文本作为一种最为有效的分析工具，是在需要和利益相关者沟通、想要捕获系统及其执行者期望的行为时，要首先创建的行为图/文本。活动图/文本一般可以作为设计团队之间对系统内部组成部分期望行为达成共识的最重要的行为图/文本。此外，在系统设计中，活动图/文本会作为一种关键的行为图/文本实现对系统的复杂行为的描述。

③ 建模案例（导弹电气系统）。

本案例实现了对导弹电气系统设计过程中的功能活动建模，定义了某导弹电气系统的功能活动的执行逻辑。具体如图 3-23 和图 3-24 所示。

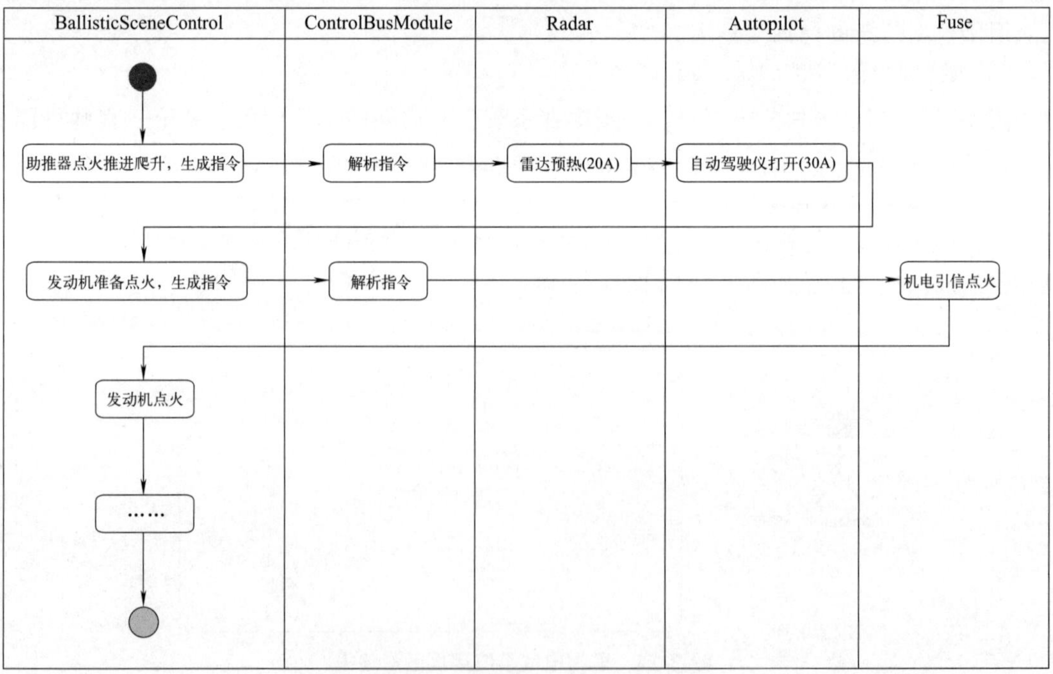

图 3-23　导弹电气系统活动图形建模

missile_elecrical_system.xl[文本视图] ×

```
Act missile_electrical_system
action 1
system:
 BallisticSceneControl;
end;
act:
 助推器点火推进爬升，生成指令;
end;
action 2
system:
 ControlBusModule;
end;
act:
 解析指令;
end;
end;
action 3
system:
 Radar;
end;
act:
 雷达预热（20A）;
end;
end;
action 4
system:
 AutoPilot;
end;
act:
 自动驾驶仪打开（30A）;
end;
end;
...
Action:
run(1,2,3,4,5,6,7);
end;
```

图 3-24　导弹电气系统活动文本建模

3.2.3　系统逻辑和物理架构设计

在完成系统需求和功能分析之后，系统包含的逻辑或物理子系统以及它们之间的交互逻辑变得清晰，接下来便是系统逻辑和物理架构设计。在 X 语言中，定义了 8 种受限类可以有效地支持系统逻辑和物理架构设计。此外，基于 X 语言类的文本模型可进行仿真求解，从而有效地支撑对系统逻辑和物理架构的验证。本小节将重点介绍 X 语言的 8 种受限类的文本和图形表示方法。

3.2.3.1　耦合类

(1) 简介

耦合类（couple class）是 X 语言的一个重要的类，也是 X 语言联通系统级和物理级仿真建模的桥梁。耦合模型在 X 语言中承担了连接多领域模型仿真的任务。在耦合模型中，不仅能够连接相同领域的模型（如离散模型），也能够连接不同领域的模型，只需要二者之间的端口能够相互匹配。

(2) 文本结构

耦合类的文本以关键字 couple 统领，包括头部、定义部分、连接部分等三个部分。

头部包括导入外部模型（结构关键字 import）以及继承外部模型（结构关键字 extends）两部分内容。extends 部分的类只能是耦合类，import 部分根据需要导入外部类，以便继承或者实例化。定义部分对模型基本属性进行描述，连接部分对不同子模型之间的连接关系进行描述，表示子模型两个端口之间的有向连接。

(3) 用法

定义部分包括 parameter、port、part 三个部分。parameter 表示耦合类的固有属性，为常数；port 表示 couple 类的接口；part 部分表示 couple 包含的子模块，内容包含连续类、离散类、耦合类的实例化。

连接部分以 connection 关键字统领，内部以 connect 的形式连接各个端口。connect 连接的两端量的属性必须一致，可以同为单变量，但是需要值的数值类型一致，也可以同为连接器类。此连接关系有方向，用 connect 连接的两个端口表示从第一个端口向第二个端口的有向连接。

例如下例中，导入了 connector、continuous、discrete、couple 四种类型模型，并继承了 couple_1。part 部分，对 continuous_1 与 discrete 类进行实例化。port 部分，利用导入的 connector_1 定义自己的端口。connection 部分，将 name_2 的 p 端口与 name_3 的 n 端口相连（从 name_2 的 p 端口到 name_3 的 n 端口），将 name_2 的 n 端口与本 couple 模型的 name_1 端口相连。并且，由于 name_1 为 connector 类，可以推测 name_2 的 p 端口也是 connector 类。

示例代码如下：

```
couple Model_1
import connector_1;
import continuous_1;
import discrete_1;
import couple_1;
extends couple_1;
parameter:
real a= 1;
port:
connector_1 name_1;
part:
  continuous_1 name_2(am= a);
  discrete_1 name_3;
connection:
  connect(name_2.p,name_3.n);
  connect(name_2.n,name_1);
end;
```

(4) 图形组成

在图形层面，一个完整的耦合类一般由定义图和连接图组成。由于定义图是后文介绍的多个类的必要的图形组成元素，这里将首先对定义图进行详细介绍。

① 定义图。

a. 目的。定义图是 X 语言中类的结构属性（输入输出端口、参数、状态变量等）的图形表达形式，主要用于对待设计系统的静态结构以及不同组件之间的关联定义。

b. 何时创建定义图。对一个系统进行建模的时候，基本上都会创建定义图。定义图可以支持定义系统的结构属性（输入输出端口、参数、状态变量等）。定义图通常会和其他图组合去描述 X 语言的类（比如耦合类、连续类、离散类等）。

c. 定义图的基本元素和关系。

• 耦合类的图形表示法。耦合类是 X 语言中描述实体的一种类型，耦合类的图形表示一般是带有元类型≪couple≫的矩形，实体的名称如图 3-25 所示。

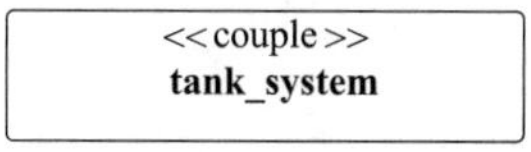

图 3-25　一个名为 tank_system 的耦合类模型

除了名称之外，耦合类图形通常会显示另外的分隔框或者通过线与其他元素关联实现对类的属性的建模。

注：　除耦合类以外，一般类和其他的受限类的图形表示法与耦合类相同，不同的类只是元类型不同，比如连续类的图形表示一般是带有≪continuous≫的矩形。

• 组成部分属性。组成部分属性（X 语言中一般只有 couple 类具有该属性）代表类的内部结构。换句话说，类是由组成部分属性构成的。这种关系是一种所属关系。组成部分属性一般是由类的下方带有元类型 part 的结构分隔框表示。

图 3-26 表示一个名为 tank_system 的 couple 类模型由一个名为 tank1 和一个名为 source1 的模型组成。其中，tank1 和 source1 均是在系统某处建立的某特定类 tank 和 source 的实例化。

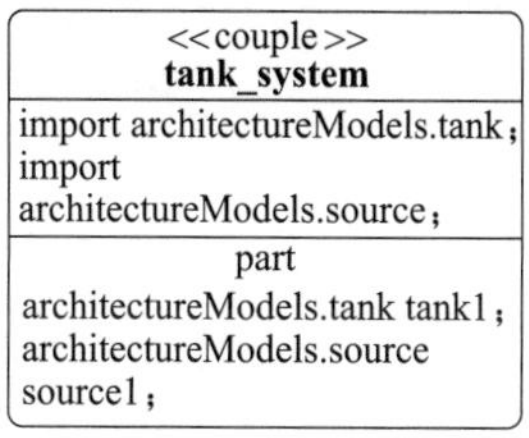

图 3-26　组成部分属性表示法

• 值属性。值属性代表类的状态变量，状态变量的类型可以是整型、实数型、布尔型等。值属性一般是由类的下方带有元类型 value 的结构分隔框表示。

图 3-27 表示一个名为 tank 的 continuous 类模型具有一个名为 x 的整型变量和一个名为 y 的实数型变量。

• 参数属性。参数属性代表类的实例化参数，其类型也可以是整型、实数型、布尔型等。参数属性一般是由类的下方带有元类型 parameter 的结构分隔框表示。

图 3-28 表示一个名为 tank 的 continuous 类模型具有一个名为 x 值为 1 和一个名为 y 值为 2.5 的实例化参数。

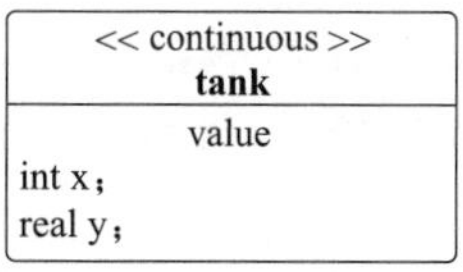

图 3-27　值属性表示法

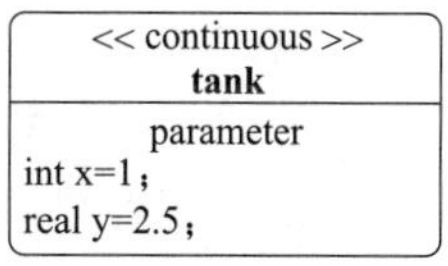

图 3-28　参数属性表示法

• 端口。端口是代表结构边缘不同交互点的一种属性，通过端口外部实体可以和对应的实体交互（一般是交换事件、能量、数据等）。

X 语言中有两种端口，一种是基于连接器定义的遵循广义基尔霍夫定律的端口，一种是基于事件交换的事件端口。端口一般是由类的下方带有元类型 port 的结构分隔框表示。

图 3-29 表示的是一个名为 capacitor 的连续类模型，具有两个分别由 PositivePin 和 NegativePin 实例化的连接器类型端口 p 和 n。

图 3-30 表示的是一个名为 FCC_system 的离散类模型具有名为 p 和 i 的事件输入和事件输出端口。

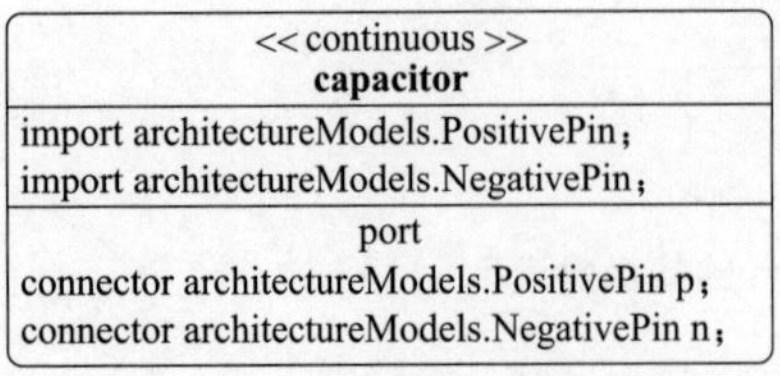

图 3-29　连接器端口表示法

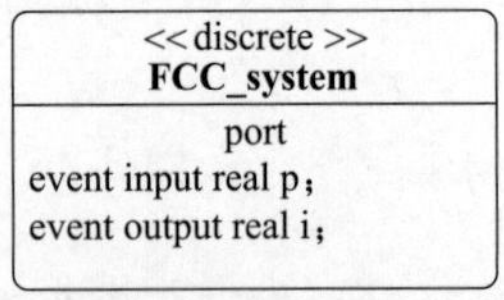

图 3-30　事件端口表示法

• 组合关联。组合关联是组成部分属性的另一种表示法。两个类之间的组合关联表示结构上的分解。组合端类的实例由一些组成部分端类的实例组合而成。定义图中组合关联的表示法是两个模块之间的实线，在组合端有实心的菱形。

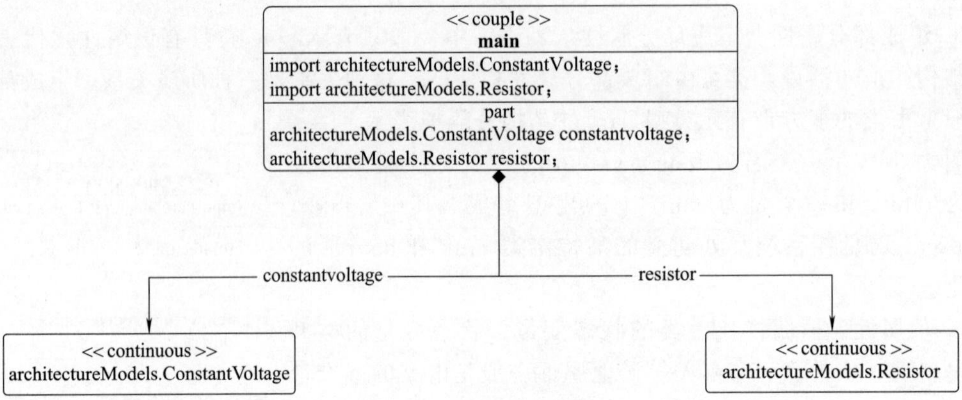

图 3-31　组合关联表示法

图 3-31 表示一个名为 main 的耦合类模型由一个名为 ConstantVoltage 的连续类的实例化模型 constantvoltage 和一个名为 Resistor 的连续类的实例化模型 resistor 组成（耦合类的组合关联也包含了子类的引用）。

• 引用关联。引用关联是类之间存在的一种连接关系，表示两个类之间的调用关系。定义图中引用关联的表示法是两个模块之间的实线箭头。

图 3-32 表示一个名为 Resistor 的连续类模型调用了一个名为 abs 的函数类模型。

• 泛化。泛化是经常在定义图中显示的另一种关系，即两种元素之间的继承关系。这两种元素分别为：更加一般化的元素，叫作超类型；更具体的元素，叫作子类型。泛化的表示法是一条实线，在超类型的一端带有空心的三角箭头。

图 3-33 表示名为 Resistor 的连续类模型是名为 capacitor 的连续类模型的泛化（继承了其所有的属性）。

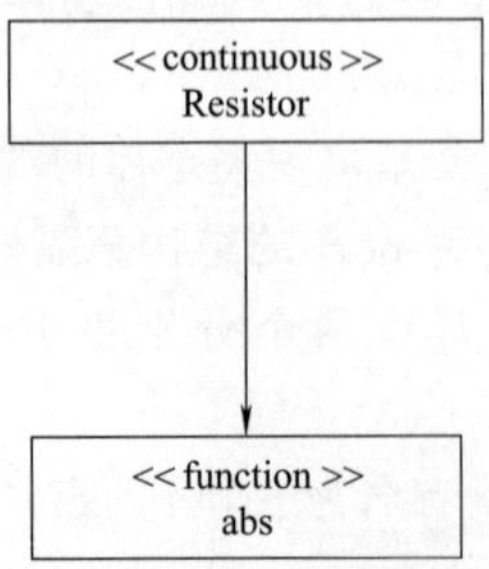

图 3-32　引用关联表示法

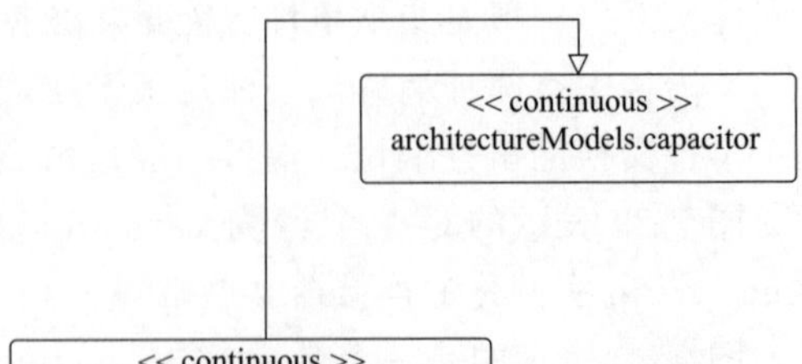

图 3-33　泛化表示法

② 连接图。

a. 目的。创建连接图是为了指定单个类（一般是耦合类）的内部结构。连接图会表达类内部的组成部分及其是如何交互才能够创建有效实例的。

b. 何时创建连接图。当需要建立复合系统（耦合类）的内部组成部分及其交互逻辑的时候，会创建连接图。连接图一般会和定义图组合构建耦合类去描述一个复合系统。

c. 组成部分属性。连接图的组成部分属性等同于对应定义图中组成部分分隔框表示的组成部分属性。连接图中的组成部分用带有实线边框的矩形表示。显示在矩形边框中的字符串的格式和定义图中的组成部分分隔框中显示的字符串的格式一致。

图 3-34 表示的是图 3-25 中 tank_system 的一个组成部分：名为 tank1 的 tank 类的实例化模型。

d. 连接器。连接图的连接器等同于对应定义图中端口分隔框表示的端口。连接图中的连接器用附着于对应组成部分上的矩形框表示，并通过连线的方式表示输入和输出。

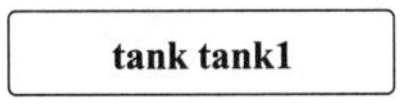

图 3-34　连接图组成部分表示法

图 3-35　连接图端口表示法

图 3-35 表示的是 source1 的事件输出端口 p 与 tank1 的事件输入端口 p 有能量或者数据的交互。

(5) 建模案例（导弹电气系统）

下面以导弹电气系统为例，介绍耦合类模型的构建。导弹电气系统的组成包括控制总线模拟模块、弹道场景控制模块、雷达、舵机、自动驾驶仪、电池、电流求和及发送指令这几个模块，在 X 语言中可以使用耦合类文本建模，并进行连接，导弹电气系统模型的图文表示如图 3-36～图 3-38 所示。

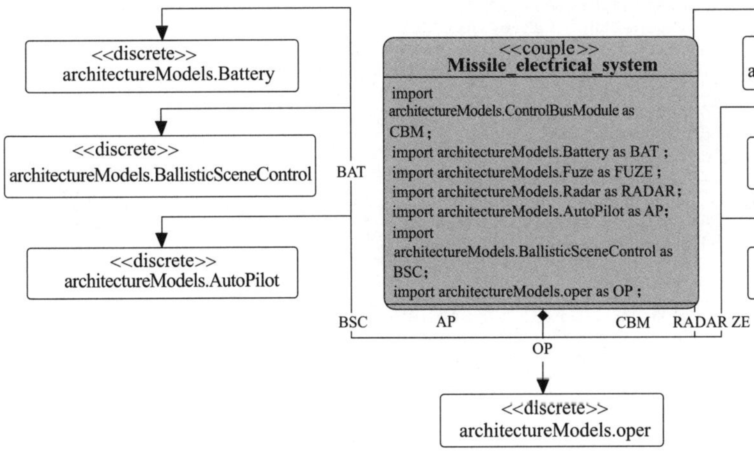

图 3-36　导弹电气系统模型定义图

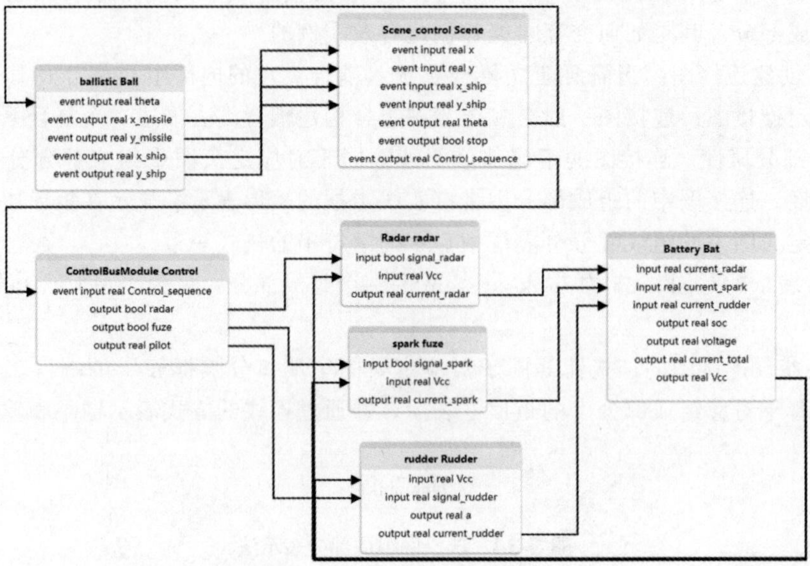

图 3-37　导弹电气系统模型连接图

```
couple Missile_electrical_system
import architectureModels.ControlBusModule as CBM;
import architectureModels.Battery as BAT;
import architectureModels.Fuze as FUZE;
import architectureModels.Radar as RADAR;
import architectureModels.AutoPilot as AP;
import architectureModels.BallisticSceneControl as BSC;
import architectureModels.oper as OP;
part:
  CBM CBM;
  FUZE FUZE;
  RADAR RADAR;
  AP AP;
  BSC BSC;
  OP OP;
  BAT BAT;
connection:
  connect(OP.evstart,BSC.evstart);
  connect(BSC.evInstruct,CBM.evInstruct);
  connect(CBM.evLeidayure,RADAR.evLeidayure);
  connect(CBM.evGaoyajietong,RADAR.evGaoyajietong);
  connect(CBM.evyinxindianhuo,FUZE.evyinxindianhuo);
  connect(CBM.evDuojidakai,AP.evDuojidakai);
  connect(CBM.evgonglv1,AP.evgonglv1);
  connect(CBM.evgonglv2,AP.evgonglv2);
  connect(CBM.evgonglv3,AP.evgonglv3);
  connect(BAT.voltage,AP.voltage);
  connect(BAT.voltage,FUZE.voltage);
  connect(BAT.voltage,RADAR.voltage);
end;
```

图 3-38　导弹电气系统模型文本

3.2.3.2　离散类

(1) 简介

离散类（discrete class）可对离散系统进行建模。离散类本身不可再分，是离散模型最小的仿真单元。与连续类类似，最小的仿真单元并不意味着在描述能力上离散类只能建立

"小"模型。例如对于复杂事件的建模，既可以将复杂事件拆解成简单事件再加以连接，也可以直接对复杂事件整体进行建模，只要逻辑关系满足即可。

(2) 文本结构

离散类的文本以关键字 discrete 统领，由头部、定义部分与状态部分三个部分组成。头部对外部类进行导入或者进行继承操作；定义部分用来初始化参数和变量的值以及相关组件和输入输出端口；状态部分用来定义原子模型的状态以及状态之间的转移逻辑。

以下面的示例代码来说明离散类的基本结构及组成。

头部主要进行对外部类的导入（import）和继承（extends）操作。import 指的是下文需要对外部类进行实例化，extends 可用于模型的继承，在 discrete 类中，继承的对象只能是 discrete 类。

定义部分对 discrete 类的属性参数进行描述，包括参数属性（parameter）、值属性（value）和端口属性（port）。其中 parameter 与 value 和 continuous 类中的功能相似，port 中不再含有 connector 连接类的实例化，并且需要在 input/output 前加上限定词 event 来表示事件的输入输出。其中输入端口的数值由外部模型进行控制，且在两次接受输入期间，输入端口所存储的数值保持不变，可视作常量，输出变量则类似变量。而 value 模块中声明的变量可以定义初始值，在仿真初始化阶段赋予初始值的变量将被初始化为初始值。

状态部分是离散类独有的部分，以关键词 state 引领该部分内容，表示离散事件中不同状态之间的转移情况和转移条件。状态部分由多个状态机组成，每个状态机都由 state 与此状态机名作为开端，并以 end 结束。初始状态用关键字 initial state 加初始状态机名字组成。相对来说，状态分为两种：复合状态和简单状态。复合状态即状态内可包括其他简单状态和复合状态。如离散模型 daodanshiti 中有两种状态，分别为 work 和 send，其中 work 是初始状态，即用关键字 initial state 引领。

而对于 state 中的一些状态转移行为，可用一些固定的函数来进行表示，主要函数如表 3-1 所示。

表 3-1 固定函数表示方式

行为名称	用途
entry 语句	定义进入状态之前需要进行的行为(一般包括对状态持续时间的声明)
receive 语句	定义状态在接受特定输入时的行为及状态转换
state-event 语句	定义状态变量满足特定条件时的行为以及状态转换
time-event 语句	定义状态持续时间结束时的行为以及状态转换
catch-equation 语句	定义状态在其持续期间的连续行为,使用方程定义

下面给出离散类的一个定义模板：

```
discrete DiscreteName
  import out_discrete1;
  extends out_discrete1;
parameter:
          datatype argname1;
out_record argname2; //实例化导入的 out_record1 命名为 argname2
value:
```

```
      datatype varname1;
   out_record varname2; //实例化导入的 out_record1 命名为 varname2
   port:
      event input datatype argname1;
      event output datatype argname2;
   state:
      initial state StateName1
        when entry()then
           statehold(infinite);
        end;
        when receive(ReceiveEvent1)then
           ……
           transition(StateName2);
        end;
      end;
      state StateName2
        when entry()then
           statehold(0);
        end;
        when timeover()then
           ……
           transition(StateName1);
        out:
           send(port1,value);
        end;
      end;
   end;
```

(3) 复合状态

复合状态内部可以定义其他复合状态或者简单状态。复合状态的行为定义相比简单状态有以下需要注意的地方：

复合状态中只能有一个状态处于激活的状态，不能同时有多个状态被激活。

复合状态定义的行为对定义在它内部的状态而言同样有效，如复合状态中使用了 receive 语句，那么复合状态内定义的所有状态都能触发该语句。如下面的复合状态 StateName1 所示，其内部包括了初始状态 StateName2，虽然 StateName2 内没有定义 receive 语句，但是当处于 StateName2 状态时，如果接收到 ReceiveEvent1，也会触发在 StateName1 内定义的 receive 行为。同时，如果复合状态中定义的行为在其内部的状态中被重新定义，那么以内部状态定义为准。例如 StateName3 状态中针对 receive（ReceiveEvent1）这一行为进行了重新定义，那么当该事件触发时，以 StateName3 中的定义为准。

```
   state StateName1
        when entry()then
```

```
            statehold(infinite);
        end;
        when receive(ReceiveEvent1)then
              ……
            transition(StateName4);
        end;
        initial state StateName2
            when entry()then
                 statehold(0);
            end;
            when timeover()then
                ……
                transition(StateName1);
            out
                send(port1,value);
            end;
    end;
    state StateName3
        when entry()then
              statehold(0);
        end;
        when receive(ReceiveEvent1)then
              ……
              transition(StateName5);
        end;
    end;

end;
```

(4) 用法

① entry 语句。

此函数在 state 中表示进入该状态前需要执行的行为。典型的行为包括状态持续时间，使用 statehold 语句定义。需要注意的是，未在 entry 语句中声明持续时间或未定义 entry 语句的状态，默认持续时间为 infinite（无限）。在 entry 语句中，能够迭代如 if 等陈述语句。上文案例中离散模型的文本程序：

```
when entry()then
    statehold(infinite);
end;
```

表示此状态的持续时间为无限长，即此状态的转移和继续运行情况没有时间限制，此状态转移和后续功能运行只由输入的相关事件触发。(此部分一般搭配 timeover 语句实现。)

② receive 语句。

receive 语句为外部事件，其核心语句 receive 定义了哪些端口接收到消息时该事件行为会被触发。receive 语句中可以包含一个或多个参数，每一个参数都必须对应到离散类中声明的输入接口。

外部事件将会直接导致状态的转移，此时使用 transition 语句表示状态的转移。transition 语句的参数必须为 state 模块中定义的多个状态中的一个，且状态可以实现自循环，即可以实现从一个状态转移到它自己。此语句以 end 结束。

上文案例中离散模型的文本程序：

```
when receive(ReceiveEvent1)then
    ……
    transition(StateName2);
end;
```

此程序表示在接收到 ReceiveEvent1 事件后，在运算后通过 transition 语句完成由当前状态向 StateName2 状态转移的过程。

③ state-event 和 time-event 语句。

此两种语句定义了状态转移的另外两种情况，即由方程或状态变量的改变而引起的连续行为和时间限制对状态的影响。

state-event 语句一般和 catch-equation 语句一起使用，因为在普通的状态中，状态变量在进入状态后都将保持不变，所以定义状态事件缺乏实际意义。而 catch-equation 语句可以描述在状态持续时间内以方程为基础的连续行为，即在状态持续时间内状态变量在方程的求解推进过程中将会不断改变，一旦满足 state-event 语句中所声明的条件，即可触发状态事件。

time-event 语句定义了 DEVS 中普遍的内部事件，即在 entry 语句中定义的状态持续时间结束时，将会触发时间事件，时间事件使用 timeover 表示。

在此两种语句中，可以额外描述输出。当内部行为描述完毕，在两个语句各自的 out 部分，可以定义输出，输出到对应端口使用 send 语句表示。send 函数表示输出到对应端口，send 函数包括两个参数，第一个参数为模型的输出端口，第二个参数为输出到端口的数值。

```
when timeover()then
    ……
    transition(StateName1);
out:
    send(port1,value);
end;
```

此段程序表示此状态在经过 entry 中定义的时间（在本例中为 0）后，进行 transition 中写明的状态转移，即转移至 StateName1 状态，同时将 value 输出至对应端口 port1。

同样，还可以用连续事件的变化来表示状态转移，如下案例：

```
when h< 10 then//x⊆V_state
  …
  transition(state2);
out
```

```
  send(prot1,value);//port1⊆X
end;
```

此案例表示当 $h<10$ 时进行状态转移，并将 value 值输出至端口 port1。

④ for 方程。

for 方程用于定义数组方程，即数组的每个元素能够满足的方程。由 for 循环变量的范围定义 for 方程循环的次数，在计算方程数目时，for 方程的数目将会被计算为其循环的次数。

```
for i in 1:10 loop
  …
end;
```

此案例即变量 i 由 1 到 10 进行循环变化。

⑤ if 方程。

if 方程由一个 if 子句、若干个 else if 子句，以及 0 个或者 1 个 else 子句构成，其中 expression 必须能够转化为 bool 表达式。在解算过程中，依次评估 if 和 else if 的判断条件，如果有一个条件为真则选择该条件下的 equation 进行解算，否则，如果存在 else 语句块则选择 else 语句块下的 equation 进行解算，如果不存在则判断结束，不执行任何 equation。

除了上述条件之外，为了保证在各个条件下方程的数量是固定不变的，也就是为了保证方程组一定是可解的，在 if-equation 的各个分支中包含的方程的数量必须一致。

```
if expression then
  …
else if expression2 then
  …
end;
```

(5) 图形组成

图形层面，离散类由定义图和状态机图组成。离散类是 X 语言中不可再分的类，因此离散类的定义图去掉了耦合类定义图中的组成部分属性，其他属性都是一样的，这里不再重复。下面将对离散类的状态机图进行描述。

① 创建状态机图的目的。

状态机图是一种用于描述离散系统的离散行为的图。一般基于事件推进系统状态的转换机制来描述离散系统的由事件触发的离散变化的行为约束。

② 何时创建状态机图。

当需要建立由事件触发的离散行为的模型时，会创建状态机图。状态机图一般会和定义图组合构建离散类去描述一个离散系统。

③ 状态。

一个系统有时会拥有一系列定义好的状态，在系统操作过程中可以处于那些状态。一个正常的状态至少会包括处于状态的持续时间、接受外部事件以及内部事件触发的行为和输出。

图 3-39 表示系统在 preflight 状态没有任何事件触发时持续时间为 5s，当接收到名为 normal 的事件时，会转移到名为 send_start0 的状态；当内部事件触发 5s 过后，会转移到名为 Stop 的状态并将输出事件端口 turn_on 的值赋为 TURE 进行输出。

④ 复合状态。

复合状态一般内部会包含若干子状态，当复合状态处于非活动状态时，它所有的子状态都是非活动的。当复合状态处于活动状态时，那么它的子状态中有一个会是活动的。在活动的状态下，复合状态会对事件进行响应，从一种子状态转移到另一种子状态。子状态之间的转换形式和状态之间的转换形式相同。另外，复合状态可能从其边界跳出，也可能从特定的内嵌子状态跳出。

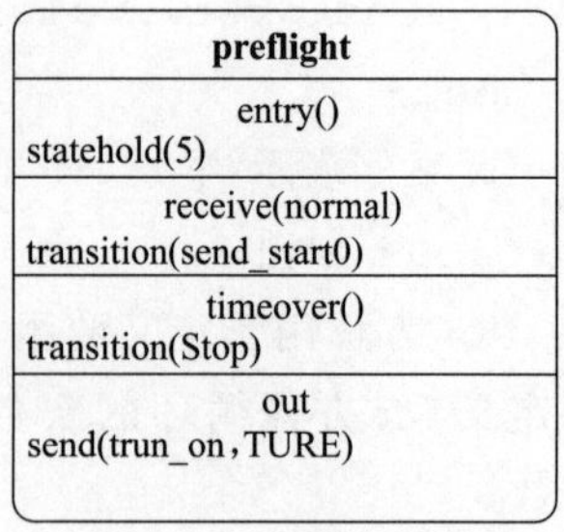

图 3-39　状态表示法

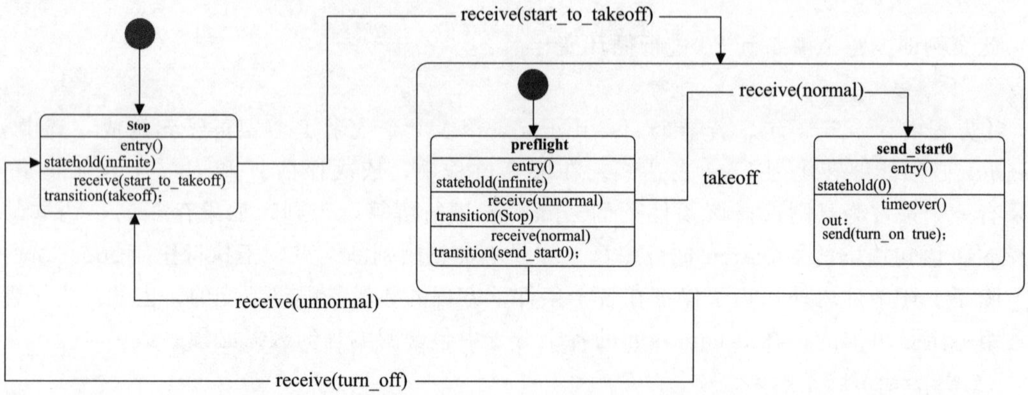

图 3-40　复合状态表示法

图 3-40 中的 takeoff 就是一个复合状态，当其收到事件 start_to_takeoff 时，takeoff 被激活，其内部子状态标识的初始状态 preflight 被激活，当其收到事件 normal 时会正常在复合状态内部将现有状态转换到 send_start0 状态，然后当其收到事件 unnormal 时会跳出复合状态 takeoff 转换到 Stop 状态。另外，无论处于复合状态 takeoff 内部的任一子状态，当收到事件 turn_off，均会直接跳出当前状态到 Stop 状态。

⑤ 转换。

转换代表的是从一种状态向另一种状态的改变。转换的表示法是带有实心箭头的实线，从源顶点画向目标顶点。转换的实线上会标注触发的事件（内部事件会以 aftertime 的形式，外部事件会以事件名的形式）。

图 3-41 中的转换箭头分别表示系统处于 preflight 状态时接受外部事件 normal 转移至 send_start0 的状态和该状态在 5s 过后会转移至 Stop 状态。

⑥ 事件。

X 语言中的状态事件有两种：外部事件、内部事件。

a. 外部事件。外部事件一般都是由外部系统输入的信号事件。信号事件代表能够接受信号实例的目标系统接受它的过程。如果状态机拥有具有信号事件触发器的转换，那么执行状态机的系统就必须拥有具有相同名称的接收。

b. 内部事件。内部事件一般都是内部的时间事件。时间事件很直观，它代表时间中的实例。当状态持续的时间在系统操作过程中到来的时候，时间事件发生。

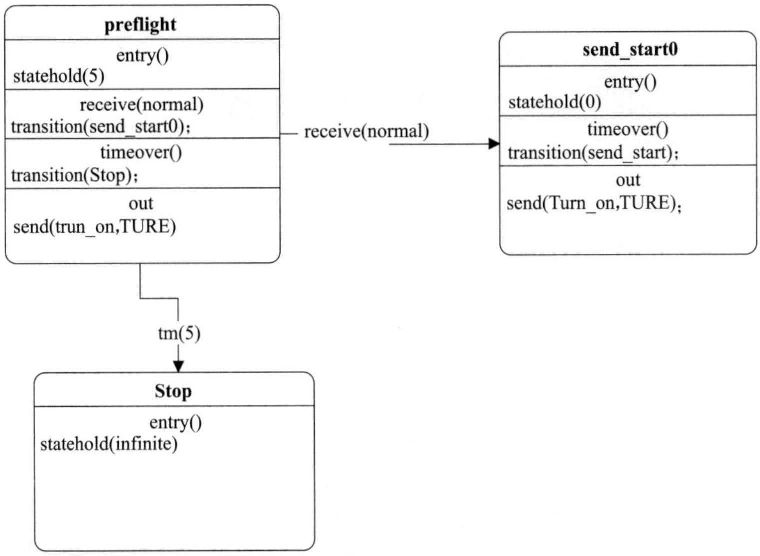

图 3-41　状态转换表示法

⑦ 伪状态。

伪状态和状态的区别是，状态机可以在状态中暂停，但无法在伪状态中暂停。之所以向状态机中添加伪状态，是为了在状态之间的转换上指定控制逻辑。

a. 初始伪状态。初始伪状态表示状态机开始执行时的第一个状态。初始伪状态在 X 语言中只是一种标识，标志着初始状态即将开始。初始伪状态用一个小型的实心圆表示。

图 3-42 表示系统的初始状态为 Stop。

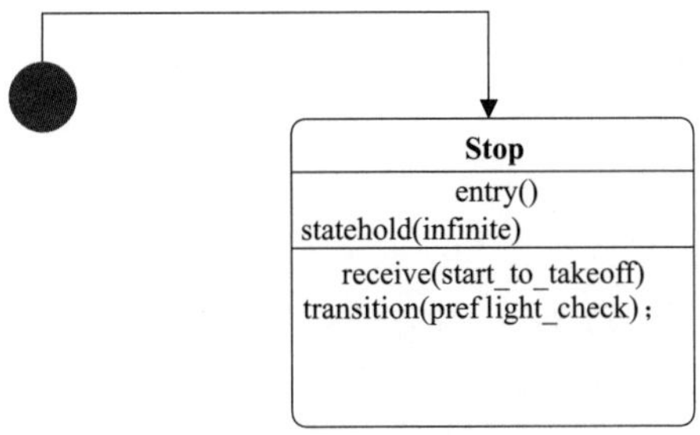

图 3-42　初始伪状态表示法

b. 连接伪状态。连接伪状态可以把状态间的多个转换组合成一个复合转换。连接伪状态也用一个小型的实心圆表示。和初始伪状态不同的是，连接伪状态必须拥有一个或多个输入转换以及一个或多个输出转换。

图 3-43 表示在 judge_v1 状态接收到外部事件（u，w）时转移到连接伪状态再进行条件判断，即当 speedFCC＞63.28 时，转移至状态 judge_vr，否则转移至自身状态。

(6) 建模案例（导弹电气系统中雷达子系统）

以雷达子系统为例子，对其工作状态转换过程进行建模。雷达子系统在收到预热信号之后进入预热状态，随后在接收到高压接通信号后转移到高压接通状态。雷达子系统的行为是以事件触发的离散行为，因此使用离散类构建雷达子系统模型，雷达子系统模型的图文表示如图 3-44～图 3-46 所示。

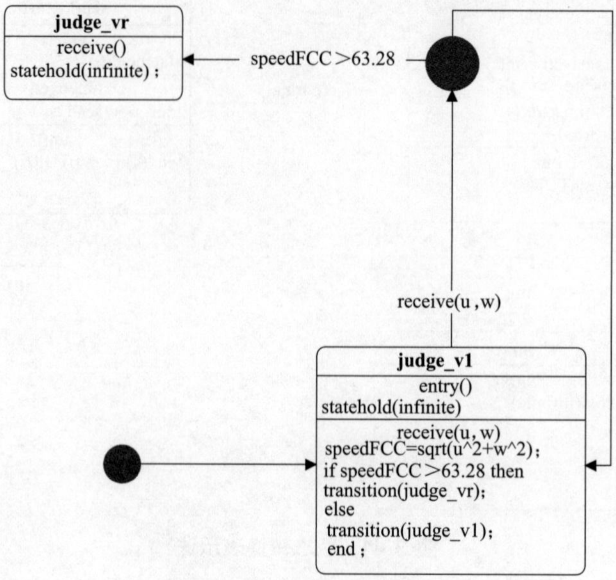

图 3-43　连接伪状态表示法

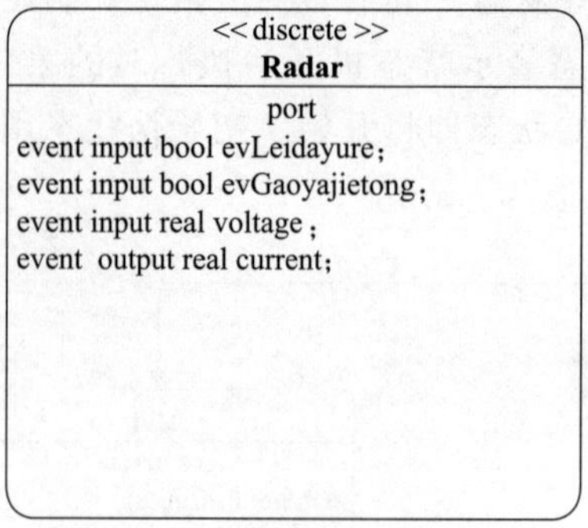

图 3-44　雷达子系统模型定义图

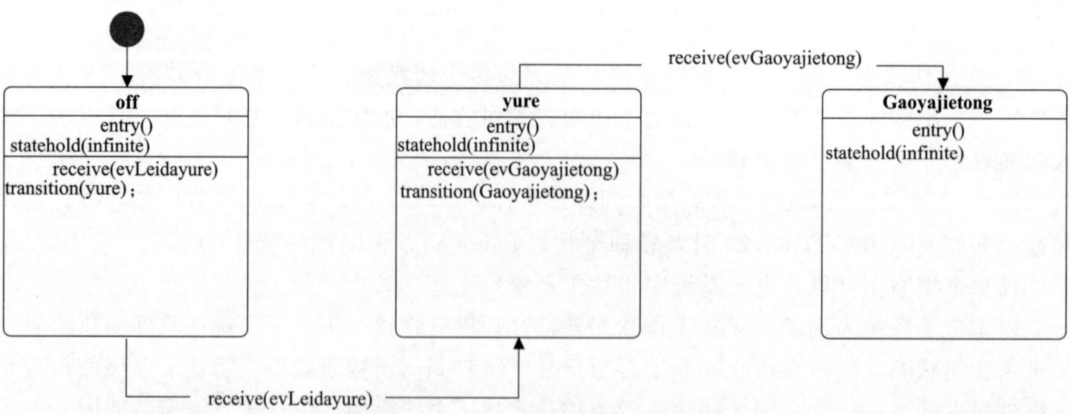

图 3-45　雷达子系统模型状态机图

```
discrete Radar
value:
  real current_radar;
port:
  event input bool evLeidayure;
  event input bool evGaoyajietong;
  output real current_radar;
  input real voltage;
state:
  initial state off
    when entry() then
      statehold(infinite);
    end;
    when receive(evLeidayure) then
      transition(yure);
    end;
  end;
  state yure
    when entry() then
      statehold(infinite);
    end;
    when receive(evGaoyajietong) then
      transition(Gaoyajietong);
    end;
  end;
  state Gaoyajietong
    when entry() then
      statehold(infinite);
    end;
  end;
end;
```

图 3-46 雷达子系统模型文本

3.2.3.3 连续类

(1) 简介

连续类（continuous class）可对连续模型进行建模。连续类本身不可再拆分，在仿真中是最小的结构单元。

(2) 文本结构

连续类的文本以关键字 continuous 统领，包含头部、定义部分、等式部分。

头部包括导入外部模型（结构关键字 import）以及继承外部模型（结构关键字 extends）两部分内容。通过 import 部分导入外部类，通过 extends 继承父类。

定义部分描述了连续类的属性，包括 parameter、value、port 三个结构关键字引领的部分。其中，parameter 部分定义了连续模型的恒定属性，等号后为属性的值，parameter 属性在仿真中不会更改，是个常数，比如恒温电阻的阻值。value 部分定义了模型在仿真过程中的变量：如果变量后有等号，则等号后为变量的初始值；如果变量恒定，则可在其前加上限定词 constant。port 部分定义了模型的端口部分，即输入输出部分，这部分主要有两种表达形式：一种是用 input/output 作为限定词修饰的量；另一种是对连接器类的实例化（连接器类将在后文详细介绍）。

等式部分描述了连续类的行为。该部分以 equation 作为关键字，所使用的变量以及常量都是在定义部分定义过的量。der()作为内置微分函数表示对变量的微分运算，此外，此部分还可以应用 if、for 等结构体来描述模型的行为。注意，等式部分的等号表示的是方程中的一种相等的约束关系，并不表示赋值。

下面给出连续类的一个定义模板：

```
continuous continuousName
  import out_continuous1;
  import out_function1;
  import out_record1;
  import out_connector1;
```

```
    extends out_continuous1;
  parameter:
    datatype argname1;
    datatype argname2;
    out_record1 argname3; //实例化导入的 out_record1 命名为 argname3
    …
  value:
    datatype varname1;
    datatype varname2;
    out_record1 varname3; //实例化导入的 out_record1 命名为 varname3
    …
  port:
    input datatype argname1;
    output datatype argname2;
    out_connector1 argname3;//实例化导入的 out_connector1 命名为 argname3
    out_connector1 argname4;
    …
  equation:
    out_function1();//使用导入的 out_function1 函数
    //此部分对模型各变量之间的关系进行描述
```

(3) 用法

在连续类中，import 后的模型类常常是连接器类、函数类、记录类，以及连续类。其中导入的连续类只能用于继承，连接器类用于后面 port 部分的实例化，函数类用于等式部分的等式建立，记录类用于参数定义。extends 可用于对模型的继承，在连续类中，继承的对象只能是连续类。

连续类的调用有两种。一种是被连续类调用并继承，另一种是作为耦合类的组件被调用并实例化。

(4) 图形组成

连续类的图形部分由定义图和方程图组成。连续类是 X 语言中不可再分的类，因此连续类的定义图去掉了耦合类定义图中的组成部分属性，其他属性都是一样的。这里主要介绍方程图。

① 创建方程图的目的。

方程图是一种用于描述连续系统的连续行为的图。一般基于微分方程组来描述连续系统的随时间连续变化的行为约束。

② 何时创建方程图。

当需要对具有随时间变化的连续行为且物理特性明确的系统建模时，会创建方程图。方程图一般会和定义图组合构建连续类去描述一个连续系统。

③ 方程类型。

X 语言的方程类型一共包括基础方程、初始方程、条件方程、事件方程，以及循环方程五种。下面将逐一介绍。

a. 基础方程。基础方程一般都是微分代数方程（组）的形式，如图 3-47 所示。

b. 初始方程。初始方程一般都是代数方程的形式。其图形建模右上方带有 initial 标志，如图 3-48 所示。

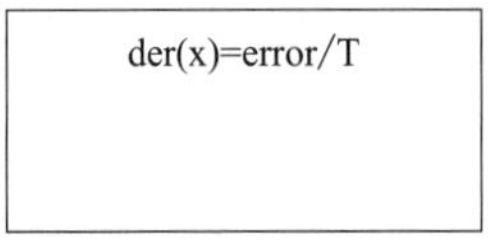

图 3-47　基础方程表示法

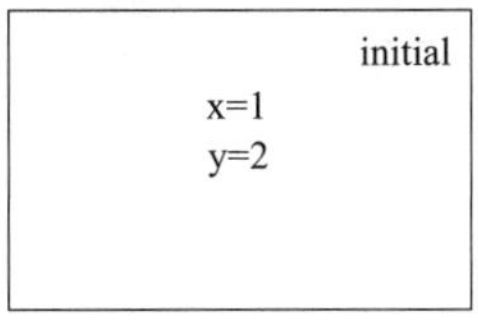

图 3-48　初始方程表示法

c. 条件方程。条件方程是带有 if-else 判断的微分代数方程形式。二分支的描述如图 3-49 所示（多分支描述同理）。

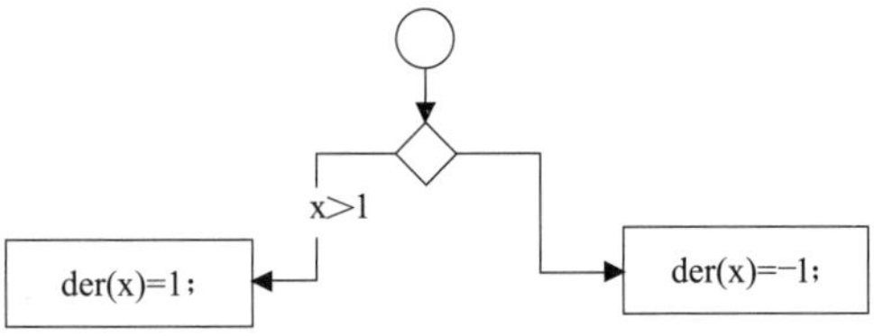

图 3-49　条件方程表示法

d. 事件方程。事件方程有两种形式：外部事件触发的行为方程和内部事件触发的行为方程，如图 3-50 和图 3-51 所示。

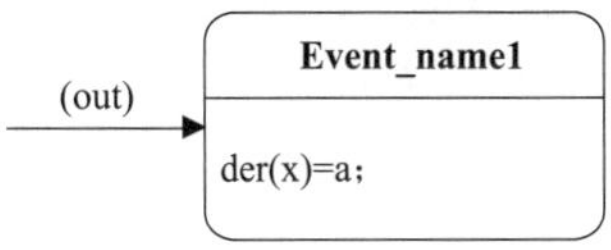

图 3-50　外部事件方程表示法

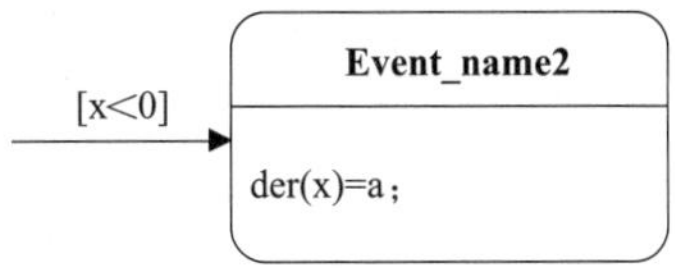

图 3-51　内部事件方程表示法

e. 循环方程。循环方程是一种用于描述具有相同形式的微分代数方程的描述形式，如图 3-52 所示。

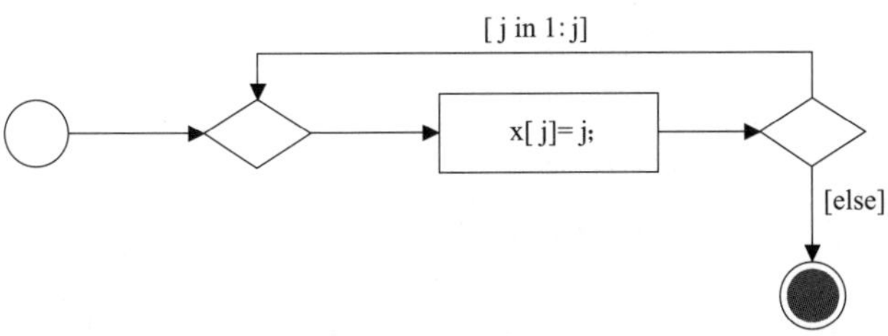

图 3-52　循环方程表示法

④ 方程图架构。

当所要描述的连续系统的行为由上述多种形式的方程组合描述时，其方程图采用以下架构，如图 3-53 所示。

(5) 建模案例（导弹动力学子系统）

这里以某导弹飞行中的动力学子系统为例，假设导弹、打击目标始终处于同一攻击面内，因此仅分析导弹在某一固定平面上的动力学与运动学性质。将导弹视为质点，其动力学

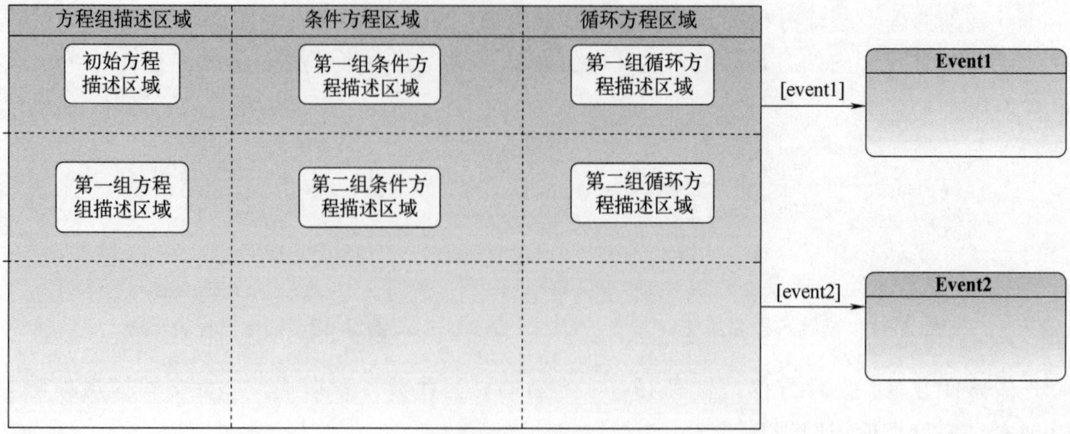

图 3-53　方程图架构

方程为：

$$m\frac{\mathrm{d}v}{\mathrm{d}t}=P\cos\alpha-X-G\sin\theta \tag{3-1}$$

运动学方程为：

$$\frac{\mathrm{d}y}{\mathrm{d}t}=v\sin\theta \tag{3-2}$$

$$\frac{\mathrm{d}x}{\mathrm{d}t}=v\cos\theta \tag{3-3}$$

式中，m 为导弹质量；P 为导弹推力；α 为攻角；X 为风阻；G 为重力；θ 为俯仰角；x 为导弹水平坐标；y 为导弹垂直坐标。导弹动力学子系统的行为是基于方程的非因果连续行为，因此对其使用连续类进行建模，导弹动力学子系统模型的图文表示如图 3-54～图 3-56 所示。

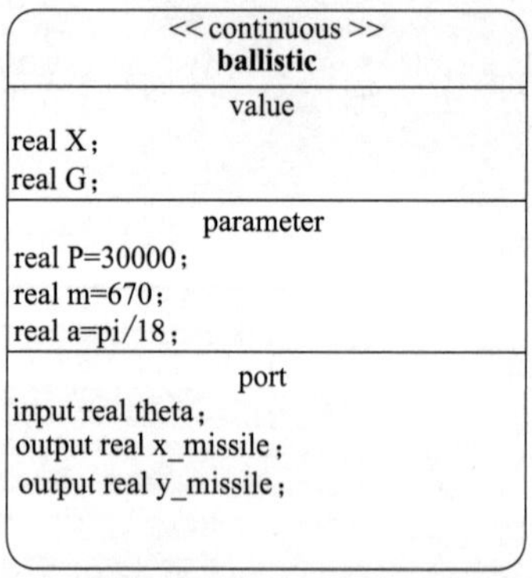

图 3-54　导弹动力学子系统模型定义图

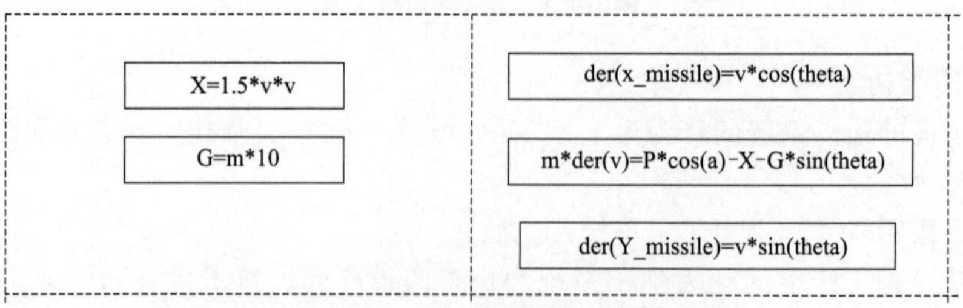

图 3-55　导弹动力学子系统模型方程图

```
continuous ballistic
parameter:
 real P=30000;
 real m=670;
 real a=pi/18;

value:
 real X;
 real G;

port:
     input real theta;
     output real x_missile;
     output real y_missile;


equation:
m*der(v) = P*cos(a)-X-G*sin(theta);
X=1.5*v*v;
G=m*10;

der(x_missile)=v*cos(theta);
der(Y_missile)=v*sin(theta);

end;
```

图 3-56　导弹动力学子系统模型文本

3.2.3.4　模块类

(1) 简介

模块类（block class）用于描述因果模块图这种具有特定因果关系的仿真模型。不同于函数类，模块类能够描述与仿真时间相关的操作，如积分和微分。

(2) 文本结构

模块类的文本以关键字 block 统领，包含头部、定义部分、行为部分。头部描述了导入的外部函数。定义部分包括 port 与 value 两个部分，port 中定义了函数的输入输出：模块的输入输出都在 port 中，输入以限定词 input 进行声明，输出以 output 进行声明。行为部分以关键字 action 引领，用于描述输入输出之间的关系，以及定义与仿真时间相关的操作。

下面给出函数类定义的模板：

```
block blockname
import out_functionname1;
import out_functionname2;
…//导入的外部函数
port:
input inputtype argname1;
input inputtype argname2;
output outputtype argname1;
…
value:
vartype varname1;
vartype varname2;
…//中间变量
action:
```

//描述输入输出关系
end;

(3) 用法

模块类可以作为模块参与到耦合类的构建中，并通过因果关系确定的连接来实现对控制模型等多领域模型的建模和仿真。

(4) 图形组成

图形层面，模块类由定义图和活动图联合表征。模块类是 X 语言中不可再分的类，因此模块类的定义图去掉了耦合类定义图中的组成部分属性，其他属性都是一样的。模块类的活动图选取了功能分析阶段活动图的部分属性，保留了带有不透明表达式的动作、活动参数、控制流，以及控制节点，以实现对具有因果连续行为的描述。

(5) 建模案例（一阶运动学系统）

本案例是一个一阶运动学系统，实现了对物体运动过程中加速度和速度的关系建模。该系统的行为是基于方程的因果连续行为，因此对其使用模块类进行建模，所建模型的图文表示如图 3-57～图 3-59 所示。

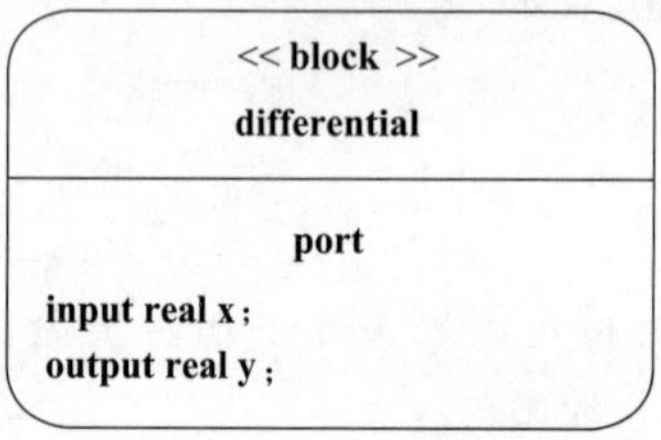

图 3-57　一阶运动学系统模型定义图

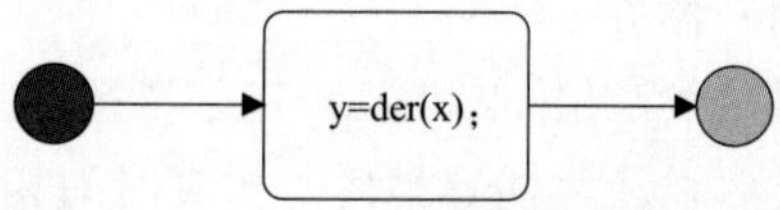

图 3-58　一阶运动学系统模型活动图

```
block differential:
port:
input real x;
output real y;
action:
    y = der(x);
end;
```

图 3-59　一阶运动学系统模型文本

3.2.3.5　记录类

(1) 简介

记录类（record class）是 X 语言中聚合数据类型的一个类。记录类可以有自己的变量，用于实现较复杂的数据结构。

(2) 文本结构

记录类以关键字 record 统领，只包含 value 一个部分。value 部分可以包含多个不同数据类型的量，用于表达复杂的数据结构。具体描述形式模板如下：

```
record RecordName
  value:
    //declarations for record variables
end;
```

(3) 用法（记录类的构造函数）

如果我们想声明一个变量，恰巧这个变量属于记录类，变量声明的本身就会创建一个记录类实例，而且还可以通过修改语句指定记录类的变量值，例如：

```
parameter Vector v(x= 1.0,y= 2.0,z= 0.0);
```

但在某些情况下，我们可能希望创建一个记录类而不是一个变量（例如，在表达式中作为参数传递给函数或者在修改功能中使用）。对每个记录类定义，都会自动生成与记录类名称完全相同的函数名。这个函数称为记录构造函数。记录构造函数输入与记录类内部定义相匹配的变量，并返回一个记录类实例。所以，在上述 Vector 定义实例中，我们也可以通过记录构造函数初始化 parameter 变量，如下所示：

```
parameter Vector v= Vector(x= 1.0,y= 2.0,z= 0.0);
```

在这种情况下，变量 v 通过表达式 Vector(x=1.0,y=2.0,z=0.0)调用记录构造函数进行赋值。

(4) 图形组成

图形层面，记录类是 X 语言中不可再分的类，因此记录类的定义图相较于耦合类的定义图缺少了组成部分属性，其他属性都是一样的。

(5) 建模案例（三维向量）

以定义一个三维向量的结构体为例，结构体内部含有 x、y、z 三个变量，结构体模型的图文表示如图 3-60 和图 3-61 所示。

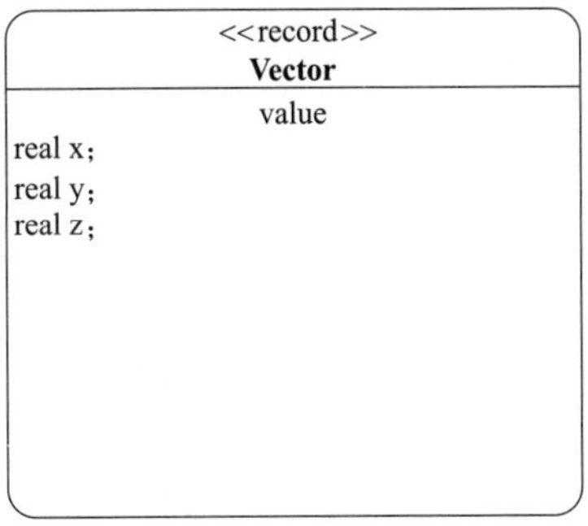

图 3-60 结构体模型定义图

```
record Vector
value:
    real x;
    real y;
    real z;
end;
```

图 3-61 结构体模型文本

3.2.3.6 函数类

(1) 简介

函数类（function class）可以方便地描述系统的数学特性。当需要创建用于特殊目的的新函数时，可以使用函数类。

(2) 文本结构

函数类以关键字 function 统领，包含头部、定义部分、行为部分。头部描述了导入的外部函数。定义部分包括 port 与 value 两个部分，port 中定义了函数的输入参数和返回值（输出参数），输入参数以限定词 input 进行声明，返回值以 output 进行声明。行为部分以关键字 action 引领，用于描述输入输出之间的关系。

下面给出函数类定义的模板：

```
function functionname
import out_functionname1;
import out_functionname2;
…//导入的外部函数
port:
input inputtype argname1;
input inputtype argname2;
output outputtype argname1;
…
value:
vartype varname1;
vartype varname2;
…//中间变量
action:
//描述输入输出关系
end;
```

(3) 用法

函数类可以被continuous、discrete、function类调用。调用时，需要在头部进行import导入。

(4) 图形组成

在图形层面，函数类由定义图和活动图组成。action关键字后的部分是活动图描述的内容。函数类是X语言中不可再分的类，因此函数类的定义图去掉了耦合类定义图中的组成部分属性，其他属性都是一样的。函数类的活动图选取了功能分析阶段活动图的部分属性，保留了带有不透明表达式的动作、活动参数、控制流，以及控制节点，以实现对复杂行为的控制逻辑和序列的描述。

(5) 建模案例（分段函数）

下面对一个常用的线性分段函数进行建模，模型在 x 大于 0 时输出 x，否则输出 0，分段函数模型的图文表示如图 3-62～图 3-64 所示。

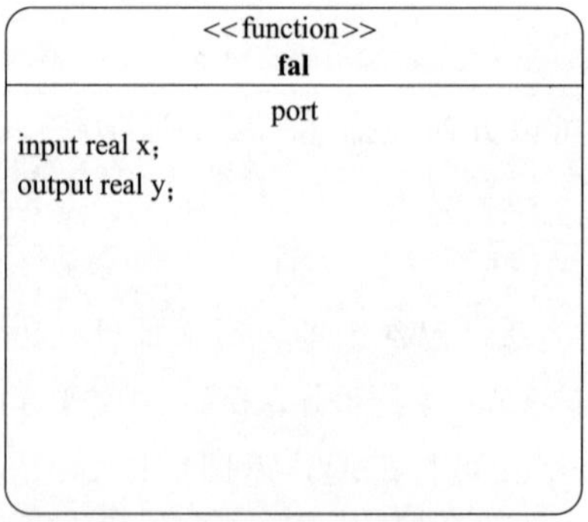

图 3-62　分段函数模型定义图

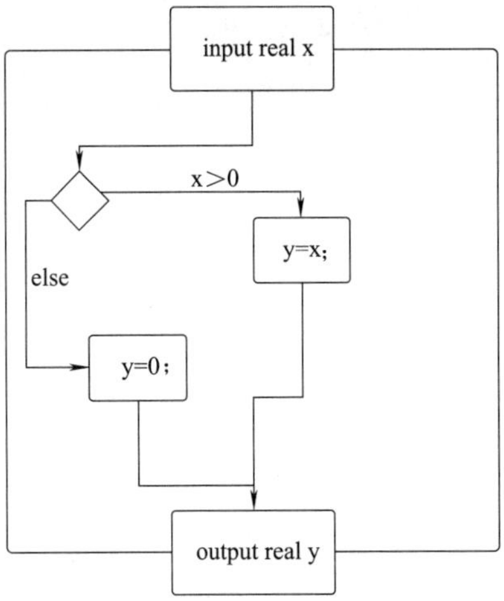

图 3-63　分段函数模型活动图

```
function fal
port:
input real x;
output real y;

action:
if x>0 then
    y=x;
else
    y=0;
end;
end;
```

图 3-64　分段函数模型文本

3.2.3.7　连接器类

(1) 简介

连接器类（connector class）是实现组件化建模的关键，可以满足模型与模型之间交换信息的需要。连接器类主要用于物理系统的非因果建模。非因果物理建模方法一般包含两类变量：流变量与势变量。这两类变量用来表示两个组件端口之间具有的绑定语义，这两类变量满足广义基尔霍夫定律，即势变量相等、流变量之和等于 0。

(2) 文本结构

连接器类以关键字 connector 统领，只包含 value 一个部分。value 部分可以包含多个不同数据类型的量。一般在建模过程中，连续类会调用连接器类实现非因果建模，所使用的数据类型为 real。下面给出连接器类的定义模板：

```
connector connectorname
value:
  real varname1;
  flow real varname2;
end;
```

(3) 用法

连接器类只能被连续类和离散类调用。实例化在调用主体的 port 部分里进行定义。

(4) 图形组成

图形层面，连接器类只包含定义图。连接器类是 X 语言中不可再分的类，因此连接器类的定义图去掉了耦合类定义图中的组成部分属性，其他属性都是一样的。

(5) 建模案例（电路正极子）

下面以一个常用电路中的正极子为例进行模型的构建，其包括电流和电压两个端口，正极子模型的图文表示如图 3-65 和图 3-66 所示。

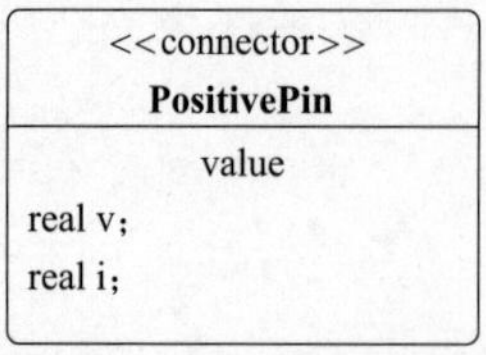

图 3-65　正极子模型定义图

```
connector PositivePin
value:
    real v;
    real i;
end;
```

图 3-66　正极子模型文本

3.2.3.8　智能体类

(1) 简介

智能体类（agent class）用来描述复杂系统中的智能行为。X 语言中智能体类遵循第 2 章介绍的 BDI-DEVS 架构，可用于对具有推理、学习和动态决策能力的多智能体系统进行建模。

(2) 文本结构

智能体类以关键字 agent 统领，包含定义部分和行为部分。定义部分用来初始化参数和变量的值，函数和计划的声明也在该部分完成；行为部分以 action 关键字引领，用来控制计划的执行，以及设置智能体仿真的开始和终止条件。整个智能体类以继承的方式被使用。

智能体类的定义模板如下：

```
agent agent_example:
value:
  ……
action:
  ……
end;
```

(3) 用法

① agent。

定义一个具有完整生命周期过程的智能体，后面接的智能体名字在全局是唯一的。用于定义变量、函数、计划等。

智能体的实例化参数使用 parameter 传入。

例如：

```
agent agent_1
parameter real b; // 实例化参数
end;
```

② action。

智能体的动作连接或者调用的部分，run 表示连接 plan 的执行顺序，理解为计划执行链。

例如：

```
agent agentname:
……
action:
run(interaction_with_env,interaction_with_center,interaction_with_
```

```
imissile);
    end;
```

③ message。

一个专门用于定义消息格式与内容的数据结构体，结构体中有四个基本内容：来自谁（from）、发送给谁（to）、消息内容（content）、协议（protocol）。

例如：

```
message msg= [from= "a",to= "b",content= "hello",protocol= "inform"];
```

④ send（message msg）。

发送消息的动作，是一个函数，连接了智能体类中的消息存储变量，一旦声明就代表一个消息被发送到指定的智能体对象上。

例如：

```
message msg= [from= "a",to= "b",content= "hello",protocol= "inform"];
send(msg);
```

⑤ receive（）。

接受来自智能体 agt. mailbox 的消息内容，按照消息的具体协议内容执行相关的操作。其重要作用是对传给智能体的消息进行解读，同时需要发送反馈信息。receive（）是解析消息的内容，通过协议理解语义，将信息按照 message 格式进行解读。

例如：

```
message msg= receive();
```

receive（）动作只有在收到信息后才会完成，若 agent 一直没有收到消息，则 receive（）动作会一直处于挂起状态，直到有消息进入 agt. mailbox。

⑥ plan。

plan 在上层文本类似一个函数，输入与输出靠全局变量来控制，send 和 receive 方法只能由 plan 模块进行调用。

例如：

```
plan interaction_with_center:
value:
message msg2= [];
message msg3= [];
  map< string,list< float> >  content= {};
action:
  msg2= …
  send(msg2);
  msg3_content= receive();
end;
```

(4) 图形组成

在图形层面，智能体类由定义图和活动图组成。action 关键字后面的部分是活动图描述的内容。智能体类是 X 语言中不可再分的类，因此智能体类的定义图去掉了耦合类定义图中的组成部分属性，其他属性都是一样的。智能体类的活动图选取了功能分析阶段活动图的部分属性，保留了带有不透明表达式的动作、活动参数、控制流，以及控制节点，以实现对智能体中 plan 以及 plan 的执行逻辑和序列的描述。

(5) 建模案例（智能驾驶系统）

本案例是一个车辆的智能驾驶模块，该模块主要依据训练的策略去指挥车辆的行驶路径，从而辅助车辆实现自动避障并到达目标位置。智能驾驶模块主要由智能体类构建，具体图文如图 3-67～图 3-69 所示。

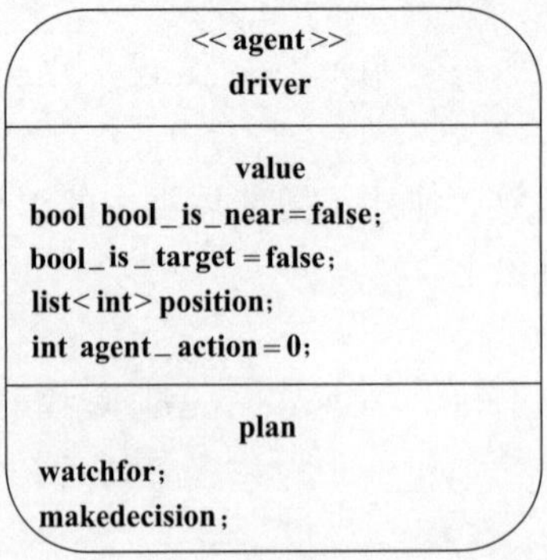

图 3-67　智能驾驶模块定义图

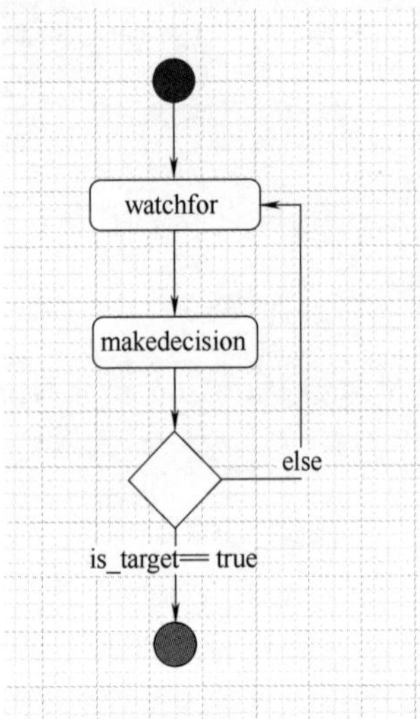

图 3-68　智能驾驶模块活动图

```
agent driver
value:
    bool bool_is_near = false;
    bool is_target = false;
    list<int> position;
    int agent_action = 0;
plan:
  watchfor;
  makedecision;
action:
    run(watchfor,makedecision);
    if is_target == true then
        agentover;
    end;
end;
```

图 3-69　智能驾驶模块文本

3.2.4　模型管理

模型管理主要是为了支持对复杂系统开发过程中建立的不同层级和不同阶段模型进行有效的管理。X 语言中主要采用模型结构图实现模型管理。

(1) 创建模型结构图/文本的目的

为了更加规范和高效地开展建模与仿真工作，需要对所建立的各种模型按照一定的结构进行合理的组织，这便是模型结构。系统模型的组织并没有统一的方法，不同的方法会给出不同的模型结构。比如以不同的视图（需求、功能、逻辑等）进行组织，或者以层级关系（体系、系统、子系统等）进行组织。在 X 语言体系中，为适应 X 语言模型及相应的建模仿真方法的特点，模型结构主要由模型结构图表征，而模型结构图的设计则基于第 2 章介绍的

SES-X 方法[17]。除此之外，X 语言也提供了文本形式的模型结构语法。

(2) 何时创建模型结构图

当项目开始时，基于系统的以及利益相关者关注的问题，需要首先定义一个模型结构图用于描述系统的初始架构。然后随着设计的变化，新的架构也会被确定下来，从而在模型结构图上进行更新补充，把高层次的结构元素分解成低层次的结构元素。

(3) 模型结构图的元素

模型结构图包括两种类型的图元元素：包（package）和模型（model）。其中包用于组织和管理建模人员构建的不同模型，可以将相关的类、接口、用例等元素组织在一起，形成一个逻辑上的存储单元。在模型结构图中，一个文件夹以一个带有≪package≫关键字的矩形模块标识，在≪package≫的正下方是对应的文件夹名称。而模型则是使用 X 语言构建的某一个特定的图或者是类模型（除了耦合类和连接图之外），比如 continuous 类模型。在模型结构图中，一个模型使用带有其 X 语言类型标识的矩形模块表示，比如 continuous 类模型使用≪continuous≫标识，在≪continuous≫的正下方是对应的模型名称。包和文本的具体图形及文本示例如图 3-70 所示，图中的包 ABCD 包括一个模型 A 和一个包 B。在文本语法阶段，二者分别以关键字 package 和各种 X 语言类和图关键字开头，以 end 关键字结尾。

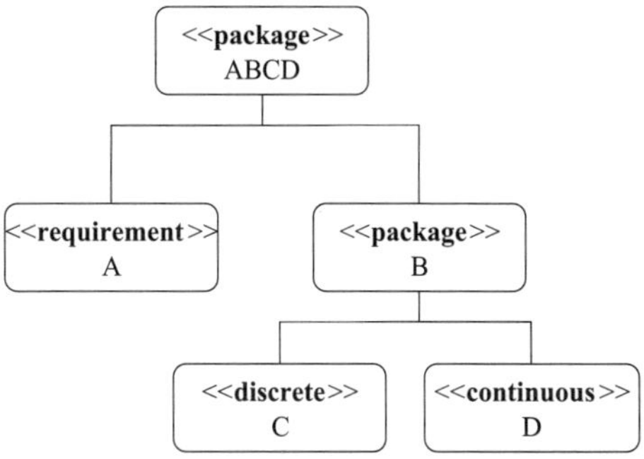


```
package ABCD
aspect:
    requirement A
    end;
    package B
    aspect:
        discrete C end;
        continuous D end;
    end;
end;
```

图 3-70 模型结构图图形（左）及文本（右）表示法示例

(4) 命名空间

在定义了包之后，X 语言中就有了命名空间（name space）的概念，命名空间表示一个模型的可见性，可见性指该模型是否能够被别的模型访问到。在模型结构图中，X 语言的每一个包就是一个命名空间，属于同一个包的所有模型都位于这个包的命名空间内，比如图 3-70 中的 A 和 B 都位于 ABCD 的命名空间内。这些位于不同的命名空间的模型使用限定名称表示法来标识，比如图 3-70 中的 D 模型记为 ABCD. B. D，包与包、包与模型名称之间使用“.”隔开。此外，一个模型可在多个命名空间中定义，但这些位于不同命名空间中的定义是互不相干的。因此，建模人员可以在一个新的命名空间中定义任何名称的模型，这些模型不会与任何已有的模型发生冲突，因为已有的模型定义都处于其他命名空间中。如模型 Top. models_1. model_a 和 Top. models_2. model_a，这两个模型虽然同名，但是位于不同的命名空间内，其定义不会冲突。

(5) 模型结构图元素之间的连接关系

在模型结构图中，包同包、包同模型以及模型同模型之间具有三种相互组合连接的方式，分别是方面（aspect）、泛化（generalization）和导入（import）。

方面连接表达后续模型描述的是一个模型的某一个方面，即描述上一个模型节点由后续的模型节点组合而成，用直线连接表示。泛化连接由一条带有开放箭头的实线来表示，表示箭头末端的模型是箭头起始端模型的一个泛化。模型的泛化也就是模型的不同实现方式，一个模型可能具备多种泛化，这些多种多样的泛化在后续系统实例化的时候也将确定出唯一的一个作为系统的一个部分。同时，在创建一个新的包时可能会从其他包中引入模型或者包。这种导入连接在模型结构图中使用带有三角实心箭头的实线表示，并且在线的附近有关键字≪import≫。图 3-71 给出了这些连接的一些使用示例。图中的 ABCD 包有两个方面 A 和 B，其中 B 包括两个泛化 C 和 D。然后 ABCD 还从 EF 中导入了 continuous 类模型 E。需要注意的是，在文本语法上，包内部的模型默认为包的一个方面。如果模型是泛化的话，则需要将其放在其泛化的对象作用域内，并在声明语句前添加 generalization 关键字标识。最后，如果是导入语法，则在对应的 package 最开始的部分以 import 关键字标识，并后接其限定名称。需要注意的是，因为 ABCD 和 EF 两个包互为兄弟，它们的父包都是 Top 包，所以其限定名称为 Top. ABCD 和 Top. EF。

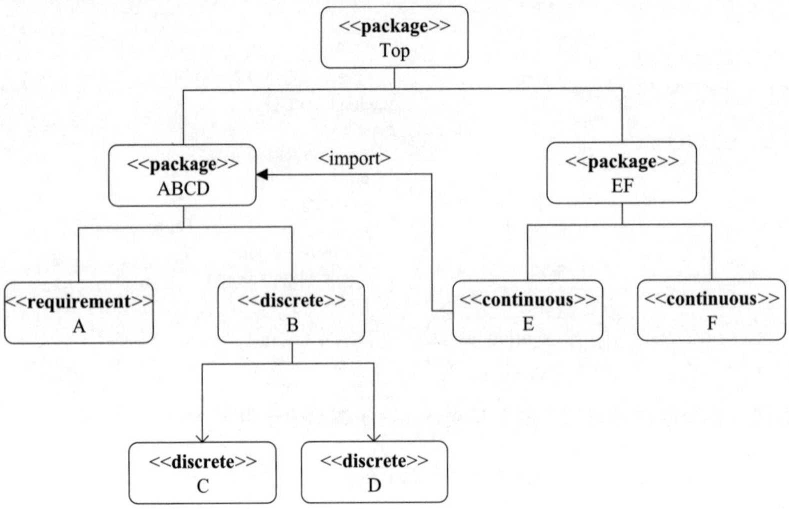


```
package Top
aspect:
    package ABCD
        import Top.EF.E;
        //import EF.F;
    aspect:
        requirement A end;
        discrete B
        generalization:
            discrete C end;
            discrete D end;
        end;
    end;
    package EF
    aspect:
        continuous E end;
        continuous F end;
    end;
end;
```

图 3-71　三种类型的连接方式

(6) 模型的剪枝与实例化

在工程师构建完毕整个工程之后，将会得到完整的模型结构图文件。X 语言的一大特性就是集成了系统建模和仿真，而模型结构图就是串联起建模和仿真的一个重要元素。如图 3-72 所示，用作存储的模型结构图经过剪枝之后将会得到一个实例化模型。剪枝操作的定义和 2.6.1 节中所提及的剪枝操作一致。具体到模型结构图的语法上，参与剪枝过程的每一个包都会指定生成一个耦合类模型，这个耦合类模型中定义了它的组件以及这些组件之间的关系。比如图 3-72 的 Top 包实例化为耦合类模型 Top。其内定义了实例化的各个子系统或者组件模型。每个包对应的剪枝耦合类模型存储在文本的 pruning 部分，一个包可能被不同的方式剪枝并实例化，这些实例化得到的耦合类模型都会依次存储在 pruning 部分，并允许工程师随时进行访问。

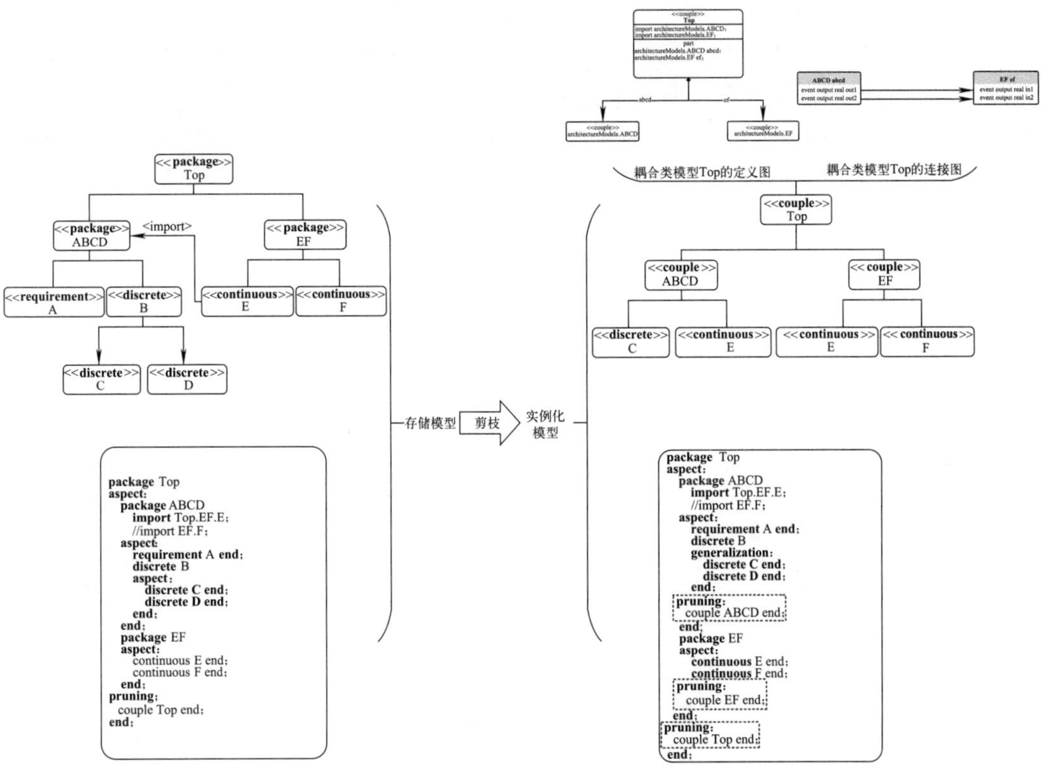

图 3-72　模型剪枝实例化过程

3.3
X 语言的特点和优势

为了进一步说明 X 语言的特点，我们不妨从设计、仿真和验证的角度对几种主要的建模语言进行比较[1]。表 3-2 给出了当前常用的几种建模语言和 X 语言的能力对比，可以看出，现有语言在某些方面有自己的优势，但难以独立完成 MBSE/MSBSE 的全过程任务。SysML 是一种通用的架构建模语言，用于制定、分析、设计和验证可能包括硬件、软件、信息、人员、程序和设施的复杂系统。特别是，该语言提供了图形表示，具有对系统需求、行为、结构和参数进行建模的语义基础，用于与其他工程分析模型集成。然而，SysML 模型是静态的，仅可进行简单的逻辑分析，不具备对物理特性进行直接仿真的能力，无法独自验证系统模型的正确性和完备性。对于 SysML v2 [22]，虽然也提供了文本表示法以及更强的 API，实现与其他语言或工具集成来增强可用性、表达性和互操作性，但在物理特性仿真方面仍沿用了 SysML 当前版本的集成方式。Modelica 语言能够支持面向对象建模、陈述式建模、非因果建模、多领域统一建模以及物理系统的连续离散混合建模，这使得 Modelica 语言具备模型重用性高、建模简单方便、无须符号处理等优点，成为多领域物理系统建模的主流语言。但由于基于方程的特殊语言结构使其缺乏对离散系统建模足够的支持，存在描述不便和仿真效率低的问题，所以 Modelica 更适用于多领域物理系统建模，缺乏对大规模离散系统建模的支持。AADL（architecture analysis and design language）是一种应用于嵌入式系统领域的体系结构建模语言，支持航空、航天、汽车等领域复杂实时系统的设计与分析。AADL 具有语法简单、功能强大、可扩展等优点，能够对嵌入式软件的功能和非功能属性进行建模与描述，在开发早期对系统进行分析与验证。但其顶层建模能力不如 SysML，底层仿真能力不如 Modelica，因此在这两个方面也逊于 X 语言。SIMAN（Simulation and modeling analysis notation）是一种连续、离散、混合系统通用仿真语言，该语言高度结构化，易于建立模型和进行仿真实验。SIMAN 含有专门用于物料传送系统的功能模块，已经被广泛地用于各种制造业系统的仿真、评价和规划等方面。但其缺乏顶层多视图建模能力，无法支撑一体化建模仿真的需求。MATLAB 是由美国 MathWorks 公司开发的一种软件，已广泛应用于工程计算、数值分析、控制系统设计、无线通信、深度学习、数字信号处理、量化金融等领域，也形成了自己的一套编辑语言。相比于 SysML 和 X 语言，MATLAB 语言缺乏多视图建模和定性建模能力，一体化建模仿真能力较弱。综上所述，与现有的主要建模语言相比，X 语言具有一些无可替代的优势。

表 3-2　X 语言和其他主流建模语言的功能比较

功能	语言						
	XLaguage	SysML	AADL	Modelica	SIMAN	MATLAB	OPL & OPD
多视图建模	★★[1]	★★	★	—	—	—	—
定性建模	★★	★★	★	★	—	—	★★
仿真执行	★★	—	★	★★	★	★★	—
一体化建模仿真[2]	★★	—	★	★	—	★	—
连续系统建模	★★	★	★	★★	★	★★	—
离散事件建模	★★	★	★★	★	★★	★★	★★
混合建模	★★	★	★	★	★	★★	—
多智能体建模	★★	★	★	★	—	★	★★

① —表示不具备这种能力，★表示有这种能力但还不够，★★表示有这种能力并较强；

② 可以直接对模型进行仿真，以验证其性能是否满足利益相关者的需求和目标，而不需要借助于模型转换。

3.4
本章小结

本章在混合系统建模仿真理论的基础上，借鉴融合 SysML、Modelica、DEVS 等建模语言及规范的思想和元素，提出 X 语言的理论架构。即，需要从系统层面、模型架构层面、模型仿真层面以及模型管理层面进行 X 语言的具体设计。在此基础上，面向复杂系统一体化设计与仿真过程，详细介绍了 X 语言的组成元素和语法规范。此外，还与现有的建模语言从建模和仿真能力的不同层面进行了比较和说明。总体来说，X 语言可以支持复杂系统全流程、多领域一体化建模和仿真全过程，是一种能全面体现 MBSE/MSBSE 价值的建模仿真语言。目前面向 X 语言的国家标准《复杂产品协同设计集成建模语言 X 语言架构》（GB/T 43270—2023）已经颁布并实施，该标准将为基于 MBSE/MSBSE 的复杂产品的正向设计提供支持指导。

参考文献

[1] Zhang L, Ye F, Laili Y, et al. X language: an integrated intelligent modeling and simulation language for complex products [C] //2021 Annual Modeling and Simulation Conference (ANNSIM). IEEE, 2021: 1-11.

[2] Zhang L, Ye F, Xie K, et al. An integrated intelligent modeling and simulation language for model-based systems engineering [J]. Journal of Industrial Information Integration, 2022, 28: 100347.

[3] Xie K, Zhang L, Laili Y, et al. XDEVS: A hybrid system modeling framework [J]. International Journal of Modeling Simulation and Scientific Computing, 2022, 13 (2): 17.

[4] Gu P, Zhang L, Chen Z, et al. Collaborative design and simulation integrated method of civil aircraft take-off scenarios based on X language [J]. Journal of System Simulation, 2022, 34 (5): 929-943.

[5] Zeigler B P, Mittal S, Traore M K. MBSE with/out Simulation: State of the Art and Way Forward [J]. Systems, 2018, 6 (4): 40.

[6] Elmqvist H, Mattsson S E, Otter M. Modelica: The new object-oriented modeling language [J]. 12th European Simulation Multiconference, 1998, 5.

[7] Fritzson P, Engelson V. Modelica-a unified object-oriented language for system modeling and simulation [J]. ECOOP, 1998, 98: 67-90.

[8] Mattsson S E, Elmqvist H, Otter M. Physical system modeling with Modelica [J]. Control engineering practice, 1998, 6 (4): 501-510.

[9] Zeigler B P, Kim T G, Praehofer H. Theory of modeling and simulation [M]. New York: Academic press, 2000.

[10] Concepcion A I, Zeigler B P. DEVS formalism: A framework for hierarchical model development [J]. IEEE Transactions on Software Engineering, 1988, 14 (2): 228-241.

[11] Chow A C H, Zeigler B P. Parallel DEVS: A parallel, hierarchical, modular modeling formalism [C] //Proceedings of Winter Simulation Conference. IEEE, 1994: 716-722.

[12] Zeigler B P. DEVS and MBSE: a review [J]. International Journal of Modeling, Simulation, and Scientific Computing, 2022, 13 (02): 2230001.

[13] Tan, A H, Ong Y S, Tapanuj A. A hybrid agent architecture integrating desire, intention and reinforcement learning [J]. Expert Systems with Applications, 2011, 38 (7): 8477 - 8487.

[14] Kinny D, Georgeff M, Rao A. A methodology and modelling technique for systems of BDI agents [C] //European workshop on modelling autonomous agents in a multi-agent world. Berlin, Heidelberg: Springer Berlin Heidelberg, 1996: 56-71.

[15] Adam C, Gaudou B. BDI agents in social simulations: a survey [J]. Knowledge Engineering Review, 2016, 31 (3).

[16] Wang X, Zhang L, Laili Y, et al. MADES: a unified framework for integrating agent-based simulation with multi-agent reinforcement learning [J]. Annual Modeling and Simulation Conference (ANNSIM), 2021: 1-12.

[17] Xie K, Zhang L, Li X, et al. SES-X: a MBSE methodology based on SES/MB

and X language [J]. Information，2022，14 (1)：23.

[18] OMG，OMG systems modeling language (OMG $SysML_{TM}$) specification [R] (2006).

[19] Delligatti L. A brief guide to the systems modeling language [J]. 2014.

[20] Friedenthal S，Moore A，Steiner R. A practical guide to SysML：the systems modeling language [M]. Morgan Kaufmann，2014.

[21] 常军军. 导弹电气系统多工具建模与基于 FMI 的集成验证 [D]. 北京：北京航空航天大学，2019.

[22] Zhang J A，Bagdatli B，Mavris D N. Leveraging sysml v2 for integration of MBSE and multidisciplinary system development [J]. AIAA SCITECH 2023 Forum，2023：1895.

第 4 章
基于X语言的MBSE/MSBSE方法论X-SEM

4.1 MBSE 方法论概述

到目前为止，在系统工程领域出现了多种 MBSE 方法论，用于指导 MBSE 的应用和实施[1]。下面对几种典型的方法论进行简要介绍。

(1) Harmony-SE

Harmony-SE 是 IBM 集成系统和软件开发过程（称为 Harmony）的一个子集。Harmony-SE 是一个系统设计和开发过程，遵循经典的“V”图，“V”的左侧描述了自上而下的设计过程，右侧显示了从单元测试到最终系统验证的自下而上的集成阶段。核心工作流程包括需求分析、功能分析和设计综合阶段[2]。SysML 可以支持 Harmony-SE 的系统开发过程[3]。其中，需求分析阶段由需求模型和系统用例模型实现；在功能分析阶段，每个用例将由系统功能活动流程实现，最后基于状态机执行对相关系统需求的验证；设计综合阶段将在先前的基础上进行系统架构分析，并在反复验证后最终确定系统架构。

(2) OOSEM

OOSEM 方法（object-oriented systems engineering method）由洛克希德·马丁公司和系统与软件联盟（SSCI）开发，并最终由 INCOSE 进一步完善，是面向对象和基于模型的设计概念的组合，遵循自顶向下的基于模型的建模过程[4]。该方法使用面向对象的概念和其他建模技术来架构更灵活和可扩展的系统，以适应不断变化的技术和需求[5,6]。OOSEM 的核心目标是：通过捕获和分析需求与设计信息来描述复杂系统；实现与面向对象的软件、硬件和其他工程方法的集成；完成系统级重用和设计迭代演化的使命。OOSEM 可以使用 SysML 来实现利益相关者需求分析、系统需求定义、逻辑架构定义和其他系统开发活动，这些活动遵循“V”图，并在系统层次结构的每个级别上递归和迭代地应用，从而确保该方法的目标是可实现的。

(3) RUP SE

RUP SE（rational unified process for systems engineering）是由 IBM Rational 开发的一种系统工程方法论，它源自 Rational 统一过程（RUP）[7]。它将并行设计和迭代开发的概

念从 RUP 引入系统工程领域，根据角色、工件和任务对系统设计工作进行组合和分类，以及在不同级别和视角对模型进行迭代和增量开发，以应对系统分析、设计和开发的挑战[8,9]。RUP SE 可以提供关注点分离、关注点集成和系统分解，以构建可靠的体系结构。

(4) Vitech MBSE

Vitech 公司提出的 Vitech MBSE 方法强调使用 MBSE 系统定义语言（SDL）来管理模型工件，并与其建模工具 CORE 有很强的相关性[10]。其核心领域包括源代码需求分析、架构分析、行为分析以及验证和确认。Vitech MBSE 是一个渐进的系统工程过程，在垂直设计之前先进行水平设计。也就是说，它首先关注系统的完整性，然后关注系统的层次，被称为“洋葱模型”[11]。“洋葱模型”通过迭代每一层的主要系统工程活动来降低风险，因为每一层的完整解决方案可以用于早期检查和验证。

(5) SA

SA（state analysis，状态分析）方法是喷气推进实验室（JPL）针对控制系统分析与设计开发的一种系统工程方法论[12]。在 SA 方法中，状态表示一个演化系统的瞬时状态，模型用来描述状态的演化过程。SA 定义了用于状态发现和状态建模的迭代过程，能够以模型的形式获取系统和软件的需求，以帮助缩小系统工程师指定的系统需求和软件工程师实现这些需求之间的差距[13]。在 SA 中，基于模型的需求直接映射到专门开发的软件工具中，这类工具支持系统和软件需求的开发、管理、检查和验证。

(6) OPM

OPM（object process methodology，对象过程方法论）是 Dov Dori 提出的一种系统工程方法论[14]。OPM 将面向对象和面向过程的方法统一到一个整体框架中，基于对象、流程和状态定义系统的架构和行为[15]。OPM 具有图形（对象过程图，OPD）和自然语言文本（对象过程语言，OPL）两种形式，通过一个单一的模型对系统功能、结构和行为进行描述[16]。

(7) Magic Grid

Magic Grid 是 No Magic 公司（现属于达索系统公司）基于 OOSEM 和工程实践提出的一种复杂产品开发方法[17]。Magic Grid 采用矩阵视图框架组织，根据产品开发不同阶段需要注意的问题，将设计过程划分为问题域（需求分析）、方案域（体系结构设计）和实现域。在每个域中，建立需求、行为、结构和参数这四个支柱，以实现产品在不同级别上属性的全面表示[18]。通过建立同层与异层的映射和持续的设计迭代，实现复杂产品的正向设计和可追溯性。SysML 可以支持 Magic Grid 的完整开发过程。

然而，上述现有的 MBSE 方法更多地关注系统的需求、功能和逻辑，对面向多学科的物理特性的集成设计和仿真支持不足，在不借助专业的仿真工具的情况下，均无法独立完成系统模型针对物理特性的仿真和验证。这一问题在第 1 章已经做过详细的分析。

4.2 X-SEM 概述

X-SEM 是一种深度融合建模和仿真的 MBSE/MSBSE 方法论[19]。X-SEM 使用 X 语言作为建模和仿真语言，统一系统逻辑架构与物理单元设计并实现集成仿真测试以及全系统的自动优化[20]。X-SEM 的关键在于跨系统逻辑架构与物理单元设计阶段的集成建模和仿真过程，这有助于解决单元设计仅依赖需求而无法与系统逻辑架构设计保持一致的问题。此外在全系统集成建模和仿真的基础上，可以通过与优化算法进行深度融合，实现全系统的一体化建模、仿真及优化的闭环。X-SEM 的概念框架如图 4-1 所示。

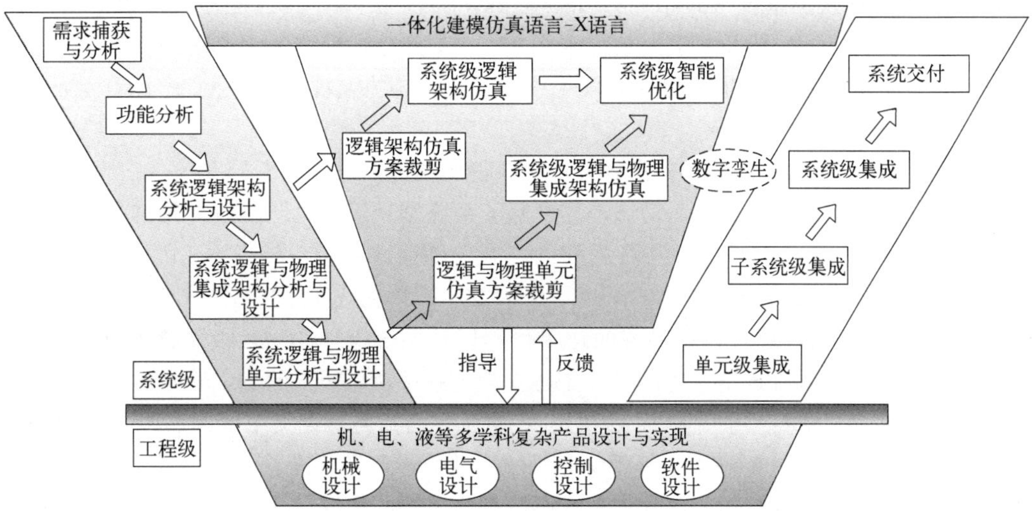

图 4-1　X-SEM 概念框架

基于模型的系统设计一般包含需求-功能-逻辑-物理（requirements-functional-logical-physical，RFLP）4 个过程。如图 4-2 所示，X-SEM 的核心思想是统一系统架构设计（功能分析、逻辑设计）和物理单元设计流程并实现集成仿真测试以及全系统的自动优化，其关键在于跨阶段的集成建模和仿真以及和优化算法的集成。与现有的 MBSE 方法论相比，X-SEM 优先考虑需求分析、系统架构（功能、逻辑）和物理特性在语言层面的统一描述以及与系统验证和确认的无缝集成，从而确保不同层次模型之间的一致性。在基于统一的建模语

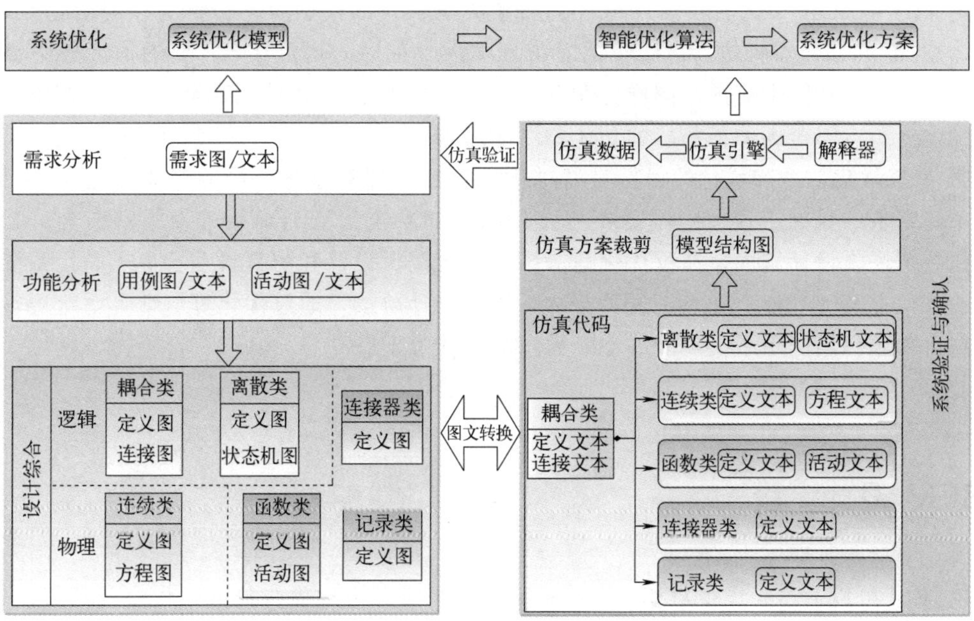

图 4-2　X-SEM 总体框架

言实现一体化建模仿真的基础上，再结合优化算法可以真正实现系统设计、仿真以及优化的一体化过程。从成本效益的角度来看，采用统一的建模语言和工具也可以缩短系统建模人员的学习曲线。下面介绍基于 X-SEM 的系统设计方法。

① 需求分析：需求分析的目的是捕捉利益相关者的需要、分解需求并分析需求之间的关系，从而明确感兴趣系统（system of interests，SoI）的功能和性能需求，以对后续设计提供指导。X-SEM 主要利用 X 语言的需求图/文本来实现对需求的识别分析和管理。此外，需求图/文本中提供的优化角色属性可以生成系统的优化模型，作为系统优化算法的输入，实现对全系统的自动优化过程。

② 功能分析：功能分析的目标是将分析中获得的功能需求细化并转化为 SoI 的功能用例，并捕获实现功能用例所需的完整活动流程和内部子系统交互逻辑。此阶段首先对 SoI 进行整体功能分析，重点关注 SoI 与外部参与者之间的交互。随后，将重点转向 SoI 内功能流的分配。X-SEM 利用 X 语言提供的用例图/文本和活动图/文本，来完成 SoI 的功能分析过程。

③ 设计综合：设计综合包括系统的逻辑设计以及系统逻辑和物理组件的集成设计。

系统逻辑设计：系统逻辑设计的目标是建立满足系统功能需求的 SoI 逻辑架构。主要涉及定义逻辑子系统及其相互关系。X-SEM 利用 X 语言的耦合类来定义系统的逻辑架构，指导逻辑子系统的设计，并采用 X 语言中基于状态机的离散类来定义逻辑子系统的结构和行为。

系统逻辑和物理组件的集成设计：系统逻辑和物理组件集成设计的目标是建立满足系统功能和性能要求的 SoI 集成逻辑和物理架构。主要涉及定义逻辑和物理子系统及其相互关系。此阶段需要基于已经定义的逻辑架构来完成满足系统性能要求的物理子系统设计（例如电磁、机械或控制系统）。X-SEM 利用 X 语言的耦合类来定义系统的集成逻辑和物理架构，指导逻辑和物理子系统的设计，并采用 X 语言中基于方程的连续类来定义物理子系统的结构和行为。

④ 系统验证与确认：系统验证与确认的目标是对设计系统的逻辑架构以及集成后的逻辑和物理架构进行测试，确保满足系统需求。这个阶段与设计综合过程并行。具体来说，在系统逻辑设计阶段建立的图形化系统逻辑设计模型可以通过模型结构图实现模型的方案裁剪，进而使用 XLab 中的转换器将组合后的系统逻辑设计模型自动转换为相应的仿真代码。随后，XLab 的编译器将仿真代码转换为仿真文件。最后，通过在 XLab 的仿真器中执行仿真来验证系统的功能性需求。同样，在系统逻辑与物理集成设计阶段建立的系统逻辑与物理集成设计模型能够全面验证系统的功能和性能需求。

⑤ 系统优化：系统优化的目标是通过优化算法实现对系统全局的自动优化，从而达到满足系统需求的目的。这个阶段需要与设计综合和系统验证与确认过程紧密结合。具体来说，在系统逻辑设计阶段，通过优化算法结合系统逻辑设计和仿真自动选择出满足系统功能需求的最佳方案。同样，在系统逻辑与物理集成设计阶段，通过优化算法结合系统逻辑设计和仿真自动选择出满足系统功能和性能需求的最佳方案。

4.3 X-SEM 设计流程

X-SEM 可以通过 4 个视角和 4 个域来完成系统设计全过程，并由 X 语言及其软件 XLab 具体实现。4 个视角是需求、结构、行为和参数。这些视角从不同角度全面展现了系统的核心。4 个域是问题域、解决方案域、验证域以及优化域。这些域旨在有效地管理、定义、验证和优化系统内不同级别的抽象和粒度。X-SEM 域拓展了传统的 RFLP 流程，形成了包含需求分析、功能分析、设计综合（系统逻辑设计、系统逻辑和物理组件的集成设计）、系统验证与确认以及系统优化的一种新的 MBSE/MSBSE 方法论。其中，问题域可以完成需求分析、功能分析、系统逻辑架构乃至子系统的逻辑架构的设计（R&F&L）。问题域设计完成的系统逻辑架构作为解决方案域的输入指导系统逻辑物理集成架构乃至子系统的逻辑架构以及物理特性的设计（L&P）。此外，验证域和优化域是与问题域、解决方案域同步的。同时，四个视角是贯穿于四个域的。值得一提的是，在不同的域中，四个视角的具体实现也有差异。比如对应 RFLP 的功能层的行为视角由 X 语言的用例图和活动图实现，而对应 RFLP 的逻辑层的行为视角则由 X 语言的状态机图实现。图 4-3 详细描述了 RFLP、X-SEM 以及 X 语言之间的关系。

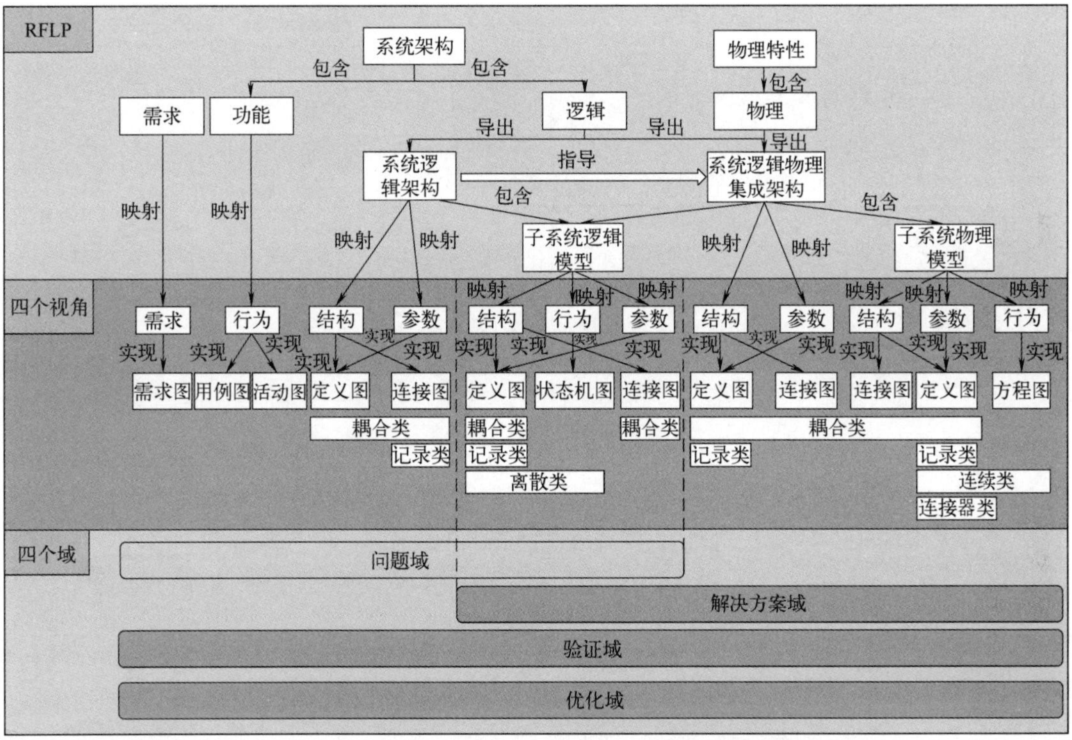

图 4-3 RFLP、 X-SEM 以及 X 语言关系图

X-SEM 的完整设计流程如图 4-4 所示。问题域分为黑盒阶段和白盒阶段。它们分别从整体和局部分析 SoI 的需求和功能，从而定义满足利益相关者功能需求的 SoI 逻辑架构。此外，问题域的分析过程指导利益相关者需求转化为系统设计需求。解决方案域从系统实现的角度，首先将系统设计需求分解为功能需求和非功能需求，然后将系统设计需求中的非功能需求与问题域中已经定义的 SoI 逻辑架构相结合，定义满足系统设计要求的 SoI 逻辑和物理集成架构。此外，不同域可以通过模型结构图实现面向系统不同层级模型的仿真方案的裁剪。具体来说，在问题域中，在完成逻辑架构模型的建立之后，可以利用模型结构图的剪枝操作裁剪出面向不同功能需求的逻辑架构模型；在解决方案域中，在完成逻辑和物理集成架构模型的构建之后，可以利用模型结构图的剪枝操作裁剪出面向不同功能和性能需求的逻辑和物理集成架构模型。在 X-SEM 中，验证域和优化域是同步于问题域、解决方案域的。也

就是说，在验证域中，可以将问题域裁剪得到的系统逻辑仿真模型转换为可执行的文本模型进行仿真，从而能够快速验证利益相关者的功能需求。同样，可以将解决方案域裁剪得到的系统逻辑和物理集成仿真模型转换为可执行的文本模型进行仿真，以便对系统的功能和非功能需求进行集成验证。在优化域中，可以从问题域中的需求模型生成系统优化模型，再将系统优化模型以及裁剪得到的系统逻辑文本化仿真模型作为优化算法的输入，从而能够实现对利益相关者的功能需求的优化。同样，可以从解决方案域中的需求模型生成系统优化模型，再将系统优化模型以及裁剪得到的系统逻辑和物理集成文本化仿真模型作为优化算法的输入，实现对系统的功能和非功能需求的优化。X-SEM 与基于不同建模语言和工具集成的方法不同，其使用统一的建模语言和工具实现需求、功能、逻辑和物理的集成设计、验证及优化。X-SEM 的一体化建模仿真与优化理念有效保证了不同层次模型之间的一致性，从而更加有利于系统设计需求的快速、全面验证与优化。

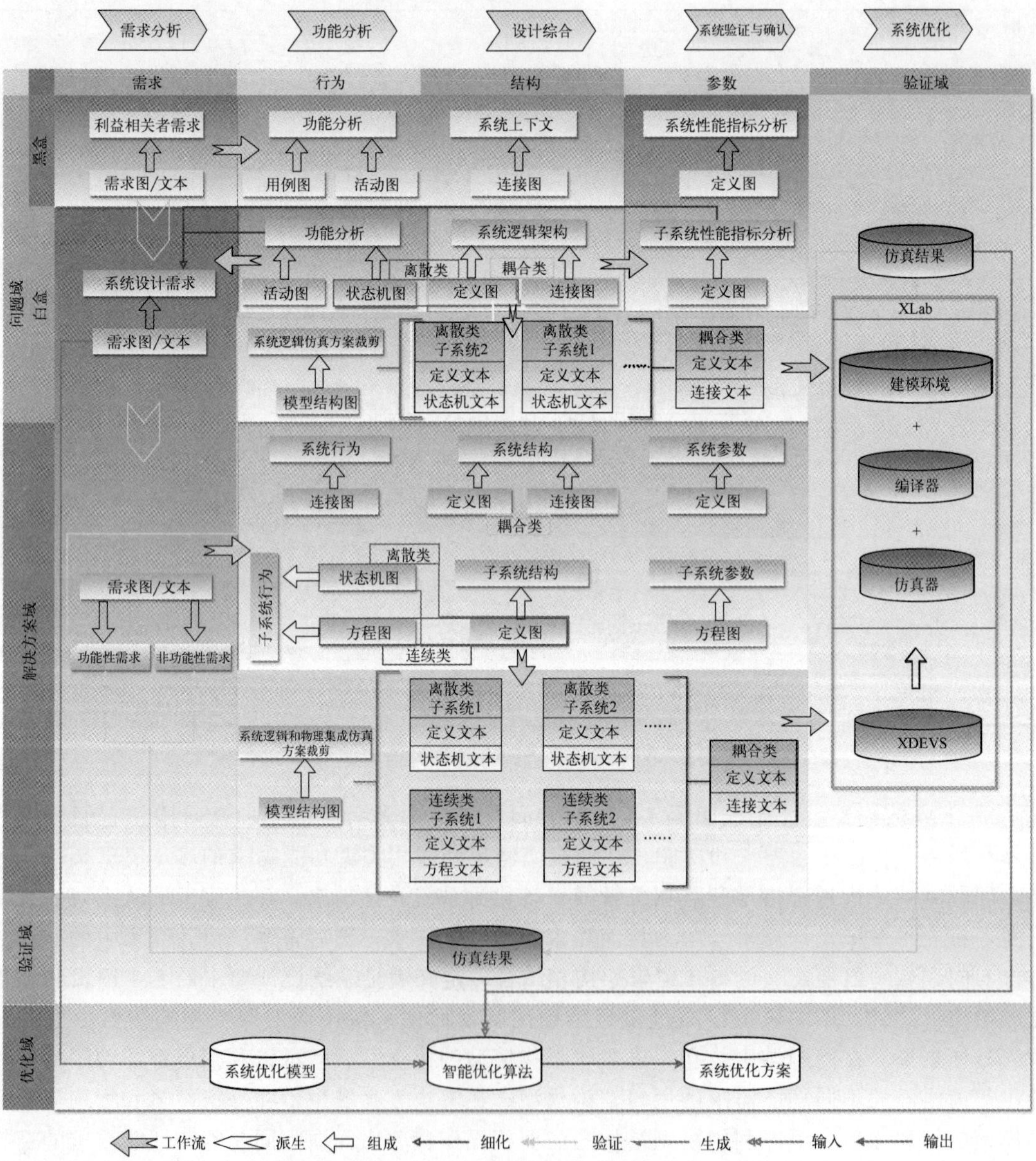

图 4-4 面向产品全生命周期的 X-SEM 工作流程

4.3.1 问题域

问题域-黑盒

此阶段的主要目标是确定利益相关者的需求并执行 SoI 的功能用例分析，以捕获用例场景并确认 SoI 的功能和性能。该阶段的工作流程如图 4-5 所示。此阶段从利益相关者的需求开始。在 X 语言中，利益相关者的需求可以使用需求图来呈现，需求图可以通过包含关系进行分层关联。在组织和分析利益相关者需求后，使用用例图定义用户期望 SoI 实现的功能场景。对于每个用例，功能活动流在客户或环境之间执行，并使用活动图捕获 SoI 以指定用例场景。这里执行的每项活动都是利益相关者需求的细化。一旦完成所有用例分析，客户或环境使用 SoI 的所有场景都清晰可见，并且可以基于定义图创建系统上下文。此外，“用户设定的系统非功能性的效能指标（measurements of effectiveness，MoEs）”可以基于定义图来定义。值得注意的是，需求的可追溯性至关重要。在黑盒阶段，细化矩阵可用于建立利益相关者需求与功能活动之间以及利益相关者需求与系统的 MoEs 之间的关系。

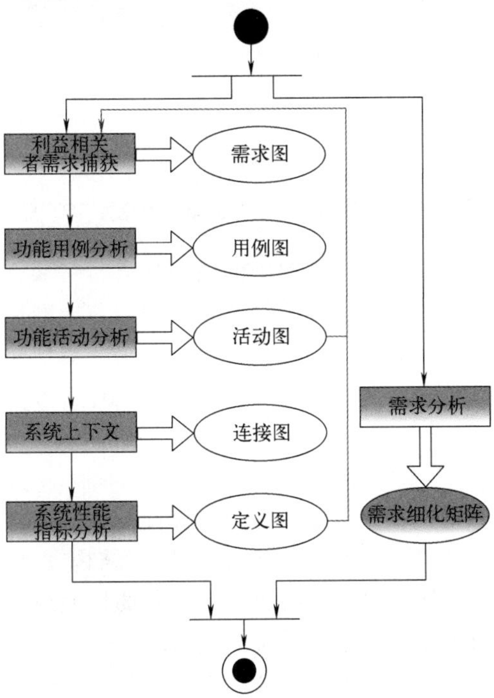

图 4-5　X-SEM 问题域-黑盒阶段设计流程图

问题域-白盒

白盒阶段的主要目标是基于黑盒阶段分析 SoI 的内部逻辑子系统，分配功能活动流程，定义各自的逻辑行为，确定 SoI 的逻辑架构（定义逻辑 SoI 中包含的子系统及其交互）以及每个逻辑子系统的 MOEs。此阶段的工作流程如图 4-6 所示。该阶段从利益相关者需求出发，在黑盒阶段功能分析的基础上，基于活动图进一步细化 SoI 内部功能活动流程，并通过建立泳道将其分配到相应实现的逻辑子系统中。经过功能分析后，基于离散类定义逻辑子系统的结构（定义图）及其功能逻辑行为（状态机图）。逻辑架构是基于耦合类定义的。耦合类的定义图定义 SoI 中包含的逻辑子系统，耦合类的连接图定义逻辑子系统之间的交互。此

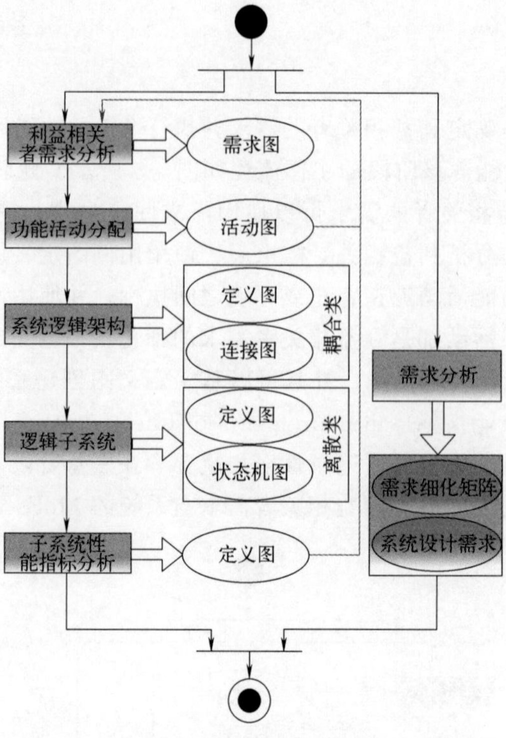

图 4-6 X-SEM 问题域-白盒阶段设计流程图

外，每个子系统的 MoEs 可以根据其定义图中的值属性进行定义。

值得注意的是，利益相关者的需求往往是非正式的、非标准化的。白盒阶段的结果可以帮助系统工程师根据利益相关者的需求确定系统设计要求。类似地，在白盒阶段，可以使用细化矩阵来建立系统设计需求和功能活动之间以及系统设计需求和子系统 MoEs 之间的详细关系。

问题域-方案裁剪

在问题域的方案裁剪阶段，将初步对白盒阶段设计的功能逻辑模型进行验证，从而确认系统的逻辑是否正确。方案裁剪主要基于 X 语言的模型结构图展开。在前面的阶段中，问题域构建的需求、功能、逻辑架构模型都会由一个统一的模型结构图进行管理。

在方案验证阶段，裁剪主要应用于对系统功能需求的验证，通过耦合连接不同层级的模型功能场景，实现对不同系统功能需求的验证。因此，与功能逻辑无关的模型（比如需求模型和功能模型）都将直接被剪枝。同时，在系统的逻辑层级结构中，将依据验证目标的不同而选择不同的裁剪方案。当需要验证一个子系统的功能逻辑设计是否合理时，可以将其他模型裁剪为顶层的功能逻辑，然后将验证的目标模型裁剪为细粒度的模型。通过裁剪，使用不同粒度描述的模型能够集成到复杂系统模型中作为验证模型。

4.3.2 解决方案域

解决方案域的主要目标是阐明系统设计的功能需求和非功能需求，并通过在白盒阶段集成 SoI 逻辑架构来确定最终的系统架构解决方案。此外，该阶段旨在定义系统中每个子系统的状态逻辑或物理特性，并逐步建立系统的物理架构以及子系统的物理参数约束。该阶段的工作流程如图 4-7 所示。

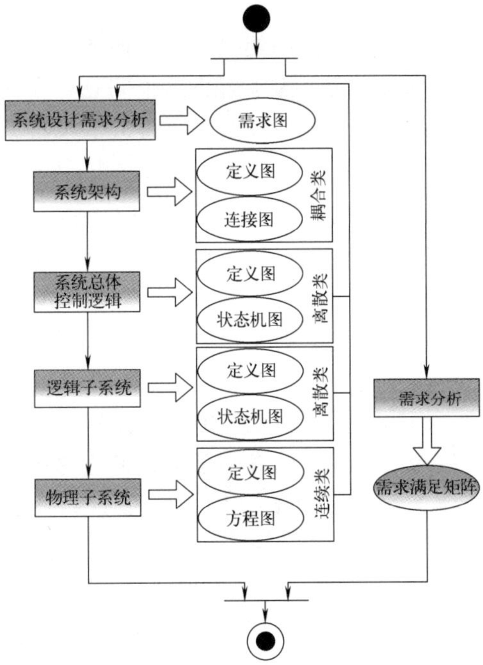

图 4-7　X-SEM 解决方案域设计流程图

为了开始这个阶段，首先要对系统设计需求进行分析，并基于需求图的需求类型属性进行系统功能需求和系统非功能需求的划分。然后基于问题域定义好的系统逻辑架构初步确定满足所有系统设计需求（功能和非功能需求）的系统逻辑和物理集成架构，耦合类的定义图指定了系统逻辑和物理集成架构中包含的所有子系统。接下来，基于离散类建立系统的控制逻辑，该逻辑作为后续子系统的驱动模型。在图形建模层面，离散类的定义图定义了系统相对于外部环境、用户和内部子系统的事件端口，而离散类的状态机图定义了系统的逻辑行为。分析系统设计要求中的非功能性需求以确定相关子系统的物理机制。基于连续类，定义子系统的物理状态变量、端口和物理约束。在这里，连续类的定义图定义了子系统的物理状态变量和端口，而连续类的方程图定义了子系统的物理约束。此外，对于不涉及非功能性需求的子系统，会基于离散类定义子系统的逻辑行为，其中离散类的定义图定义了子系统的事件端口，离散类的状态机图定义了子系统内部的逻辑行为。在完成所有子系统的逻辑或物理行为定义后，还将确定系统内所有子系统之间的事件或物理参数交互。在这方面，基于耦合类的连接图定义了子系统之间的事件或物理参数交互。在此阶段，系统架构的设计完成。同样，在解决方案域，需求满足矩阵可用于建立系统设计需求与子系统之间的关系。

解决方案域-方案裁剪

方案裁剪阶段将会依据系统的功能和非功能需求选择合适的 X 语言语法来建立面向特定需求的可执行模型。首先，每一个模型都可以根据其对系统不同的抽象层级或不同的视角建立不同的泛化模型。这些泛化模型将会在后续的裁剪阶段被选择和组合。通过组合搭配不同的泛化模型，可以得到多个泛化模型序列，并由仿真选择出与当前系统功能性需求和非功能性需求最为匹配的一个序列。因为同一个模型的不同泛化模型是从不同的抽象层级或者不同的视角出发建立的，所以其内部的接口会因为抽象层级或视角的不同而不同。不同的系统抽象层级和视角将会建立不同的模型结构，为了确保建立的模型结构的端口在更高层级上的正确性，需要在建模过程中同时建立不同抽象层级或者视角之间的接口转换关系。

相比于问题域阶段，解决方案域阶段的建模涉及具体的物理机理，所以问题域阶段定义的模型之间的连接关系有可能不再适用。为了解决这个问题，在这个阶段将使用自底向上的设计模式而不是自顶向下的设计模式。从每一个不可再分的模型开始，在问题域阶段定义的系统泛化模型连接的基础上，向上不断地递归修正接口连接关系，并同时记录下对应的修改内容，直到递归到最顶层的系统模型为止。

在接口修正完毕之后，这些物理模型可以通过裁剪获得满足系统功能或非功能性需求的模型组合。然后再与不同模型的功能场景进行耦合连接，从而对该模型组合能否满足系统的功能或非功能性需求进行验证。需要注意的是，这个阶段的裁剪验证不同于问题域阶段的裁剪验证。问题域阶段的裁剪专注于对模型的功能场景进行集成验证，即验证模型的运行逻辑是否能够满足系统功能需求。而这里的裁剪验证的目标是通过裁剪获取一个能够满足系统设计需求的物理模型，确保在集成仿真测试前各个子系统都能够满足自己分配到的功能和非功能性需求，从而降低后续的仿真验证工作量。

4.3.3 验证域

验证域的主要目标是确保系统问题域的逻辑架构和解决方案域的最终系统架构的正确性。X-SEM 通过采用统一的语言规范和接口，提高逻辑和物理子系统之间集成测试验证的效率。X-SEM 采用全面的测试和验证流程，包括系统的逻辑验证以及逻辑和物理集成验证。在问题域，通过系统级逻辑仿真完善系统逻辑架构的设计，以满足功能性需求。在解决方案域，通过逻辑和物理集成仿真完善最终系统架构的设计，以满足功能性需求和非功能性需求。

如图 4-8 所示，X-SEM 的验证过程是同步于问题域和解决方案域的。在问题域，系统的逻辑架构和控制逻辑分别用耦合类和离散类构建。随后，基于离散类，建立每个子系统的逻辑模型。此时，建立了完整的系统级逻辑模型。在 XLab 中，图形化的系统级逻辑模型可以转换为可执行的文本模型，经过编译和仿真来验证系统的功能需求。在解决方案域，基于耦合类与系统设计要求，在建立逻辑架构的同时建立系统架构，并根据离散类定义控制逻辑。根据系统设计要求的类型确定子系统的实现方法。具体而言，当子系统仅需满足功能性需求时，其逻辑结构和行为基于离散类建立；当子系统还需满足非功能性需求时，其物理结构和行为则基于连续类建立。最终，形成完整的系统级逻辑和物理集成模型。同样，图形化的系统级逻辑和物理集成模型可以转换为可执行的文本模型，通过编译和仿真来全面验证系统的功能性需求和非功能性需求。最终，验证矩阵可用于建立仿真结果与需求之间的验证关系。

验证域-方案裁剪

在问题域和解决方案域的方案裁剪阶段，构成系统模型的各个子系统模型已经面向特定的系统功能性或非功能性需求分别进行了不同视角或抽象层级的组合和泛化，并最终由 X 语言模型结构图进行统一管理。验证域的方案裁剪阶段需要对问题域、解决方案域构建的面向特定需求的逻辑、物理模型进行仿真验证。其次，从这些测试完毕的可执行方案中裁剪获得满足系统所有功能性和非功能性需求的系统级解决方案，并作为最终的系统设计方案。在裁剪过程中，将基于系统的设计需求从构成系统的实体中选择对应的泛化模型（泛化模型的选择需要覆盖全系统的所有层级），并最终得到一个系统模型。由于在问题域或者解决方案域，模型的接口已经进行了匹配设计，裁剪过程将会依据这些接口来实例化用于仿真的验证方案。裁剪的过程也会补全各个实体的仿真相关参数，从而将系统模型转化为仿真模型。这

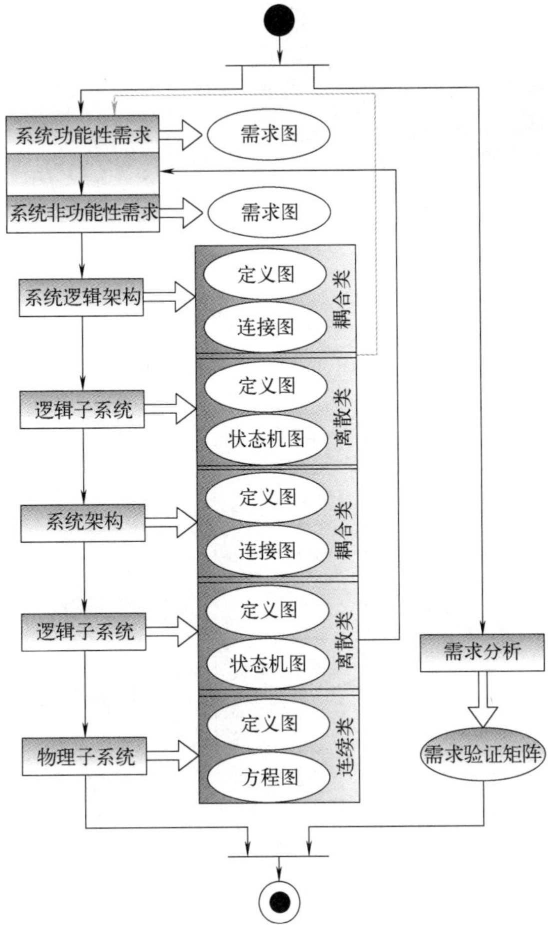

图 4-8 X-SEM 验证域设计流程图

个阶段中裁剪和仿真是不断循环进行的，即一旦仿真结果无法满足系统的设计需求，则需要重新裁剪以获得可行的子系统。

4.3.4 优化域

优化域的主要目标是在满足系统需求的基础上，优化出最佳的系统设计方案。X-SEM 采用统一的语言实现了系统设计和仿真验证的一体化过程，这为实现系统的全局优化提供了契机。

如图 4-9 所示，X-SEM 的优化过程是与问题域、解决方案域以及验证域紧密结合的。在问题域的需求分析中，系统的功能性需求会基于 X 语言的需求图/文本定义相应的优化角色并自动生成系统优化模型，问题域的系统优化模型以及验证域中生成的逻辑架构模型的仿真结果（目标函数的解算）作为优化域中优化算法的输入，优化算法会解算出满足系统功能性需求的最优系统逻辑架构方案。同理，在解决方案域的需求分析中，系统的功能性以及非功能性需求会基于 X 语言的需求图/文本定义相应的优化角色并自动生成系统优化模型，解决方案域的系统优化模型以及验证域中生成的逻辑和物理集成架构模型的仿真结果（目标函数的解算）作为优化域中优化算法的输入，优化算法会解算出满足系统功能性和非功能性需求的最优系统逻辑和物理架构方案，达到对系统全局优化的目的。

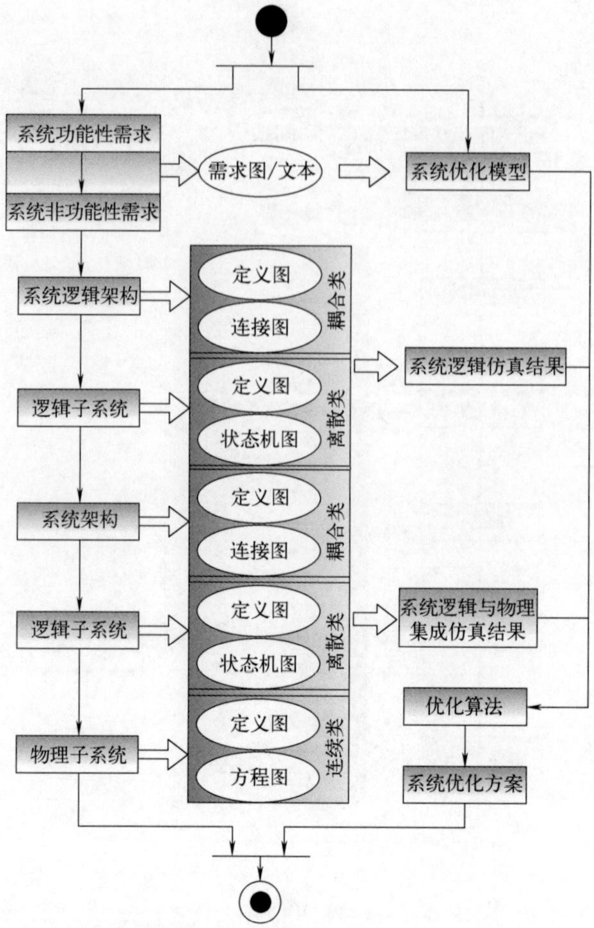

图 4-9 X-SEM 优化域设计流程图

4.4 本章小结

X-SEM 相较于其他 MBSE 方法论，在设计综合、系统验证与确认以及系统优化阶段具有明显的优势。大多数基于 SysML 的 MBSE 方法论缺乏对系统集成逻辑和物理架构一体化设计的指导和支持，并且系统验证与确认以及系统优化一般不在其流程范围内。即使个别方法论提供了实现系统逻辑和物理集成的方法，但其中的系统验证与确认过程也需要依赖外部仿真工具[21-24]。X-SEM 提供了一种新的解决方案，即在设计综合阶段，系统逻辑模型和系统逻辑与物理集成模型都使用 X 语言构建，基于 X 语言的一体化建模仿真能力使得构建的模型可直接用于系统验证与确认。此外，这种一体化的建模仿真能力使得通过优化算法实现系统的全局自动优化成为可能。总之，X-SEM 通过统一的建模语言和工具实现了跨越需求、功能、逻辑和物理的集成设计、验证以及优化过程。从理论上讲，基于 X-SEM 的系统设计方法可保证不同层次模型之间的一致性，并显著地提高系统设计的效率。

参考文献

[1] Estefan J A. Survey of model-based systems engineering (MBSE) methodologies [J]. Incose MBSE Focus Group, 2007, 25 (8): 1-12.

[2] BDouglass B P. The Harmony Process. I-Logix white paper, I-Logix [J]. Burlington, MA, USA, 2005.

[3] Hoffmann H P. Harmony/SE: A SysML based systems engineering process [J]. Innovation, 2008: 1-25.

[4] S Friedenthal S, Meilich A, Lykins H. Adapting UML for an Object Oriented Systems Engineering Method (OOSEM) [C] //Proc. Tenth Int'l Symposium, INCOSE. 2000.

[5] INCOSE. Object-Oriented Systems Engineering Method (OOSEM) Tutorial [J]. 2006.

[6] Wolfrom J. Model-Based System Engineering (MBSE) Using the Object-Oriented Systems Engineering Method (OOSEM) [J]. The Johns Hopkins University Applied Physics Laboratory, 2011.

[7] Cantor M. Rational unified process for systems engineering [J]. Rational edge: the e-zine for the rational community, 2003.

[8] Kruchten P. The rational unified process: an introduction [M]. Addison-Wesley Professional, 2004.

[9] Cantor M. Rational Unified Process® for Systems Engineering, RUP SE® Version 2.0 [J]. IBM Rational Software white paper, IBM Corporation, 2003.

[10] Long J E. Systems Engineering (SE) 101: CORE: Product & Process Engineering Solutions [J]. Vitech training materials, Vitech Corporation, Vienna, VA, 2000.

[11] Childers S R, Long J E. A concurrent methodology for the system engineering design process [C] //INCOSE international symposium. 1994, 4 (1): 226-231.

[12] Ingham M. State Analysis Overview: What PSEs ought to know [J]. Briefing Slides (internal document), Jet Propulsion Laboratory, California Institute of Technology, Pasadena, CA, 2006.

[13] Kordon M, Wall S, Stone H, et al. Model-based engineering design pilots at jpl [C] //2007 IEEE Aerospace Conference. IEEE, 2007: 1-20.

[14] Dori D. Object-Process Methodology: A Holistic Systems Paradigm; with CD-ROM [M]. Springer Science & Business Media, 2002.

[15] Dori D, Reinhartz-Berger I. An OPM-based metamodel of system development process [C] //International Conference on Conceptual Modeling. Berlin, Heidelberg: Springer Berlin Heidelberg, 2003: 105-117.

[16] Dori D. Object-process methodology [M] //Encyclopedia of Knowledge Management, Second Edition. IGI Global, 2011: 1208-1220.

[17] Morkevicius A, Aleksandraviciene A, Mazeika D, et al. MBSE grid: a simplified SysML - based approach for modeling complex systems [C] //INCOSE International Symposium. 2017, 27 (1): 136-150.

[18] Aleksandraviciene A, Morkevicius A. MagicGrid® Book of Knowledge: A Practical Guide to Systems Modeling Using MagicGrid [J]. Vitae Litera, UAB: Kaunas, Lithuania, 2018.

[19] Gu P，Chen Z，Zhang L，et al. X-SEM：A modeling and simulation-based system engineering methodology [J]. Journal of Manufacturing Systems，2024.

[20] 古鹏飞，张霖，陈真，等. 基于X语言的起飞场景民机协同设计与仿真一体化方法 [J]. 系统仿真学报，2022，34 (05)：929-943.

[21] Drave I，Rumpe B，Wortmann A，et al. Modeling mechanical functional architectures in SysML [C] //Proceedings of the 23rd ACM/IEEE international conference on model driven engineering languages and systems. 2020：79-89.

[22] Hoepfner G，Nachmann I，Zerwas T，et al. Towards a holistic and functional model-based design method for mechatronic cyber-physical systems [J]. Journal of Computing and Information Science in Engineering，2023，23 (5)：051001.

[23] Spütz K，Jacobs G，Zerwas T，et al. Modeling language for the function-oriented development of mechatronic systems with motego [J]. Forschung im Ingenieurwesen，2023，87 (1)：387-398.

[24] Jacobs G，Konrad C，Berroth J，et al. Function-oriented model-based product development [J]. Design methodology for future products：data driven，agile and flexible，2022：243-263.

第 5 章 面向X语言的一体化建模仿真软件XLab

XLab 是专门为基于 X 语言开展 MBSE/MSBSE 各类活动而定制开发的一款 B/S 架构的一体化建模仿真软件。XLab 致力于通过统一的语言（X 语言）和软件平台帮助系统工程师们协同完成复杂系统的需求分析、功能分析、系统逻辑和物理架构设计乃至系统的验证、确认以及优化等 MBSE/MSBSE 全过程。

XLab 的设计和开发以第 3 章和第 4 章中介绍的 X 语言以及相关的理论和方法为基础。本章接下来将重点介绍 XLab 系统架构、核心功能以及相关的技术细节。

5.1 XLab 系统架构

如图 5-1 所示，XLab 的软件系统架构共分为四层，即用户界面层、通信层、核心功能

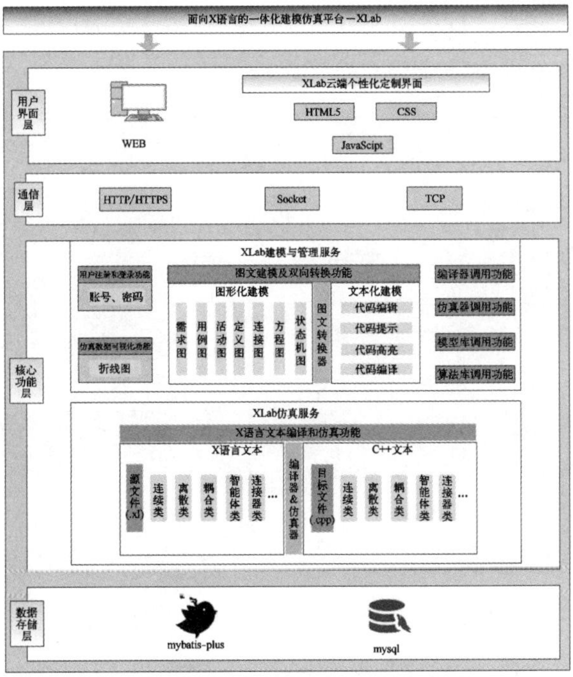

图 5-1 XLab 软件系统架构图

层、数据存储层。在用户界面层，XLab 采用 B/S 架构，基于 JavaScript、CSS 以及 HTML5 实现前端界面的开发，用户可以通过云服务器在通用的浏览器（比如谷歌浏览器）上进行访问。在通信层，采用 Socket 接口方式，使用 HTTP/HTTPS、TCP 的网络通信方式分别实现前后端以及与外部程序（编译器、仿真引擎等）的数据交互，其中交互的数据格式分别为 XML 和 Json。在核心功能层，主要包含两大模块，即面向 X 语言的建模与管理服务以及面向 X 语言的仿真服务。建模与管理服务主要提供用户注册、登录功能，X 语言的不同类（class）的图形化和文本化模型建模功能，图形化模型与文本化模型的双向转换功能，对编译器、仿真引擎等的调用功能，以及仿真数据的可视化功能；仿真服务主要将 X 语言文本（. xl）通过编译器和仿真引擎转换成可执行的 C++代码（. cpp）。在数据存储层，采用 mybatis-plus 和 mysql 对多源模型的存储进行管理。

5. 2 XLab 核心功能及技术实现

5. 2. 1 XLab 建模与管理服务

XLab 建模与管理服务所采用的技术路线如图 5-2 所示。其前端界面的设计使用了 Vue 框架，后端的驱动程序开发使用了 spring boot 框架。应用 MySQL 数据库对 X 语言模型以及仿真的结果进行存储，在数据库操作层则使用了 mybatis-plus 对多源模型的存储进行管理。X 语言图形建模使用了 LogicFlow 框架实现对图元和连线等的编辑。X 语言的文本模型使用 CodeMirror 文本编辑框架，并结合 ANTLR v4[1]（another tool for language recognition）实现对 X 语言文本的代码编辑、代码提示、代码检查以及高亮等功能。此外，编辑完毕的 X 语言文本模型能够以字符串的形式存储在 MySQL 数据库中。借助 XML 中间数据格式和 X 语言的语法规则文件实现 X 语言的图形化模型与文本化模型的双向转换。

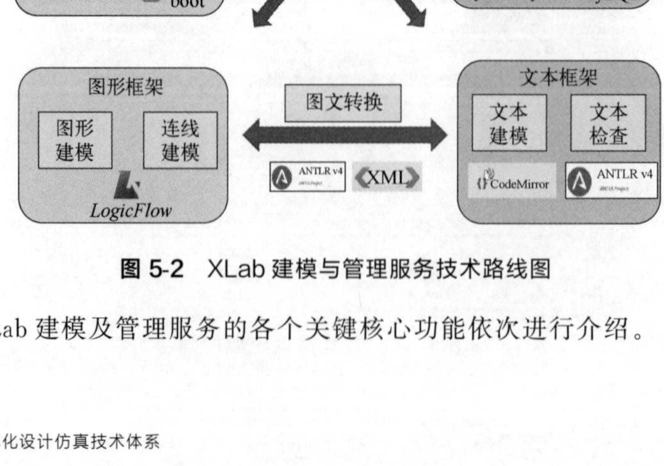

图 5-2 XLab 建模与管理服务技术路线图

接下来对 XLab 建模及管理服务的各个关键核心功能依次进行介绍。

5.2.1.1 图形建模

图形建模功能使用 LogicFlow 框架进行设计开发。基于 LogicFlow，XLab 支持对 X 语言所有图元的建模。用户只需要在左边栏的解决方案资源管理器中双击打开模型文件，即可在主界面中打开图形建模界面，如图 5-3 所示。在图形建模界面中，用户可以通过拖拽图元列表增加图元并双击唤起属性菜单编辑图元的属性，如图 5-4 所示。X 语言中的模型往往由多个不同的视图进行描述，针对这样的模型，用户可以在主界面底部的视图切换按键中随时切换模型的不同视图。

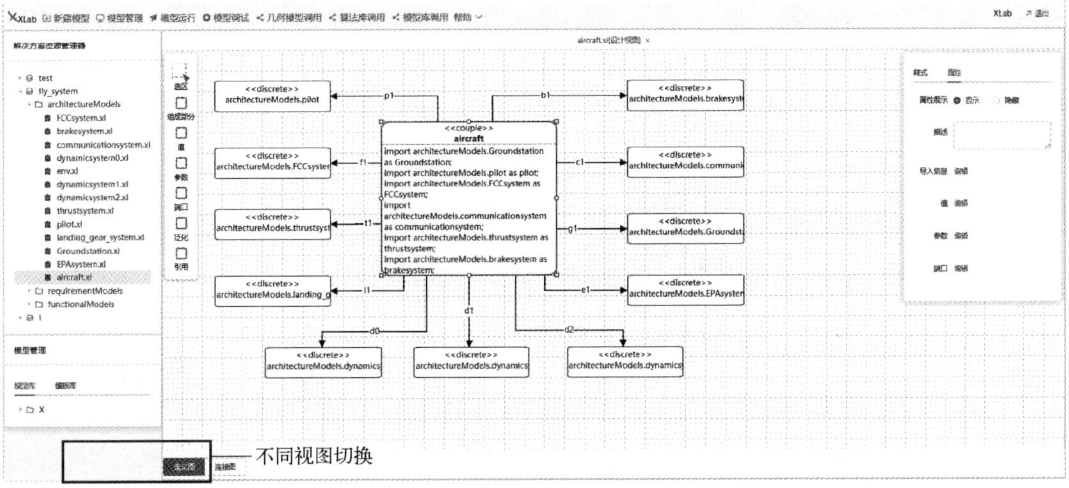

图 5-3 图形建模界面

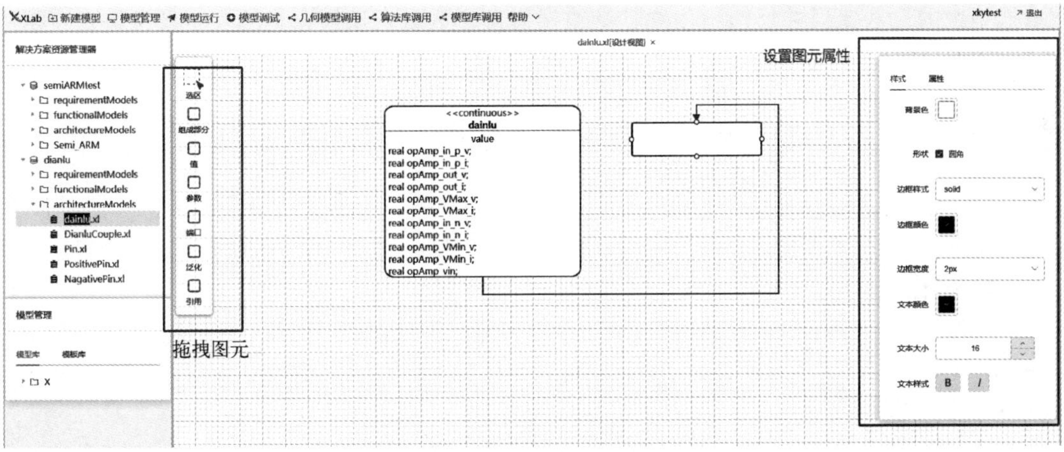

图 5-4 图元拖拽及属性设置

建模完毕的图形模型将会以 XML 的形式进行存储。图 5-5 给出了一个 XML 文件结构示例。该 XML 文件中存储了 X 语言图形模型的结构、属性，图元之间的连接关系等信息，能够确保图形模型在存储和读取过程中没有信息的损失。同时，以 XML 的形式进行存储，也方便了后续进行文本和图形模型的转换。

5.2.1.2 文本建模

文本建模功能使用 CodeMirror 框架进行设计开发。CodeMirror 是一个用 JavaScript 编

图 5-5　X 语言图形模型存储 XML 文件示例

写的可嵌入代码编辑器，可以轻松地嵌入任何网页和 JavaScript 应用程序中。用户只需要在解决方案资源管理器中右键单击模型文件，选择“查看文本”，即可进入文本建模界面，如图 5-6 所示。文本建模支持关键词高亮与变量名联想等功能。需要注意的是，在编辑完成文本模型并保存后，因为 X 语言图形模型和文本模型之间的一致性，所以将会生成对应的新的图形模型。对于建模完毕的文本模型，XLab 也提供了基于 ANTLR v4 的语法检测功能。ANTLR 是一个强大的语法词法分析工具，通过 ANTLR v4 的支持，XLab 能够有效地识别文本模型中的语法错误并反馈给用户辅助错误修订。最后，建模完毕的文本模型将直接以 X 语言文本格式存储在数据库中，如图 5-7 所示。

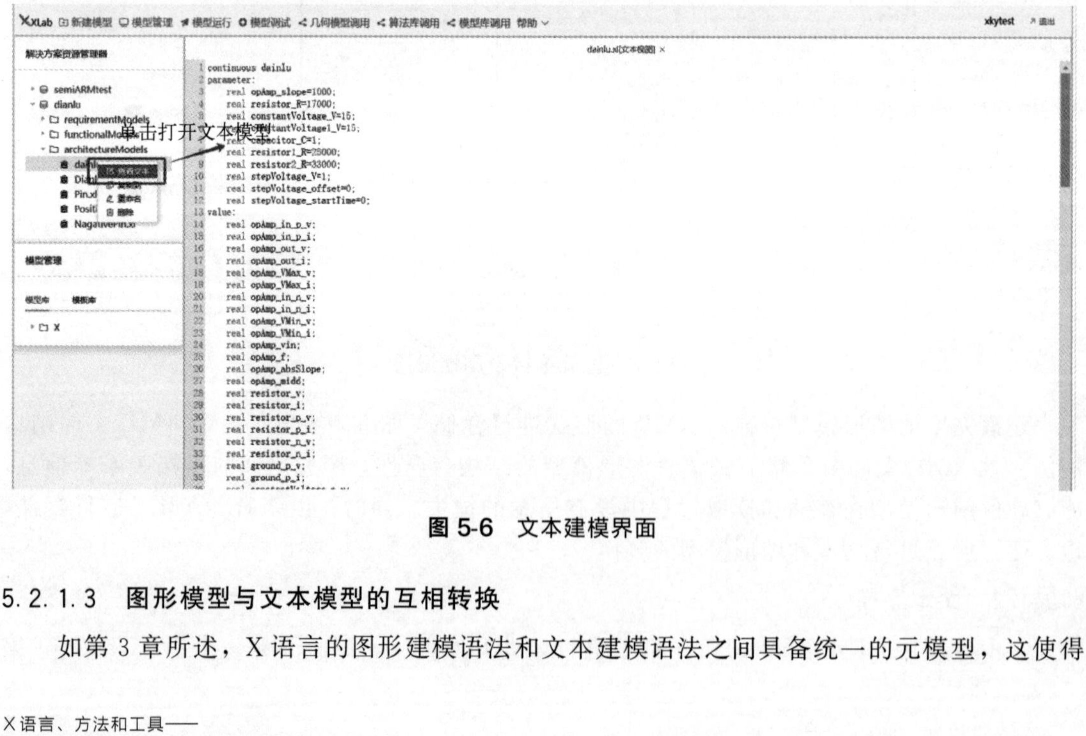

图 5-6　文本建模界面

5.2.1.3　图形模型与文本模型的互相转换

如第 3 章所述，X 语言的图形建模语法和文本建模语法之间具备统一的元模型，这使得

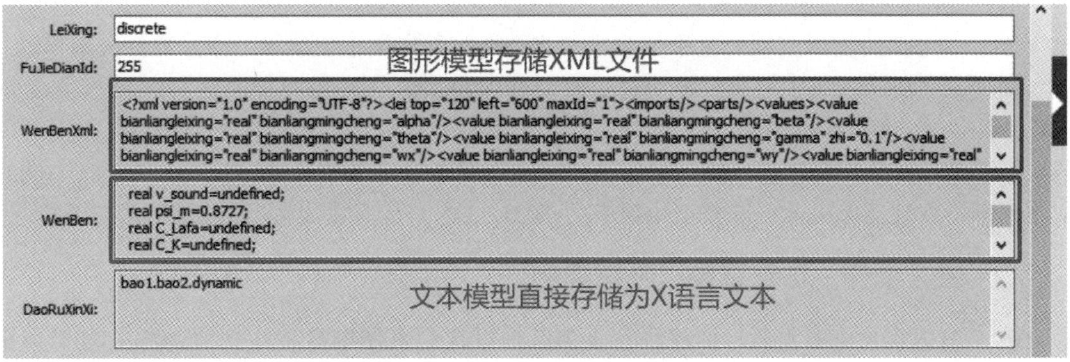

图 5-7 文本模型数据库存储格式

二者之间能够进行无信息损耗的相互转换。这种图形和文本模型之间转换的技术路线如图 5-8 所示。

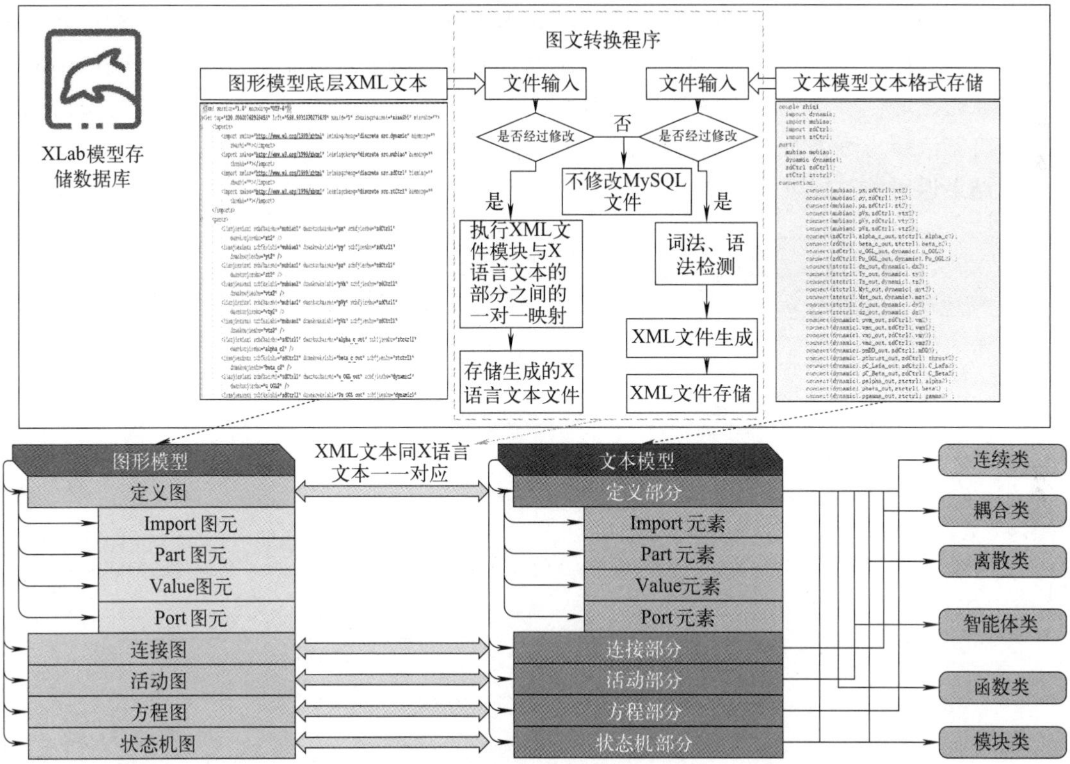

图 5-8 图形文本转换技术路线

在正式进行图文转换介绍之前，首先需要明确图文转换的基本原则：对于存储在 MySQL 模型库中的文件（图形模型以 XML 格式存储，文本模型以 X 语言文本形式存储），当其中的一方有改动时，另外一方必须由改动的一方重新进行转换生成。这个基本原则是为了确保 X 语言图形模型和文本模型之间的信息一致性。

具体而言，对于图形模型到文本模型的转换，当用户对图形建模界面的图元信息进行改动后，XLab 会更新数据库中存储的 XML 文件以记录改动。然后通过相应的算法将 XML 文件的每个部分对应的映射生成为 X 语言文本对应的部分，比如 value 对应到 X 语言文本对应类的 value 元素等。通过这种一一映射的方式，X 语言图形对应的 XML 文件就能够唯一地生成一个 X 语言文本模型。这个文本模型将会在数据库中覆盖该模型中原有的文本模型。

同样的，当用户在文本建模界面进行改动并保存后，会使用相应算法对 X 语言文本进行词法和语法解析，将文本模型中的每一个部分对应地生成为图形模型的 XML 文件中对应的层级元素，并最终将这些层级元素组合生成图形模型对应的格式化 XML 文本。新生成的文本同样将在数据库中覆盖该模型中原有的 XML 文本，从而完成对图形模型的同步改动。

5.2.2 模型编译、仿真调用以及可视化

基于 X 语言建模的主要目标就是在复杂系统设计的早期阶段使用仿真的方式对复杂系统进行分析，因此模型的可仿真性是 X 语言模型的一个重要特点。对于模型具体如何执行编译和仿真，我们将在后续的 5.2.3 节中进行介绍，在这里主要对 XLab 建模与管理服务如何调用编译器和仿真引擎进行介绍。

首先，仿真执行的目标必须是项目中定义的模型，当该模型文件处于打开状态并位于主界面时，点击 XLab 界面顶部的“模型运行”，即可同编译器以及仿真引擎进行通信，如图 5-9 所示。在通信过程中，首先将所要仿真的文件在数据库中存储的数据整理成一个 Json 文件，然后通过通信协议发送到编译器。编译器依据该 Json 文件从数据库中读取仿真的模型信息，将其编译为可由仿真引擎驱动的仿真文件，并触发仿真。仿真引擎进行仿真运算后会将仿真结果返回并进行可视化展示，如图 5-10 所示。

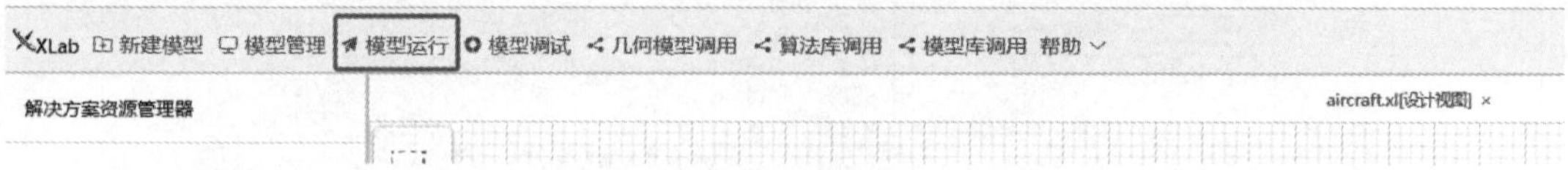

图 5-9 模型运行

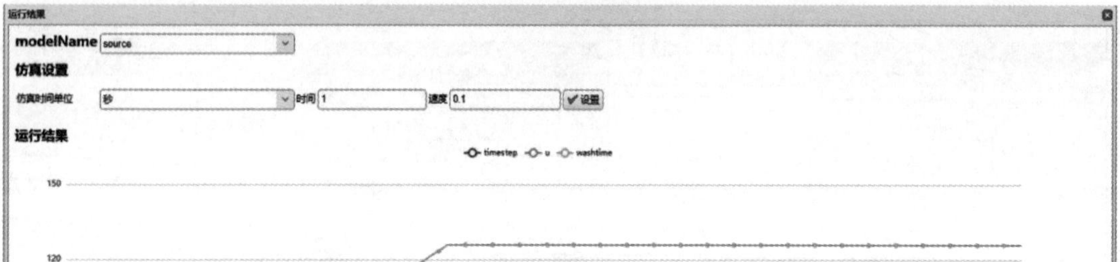

图 5-10 仿真结果显示界面

弹出仿真界面后，首先设置仿真持续时间和仿真速度，点击“设置”。在“modelName”下拉框中，选择需要查看的数据所在的模型，点击图像上方的圆点设置显示/隐藏

基于该数据所绘制的图形。

XLab 建模与管理服务除了向用户提供基于 X 语言的建模功能外，也提供了模型库和算法库两个重要的建模辅助工具，下面分别进行介绍。

(1) 模型库

模型库是 XLab 的重要组成部分，用以辅助建模人员高效地开展建模活动[2]。模型库包括 X 语言模型和其他建模软件所建模型，如图 5-11 所示。对于 X 语言模型，用户只需要右键点击需要使用的模型，在弹出的右键菜单中点击“添加到项目”，即可将模型库中的模型导入到用户自己的模型中。导入后的模型的操作方式与用户所建的模型相同。X 语言模型库目前包括 6000 多个使用 X 语言构建的模型组件，分别为基础模型、磁学模型、物理学基础公式模型、电学模型、控制模型、数学模型以及热学模型等。

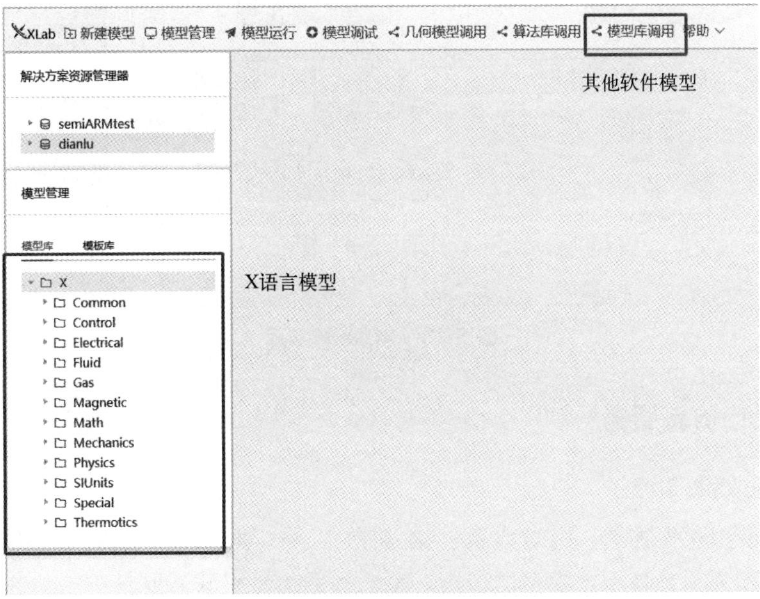

图 5-11　X 语言模型库

对于使用其他软件构建的模型，可通过点击软件界面上方的“模型库调用”，调出该模型管理工具。目前可支持 Comsol、MATLAB 等模型的调用。图 5-12 给出了一个 Comsol

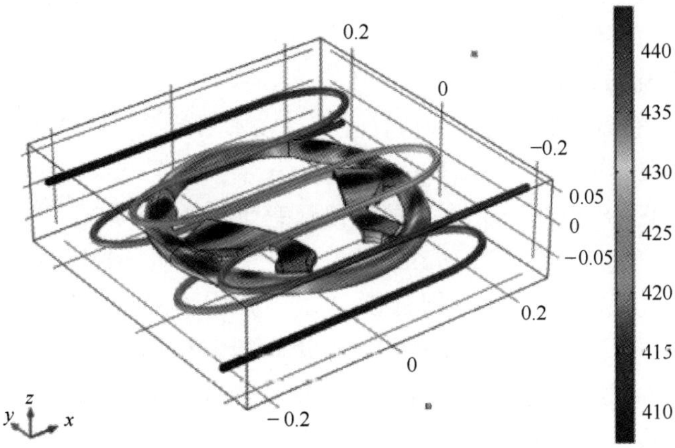

图 5-12　Comsol 模型调用示例

模型的调用示例。对于这类模型，X 语言主要使用其仿真结果来辅助复杂系统的参数和结构设计。

（2）算法库

X 语言仿真算法库用于支持高效的仿真计算和优化，主要包括优化算法和数值算法两部分，如图 5-13 所示。优化算法包括排序型组合优化算法与非排序型组合优化算法两个集合。对于仿真数值算法，算法库涵盖了面向底层大规模线性方程组解算的线性方程组求解算法和面向仿真的常、偏微分方程组解算的微分方程求解算法。算法库中包括的所有算法都以动态链接库的形式存在，以供 XLab 调用。

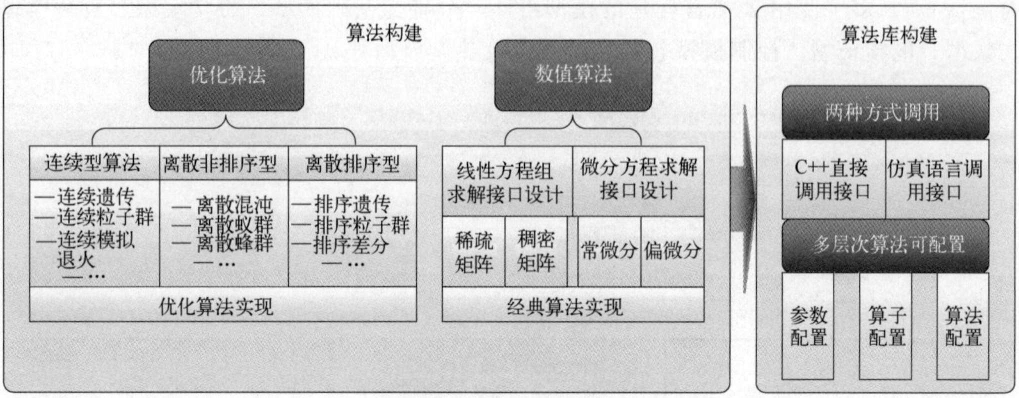

图 5-13　XLab 算法库

5.2.3　XLab 仿真服务

5.2.3.1　XLab 仿真引擎

X 语言的模型包含连续、离散以及连接-离散混合三种类型，且涉及多物理领域、智能体等不同模型。为了支持不同模型的仿真，X 语言的仿真引擎需要具备驱动这些模型进行仿真的能力。为了构建支持这些特性的仿真引擎，我们基于第 2 章中介绍的支持连续-离散混合建模仿真的 XDEVS 规范以及 DEVS 层级化仿真算法设计了 XDEVS 仿真算法，基于支持智能体建模仿真的 BDI-DEVS 架构设计了 BDI-DEVS 仿真算法，并最终以离散事件为基础整合为统一的仿真引擎。下面将依次对 DEVS 层级化仿真算法、XDEVS 仿真算法以及 BDI-DEVS 仿真算法进行介绍。

（1）DEVS 层级化仿真算法

DEVS 是最常用的离散事件建模和仿真规范。在本书的第 2 章已经对 DEVS 的定义进行了介绍。DEVS 的仿真算法称为 DEVS-simulator 算法[3]，该算法具有层级化的特点。DEVS 模型层级同 DEVS-simulator 层级的对比示意如图 5-14 所示。即对于一个遵循 DEVS 规范构建的耦合模型来说，DEVS-simulator 首先建立一个能够和该模型层级结构完全一致的仿真层级结构。在该层级结构中，耦合模型对应于 DEVS 模型中的 coordinator，原子模型对应于 simulator。DEVS-simulator 中的 simulator 调度其相应原子模型的内部和外部事件，coordinator 管理其所有子模型的事件。在 DEVS-simulator 的顶层，定义了 root-coordinator 来组织整个仿真系统的事件进程。基于这个构建完毕的层级结构，DEVS-simulator 能够通过下述步骤完成对一个耦合模型的仿真：

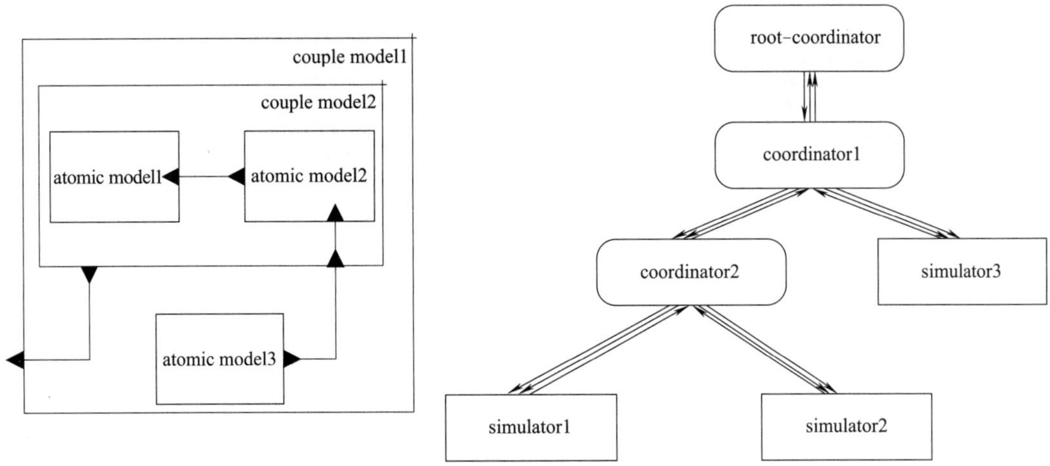

图 5-14 DEVS 层级模型以及层级化 DEVS-simulator

① 顶层耦合模型对应的 coordinator 通知其内部的所有 simulator 和 coordinator 统计各自触发下一个离散事件的 simulator 和对应事件发生的时间。在这里，记触发事件的模型对应的 simulator 的集合为 D，记事件发生的时间为 T。

② 然后，DEVS-simulator 将仿真时间推进到 T，通知 D 中的每一个 simulator 触发对应的事件，并执行其对应的原子模型的离散事件行为。

③ 如果触发的事件是内部事件，则在触发其行为时，simulator 将计算该事件生成的输出，并将输出结果发送到目标模型。如果触发的是外部事件，则 simulator 将执行模型的外部事件函数。

④ 检查仿真是否结束。如果没有结束则回到①。

注：DEVS 中的事件

DEVS 模型中包括两类事件。一类是由其内部原子模型触发的内部事件（internal event），内部事件又分为两种类型：时间事件和状态事件。状态事件指当状态变量的数值达到某个设定的阈值时触发的离散事件，比如状态变量 $X>10$ 时触发的事件；时间事件指当状态的持续时间达到某个设定的阈值时触发的离散事件，比如状态持续时间 $time_{last}\geqslant 10$ 时触发的事件。另一类是由接收外部输入的模型触发的外部事件（external event）。特别地，对于并行 DEVS 而言，当原子模型在触发内部事件的同时触发外部事件，则将这个事件称为汇合事件（conference event），此时为了确保事件触发顺序不发生混乱，会优先处理内部事件进行原子模型的状态转移，再在转移的新状态的基础上处理外部事件。

（2）XDEVS 仿真算法

基于第 2 章中所给出的连续-离散混合系统的定义以及相关的理论基础，使用 XDEVS 对连续-离散混合系统进行建模和仿真。参考 DEVS 的 DEVS-simulator，构建支持 XDEVS 进行仿真的 XDEVS-simulator[4]。XDEVS 模型层级同 XDEVS-simulator 层级的对比示意如图 5-15 所示。即对于一个遵循 XDEVS 规范构建的耦合模型来说，XDEVS-simulator 也会像 DEVS-simulator 一样建立一个能够和该模型层级结构完全一致的仿真层级结构。在该层级结构中，耦合模型对应 XDEVS 模型中的 coordinator，原子模型对应 simulator，状态对

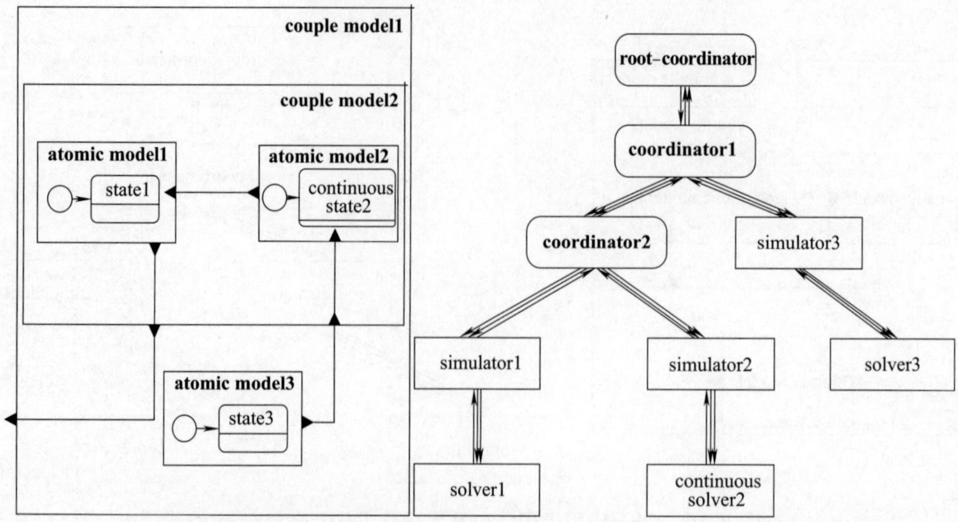

图 5-15　XDEVS 层级模型以及层级化 XDEVS-simulator

应 solver。XDEVS-simulator 中的 solver 是在 DEVS-simulator 基础上增加的元素。对于普通状态，solver 向 simulator 提供状态持续时间、内部事件函数和外部事件函数。对于连续状态，除了在普通状态下提供的三个函数外，solver 还提供了状态约束方程的解函数和根定位函数。在 XDEVS-simulator 的顶层，和 DEVS-simulator 一样使用 root-coordinator 来组织整个仿真系统的事件进程。基于构建完毕的层级结构，给出 XDEVS-simulator 的仿真执行算法如算法 1 所示。

算法 1　XDEVS 仿真执行算法

```
Initialize time t=0
Initialize set of simulators S
Initialize coordinator C
Initialize solver Solver
while not SimulationEndCondition() do
  t_next = C.ComputeNextEventTime(S)
  t = t_next
  for each simulator in S do
    if simulator.EventTime == t then
      simulator.TriggerEvent()
      if EventIsInternal(simulator) then
        simulator.state.solver.Output()
        simulator.state = simulator.state.solver.InternalEventTransition()
        if StateIsContinuous(simulator.state) then
          simulator.t_next = simulator.state.f()
        end if
      else if EventIsExternal(simulator) and ExternalInputIs(X) then
        simulator.state = simulator.ExternalEventTransition(X)
```

```
            if StateIsContinuous(simulator.state) then
                simulator.t_next = simulator.state.f()
            end if
        end if
    end if
  end for
  time = t
end while
```

通过下述步骤能够完成对于一个耦合模型的仿真：

① 顶层耦合模型对应的 coordinator 通知其内部的所有 simulator 和 coordinator 统计各自触发下一个离散事件的 simulator 和对应事件发生的时间。在这里记触发事件的模型对应的 simulator 的集合为 D，记事件发生的时间为 T。

② 然后，XDEVS-simulator 将仿真时间推进到 T，通知 D 中的每一个 simulator 触发对应的事件，并执行其对应的原子模型的离散事件行为。

③ 对于 D 中的每个 simulator，XDEVS-simulator 将找出其对应的原子模型当前所处的状态，然后执行事件以获得输出和模型的下一个状态。如果该原子模型的下一个状态是连续的（记为 $S_{continue}$），则该状态对应的 solver 将求解 $S_{continue}$ 中定义的状态的持续时间或状态变量的约束方程，并将其发送到该原子模型对应的 simulator 中等待进一步的处理。

④ 在收到来自 solver 中的数据后，如果 D 中的 simulator 对应的原子模型发生内部事件，simulator 将计算该事件生成的输出，并将输出结果发送到目标模型。如果 D 中的模型发生外部事件，simulator 将执行模型的外部事件函数。

⑤ 检查仿真是否结束。如果没有结束则回到①。

可见，与 DEVS-simulator 相比，XDEVS-simulator 增加了步骤③，其中状态对应的 solver 用于执行 XDEVS 中原子模型对应的 simulator 执行的行为。

在我们开发的 XDEVS-simulator 软件中，定义在连续状态下的连续方程的解由 GNU Science Library（GSL）提供。通过 XDEVS-simulator 对方程计算结果进行处理，得到模型状态事件发生的时间。XDEVS-simulator 中使用的状态事件定位算法是文献［5］中所使用的二进制定位算法。这种方法很容易使用，但由于误差容限 P，任何查找根算法都会导致状态事件的错误位置。XDEVS-simulator 中状态事件的错误位置如图 5-16 所示。在 t_0 时刻，atomic1 处于连续状态 2。由于误差容限的存在，根求解函数错误地将状态事件的时间定位为 t_1，而实际的状态事件发生在 t_0。同时，atomic2 在 t_0 向 atomic1 发送一个外部事件。也就是说，atomic1 应该在 t_0 触发状态事件和外部事件。但是，由于状态事件的不正确定位，atomic1 无法在 t_0 触发内部事件，这导致其向 atomic3 的输出被取消，并导致错误的事件触发链。可以看到，错误的状态事件定位将导致模型转移偏离正确的事件触发链。在极端条件下，错误的状态事件定位会导致仿真引擎中的所有模型都错过一个事件。

错误存在的原因是事件定位算法中存在误差容限 P。假设计算所得的状态事件发生时间为 $t_{\delta 1}$，事件真实发生的时间为 t_{δ}。这意味着在这两个时间点，零交叉检测函数分别有 $Z(t_{\delta}, x, w)=0$、$|Z(t_{\delta 1}, x, w)|<P$。假设 $t_{\delta}<t_{\delta 1}$，这意味着 t_{δ} 和 $t_{\delta 1}$ 之间存在差值

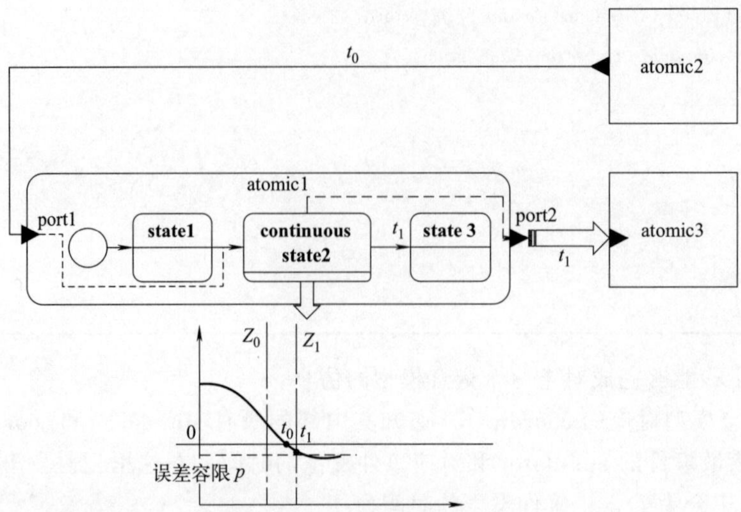

图 5-16 状态事件错误位置

$t_{\delta 1}-t_{\delta}$，如果在时间 t_{δ} 原子模型接收到外部输入，这意味着系统需要触发并行事件。但由于计算错误，只能触发外部事件而忽略内部事件，这将会直接导致模型状态转换错误。

为了避免这些问题，需要进行额外的检测。设原子模型中上一事件发生的时间为 t_0，e 为原子模型在上一个事件发生之后到外部事件发生时的持续时间。为了检测发生错误的时间点，需要在 t_0 和 t_0+e 两个时间点分别使用零交叉函数进行检测，并评估零交叉函数的数值。只检测这两个时间点的原因是，在进行内部事件计算时，已经对 e 之后的时间点进行了状态评估，所以只需要对 t_0 和 t_0+e 两个时间点进行检测，就可以判断在时间区间（t_0，t_0+e）内是否存在事件检测误差。测试结果有如下两种情况：

① $Z(t_0, x, w)=Z(t_{0+e}, x, w)$ 表示在时间点 t_0+e 没有事件发生，证明在该测试时间段内没有发生事件，即模型可以继续执行其外部转移函数。

② $Z(t_0, x, w)!=Z(t_{0+e}, x, w)$ 表示在 e 时间节点存在状态事件，也就意味着在时间点 t_0+e 存在错误事件定位。

在解决了检测问题后，XDEVS-simulator 的整体执行流程也需要改变。因为在原有的 XDEVS-simulator 执行流程中，为了确保输出所触发的其他模型的外部事件在准确时间点被执行，都优先计算发生事件的原子模型的输出，并将该输出分配到其他模型中，最后再执行这次输出对应的内部事件函数。这意味着一旦一个状态事件被错误定位，那么提前发送到别的模型的输出必然触发错误的外部事件，这甚至可能导致 XDEVS-simulator 中的所有模型在当前时刻都触发错误的事件。针对这个问题，XDEVS-simulator 需要重新检测所有模型并定位正确的事件，对所有被分配了输入并即将触发外部事件函数的模型进行事件检测，以重新发现错过了状态事件的模型。

(3) BDI-DEVS 仿真算法

X 语言智能体模型的仿真也是 XLab 软件所要提供的一个重要功能。为此，我们基于 BDI 架构和 DEVS 仿真框架设计了 BDI-DEVS。BDI-DEVS 的建模框架已经在前述第 2 章中进行了介绍。在本节中将进一步介绍 BDI-DEVS 的仿真算法。BDI-DEVS 架构的仿真算法如算法 2 所示，展示了整个架构的运行、终止条件，以及各个模块间的配合关系。

算法 2　BDI-DEVS 仿真执行算法

```
Input: Plans: Planning list of the agent;
    Plan_return_target: The list of bool variables.
Initialize is_continue = true, Perception = ϕ, Plan_reture = ϕ;
while is_continue do
  | Plans = Goal(Perception)
  |  Perception = ϕ
  |  foreach plan ∈ Plans do
  |  | K = Schedule(plan)
  |  |  for i ∈ K do
  |  |  | Perception += Interaction()
  |  |  endfor
  |  |  Plan_return += Plan(plan)
  |  end
  |  is_continue = false
  |  foreach x ∈ Plan_return_target, y ∈ Plan_return do
  |  |  if x ≠ y then
  |  |  |  is_continue = true
  |  |  |  break
  |  |  end
  |  end
end
```

接下来，我们从智能体通信方式、智能体基本行为、智能体仿真时间先后冲突的处理三个方面进一步介绍基于 BDI-DEVS 的仿真算法。

① 智能体通信方式。

智能体的一个重要特征是其群体性，因此智能体之间的相互通信方式是智能体仿真中需要解决的一个重要问题。在 BDI-DEVS 中，智能体之间以消息（message）的方式进行通信交互，消息是智能体模型之间进行交互的工具，其基本数据结构如表 5-1 所示。消息的数据结构包括四个元素，分别定义了参与到消息交互的发送者和接收者，以及消息的内容和协议。消息的发送通过 interaction（BDI-DEVS 中的交互模块，详情参见 2.5.1 节）原子模型的输出端口完成。

表 5-1　消息定义

数据结构	对应元素	数据结构	对应元素
"from"	消息的发送者	"content"	消息的内容
"to"	消息的接收者	"protocol"	消息的通信协议

为了保证智能体仿真过程中的交互能够正确的执行，对交互架构做出以下两个规定：

a. 任何一个通信协议都要至少对应一个 plan（BDI-DEVS 中的计划模块，详情参见 2.5.1）与 interaction 的交互过程；

b. 消息应该在 plan 模块中定义，而不是 interaction 部分。

② 智能体基本行为。

在 BDI-DEVS 智能体仿真中，定义了 send 和 receive 两个基本行为：

a. BDI-DEVS 中使用 send 行为描述发送消息行为，如图 5-17 所示，plan 首先将消息

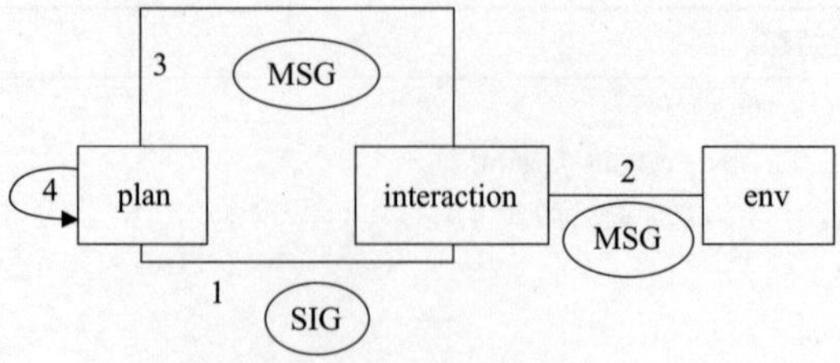

图 5-17　send 行为

（图中的 MSG）发送到 interaction 模块，然后再将消息发送给环境。

b. BDI-DEVS 中使用 receive 行为描述接收消息行为，receive 行为包括两种模式：

模式一：智能体进入等待接收消息模式，且直到等到消息才会继续运行。运行逻辑如图 5-18 所示，智能体的 interaction 模块将在收到 plan 发来的信号后进入接收消息模式，并且只有当从 env（BDI-DEVS 中的环境，详情参见 2.5.1）中收到消息后才会将消息发送回 plan。

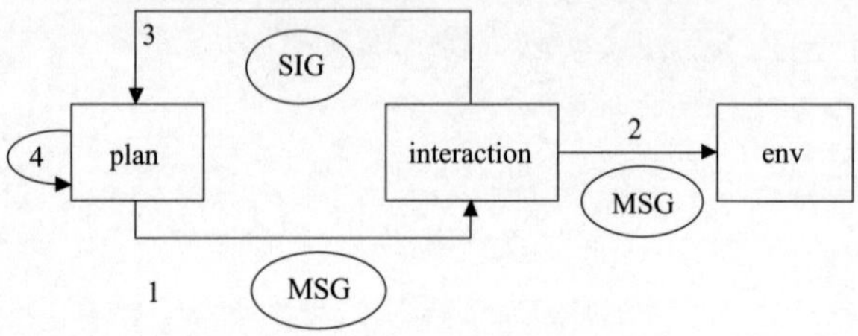

图 5-18　receive 行为模式一

模式二：这种模式下智能体将会迅速检查一遍交互邮箱里是否存有消息，如果没有消息将不会等待，而是直接返回空。运行逻辑如图 5-19 所示，智能体的 interaction 模块将在收到 plan 发来的信号后进入接收消息模式，然后 interaction 将会检查交互邮箱中是否有消息，如果有消息则将消息发送给 plan，如果没有消息则返回空。

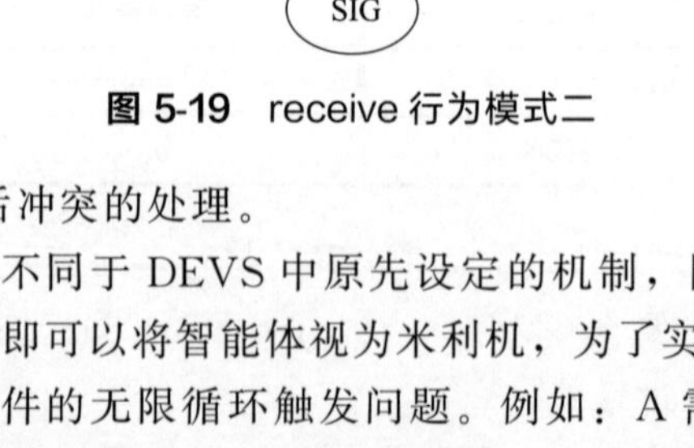

图 5-19　receive 行为模式二

③ 智能体仿真时间先后冲突的处理。

智能体之间的通信机制不同于 DEVS 中原先设定的机制，因为智能体中涉及许多输入直接能够引发输出的操作，即可以将智能体视为米利机，为了实现对其控制，需要额外添加控制变量，否则就会导致事件的无限循环触发问题。例如：A 需要等待 B 的消息，但是 A 的初始化过程比 B 要慢，导致 B 向 A 发送消息的时候，A 还在初始化，这个时候 B 会触发 A 的交互外部事件，导致运行异常。

对于上述问题，可通过下面两点加以解决：

a. 首先需要控制交互模块只有被 plan 驱动后才能接收消息；

b. 其次需要等 A 从上到下初始化到这里后再读取这个消息的内容。

通过将 plan 与 interaction 的交互设置为 0，其他交互过程设置为大于 0，确保了来自 plan 的交互过程可以顺利进行。

(4) X 语言仿真引擎软件架构

在上述 XDEVS 和 BDI-DEVS 仿真算法的基础上，XLab 仿真引擎的最终集成架构如图 5-20 所示。XDEVS 仿真算法和 BDI-DEVS 仿真算法统一到基于离散事件的驱动机制下。在仿真引擎中，单个智能体被表述为耦合模型，其中包括了多个原子模型，如 plan、goal 等；连续模型在仿真引擎中以原子模型的形式存在，模型中定义的状态事件和时间事件进一步抽象为原子模型的内部事件，在内部事件和外部事件触发的时间节点对方程进行求解。通过将连续模型和智能体表示为以离散事件为基础的两个仿真框架 XDEVS 和 BDI-DEVS，使得离散、连续、智能体三种模型之间的连接抽象为以事件为基础的连接，从而能够支持 X 语言多领域模型的仿真。

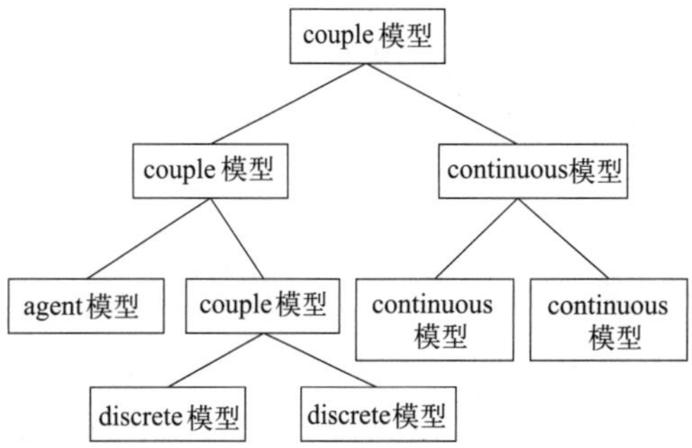

(a) X语言模型层级结构

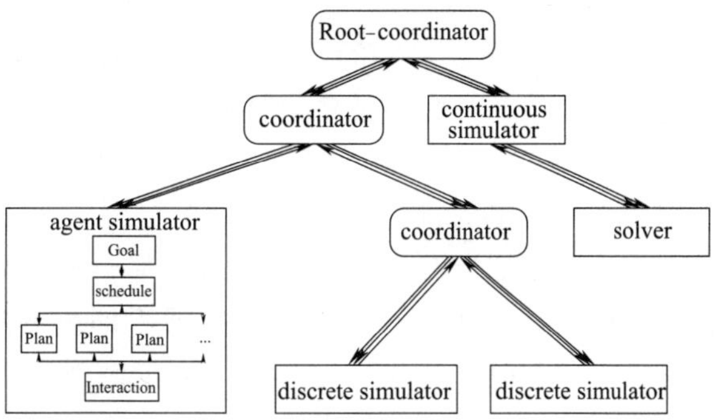

(b) 仿真引擎层级结构

图 5-20　X 语言模型结构同 XLab 仿真引擎层级结构对应关系

5.2.3.2　XLab 编译器

在确定了仿真引擎的结构之后，就明确了编译器的“出发点”和“目的地”。本节将对编译器的运行逻辑进行介绍。目前构建的编译器是在 ANTLR4 框架的基础上实现的[1]，不过 ANTLR4 并不是唯一的选择，使用其他的辅助开发软件工具也同样能够实现相同的功能。

(1) 编译流程

X 语言的语言元素中不仅含有传统编程语言的特性，还包括了基于方程的建模语言的特性，而二者在进行编译时所采用的路线一般并不一致，所以导致了 X 语言在进行编译时需要采用不同的技术路线。

① 以赋值语句为基础的编程语言编译流程。

一般面向对象的编程语言在进行编译时，常用的技术路线如图 5-21 所示。

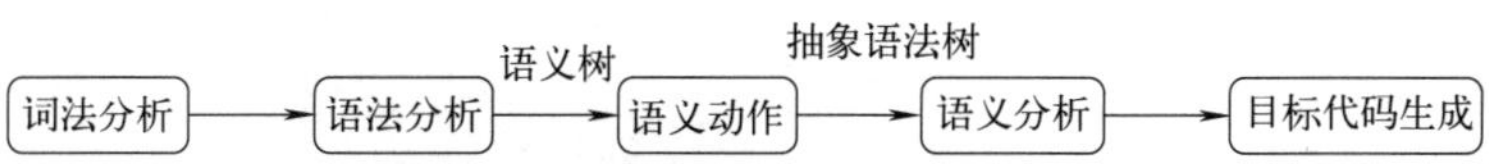

图 5-21　面向对象的编程语言编译方案

编程语言的编译器在词法分析阶段读入源文件并按照编程语言的词法规则将源文件分解为独立的单词符号。在语法分析阶段中，由词法分析器生成的各个词法单元通过语法的组织生成一个树形结构，该树形结构的叶子节点是单词符号，内部节点则是语法规则，这个树形结构通常被称为语义树。在后续的语义动作阶段，通过对上一步骤得到的语义树进行进一步的简化处理以得到更为抽象的数据结构，常用的树形结构是抽象语法树（abstract syntax tree，AST）。下一个步骤中，语义分析器负责收集类型信息并构建抽象语法树的符号表，并使用抽象语法树和符号表中的信息来检查源程序是否和语言定义的语义一致（如类型检查）。在最后一个步骤中，编译器通过遍历抽象语法树，得到编译为目标语言的代码所需要的全部信息，并导出为目标语言格式。

② 以等式方程语句为基础的建模语言编译流程。

基于方程的建模语言（如 Modelica）常用的编译框架如图 5-22 所示。

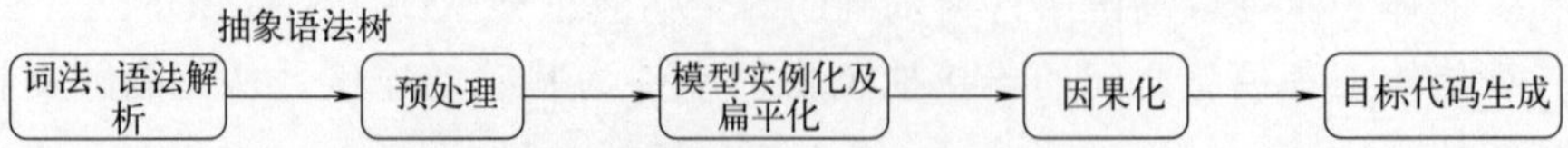

图 5-22　基于方程的建模语言编译方案

在词法、语法解析阶段编译器对读入的模型文件进行处理，并将相关信息存储为合适的数据结构，通常为抽象语法树。在接下来的预处理阶段主要对语言中的面向对象特性进行处理（如继承）。在模型实例化即扁平化阶段，基于求解需要，将原始模型的层次结构展平。展平的目标就是获得一个包含源模型中所有原始方程信息的统一方程组。在这个方程组中，所有面向对象的构造都会被展开，属于不同层次、不同组件的变量和方程都会被汇总。在下一个阶段，被展平的方程将被转换成适合计算机进行处理的形式。简单地说，就是不分先后的方程组被转换为按一定顺序进行计算的赋值表达式，通过这些具有顺序和因果关系的表达式，计算机就可以顺利地对系统方程进行求解，因此这个阶段被称作因果化。在获得这些赋值表达式后，编译器即可按照目标语言的格式生成对应的模型仿真文件代码。

③ X 语言的编译流程。

相比于上述两种不同类型的语言，X 语言的编译面临的问题更加复杂，因为 X 语言同时涉及上述两种语法形式。主要存在的问题包括：

a. 基于不同形式（方程和赋值）的两种模型如何共存；

b. 基于方程的模型的编译和基于赋值的模型的编译如何统一；

c. 智能体模型相对于底层而言高度抽象，难以直接解析。

为了解决上述问题，在 X 语言中，将采用如图 5-23 所示的编译器框架。编译流程分为

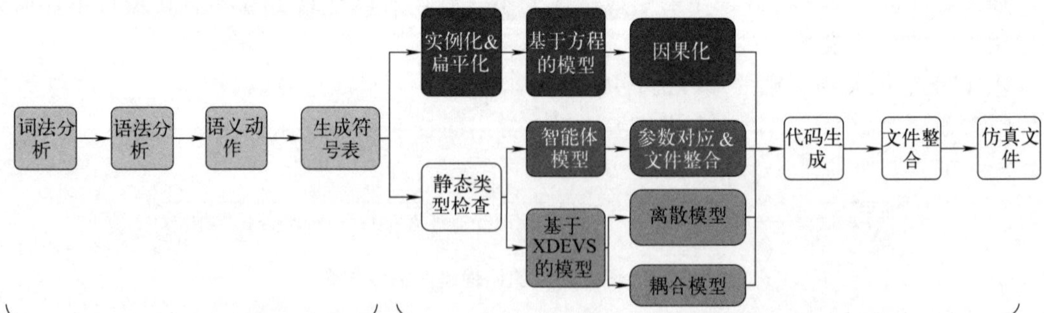

图 5-23　X 语言编译器流程

两个阶段，分别是前端和后端。

在前端部分，编译器将对源代码进行词法分析和语法分析并得到抽象语法树，最后通过遍历收集模型中元素的信息制作符号表，为后续的编译做好准备。

在后端部分，编译器将会对经过前端处理的抽象语法树进行处理。根据所编译的 X 语言模型文件中包括的模型的类型使用不同的技术手段。对于基于方程的连续模型，首先对其进行扁平化处理，得到扁平化方程组。然后在因果化阶段将方程组转化为适合微分方程求解器求解的形式。对于基于赋值的模型，即智能体模型和离散模型，首先借助上一阶段构造的符号表对模型中的每一条语句进行静态类型检查，然后根据模型类型的不同分别选用不同的技术方法。在这里采用不同的编译路线是因为离散模型的编译和代码生成能够同仿真代码一一对应，而智能体模型的上层模型文本表示则和底层相去较远，需要经过参数的对应和生成文件的整合才能够确保不丢失必要的信息。在这之后，所需的细节已经处理完毕，只需要将不同技术路径得到的处理后的数据结构进行遍历并得到各自模型的可仿真文件，如果模型存在层级结构，则还需要进行文件层级整合。

(2) 编译器前端

如图 5-24 所示，在 XLab 编译器的前端预处理阶段主要使用 ANTLR4 词法语法解析工具进行 X 语言模型的词法语法解析。ANTLR4 是基于 Java 开发的工具集，但也支持 C++ 和 Python 等常用编程语言，XLab 的编译器就是基于 ANTLR4 的 C++ 工具集构建的。首先使用 ANTLR4 所支持的 .g4 语法规范将 X 语言的语法规则构建为一个语法描述文件，ANTLR4 通过读取该文件能够自动地生成对 X 语言模型文件进行词法解析和语法解析的词法扫描器和语法分析器。这二者将用于后续的模型文件分析。在进行词法和语法分析后，通过监听器模式，获得后续编译过程中最重要的数据结构——抽象语法树（AST）。AST 是一个中心数据结构，能够将需要编译的模型以树的方式进行组织。AST 为模型中所使用的每一个语法都定义了自己的节点和接口，并基于复合设计模式组织起来。特别是基于 AST 提供了访问者模式接口，该模式接口是后续代码生成的关键。然后，又因为在原始的 AST 中，每一个节点仅仅包含使用所必需的结构信息，不包括编译需要的一些语义信息，比如变量和表达式的类型。为了得到这些语义信息，需要对现有的 AST 进行补充，常用的方法就是为 AST 配置符号表。

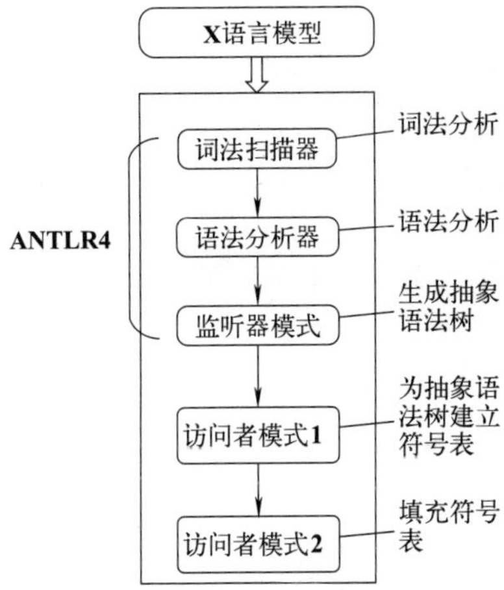

图 5-24　XLab 编译器预处理阶段

X 语言的符号表元素如图 5-25 所示，符号表的类型包括变量、类型和作用域。Variable Symbol 类用于描述一个变量的关键信息，包括变量的名称、类型等。Builtin Type Symbol 类用于描述内置的类型（比如实数类型 real、布尔类型 bool 等）关键信息，如类型的名称。而 Scope Symbol 类则有两种类型，一种是 Function Symbol，一种是 Class Symbol，作为作用域类型这二者都可以在其内部包含其他符号表元素。因为在 X 语言里函数不能作为一个对象，所以 Function Symbol 不能作为类型，Function Symbol 内部的作用域则定义了这个函数内部包括哪些变量。而 Class Symbol 则可以被实例化为类型，其内的参数定义了这个类的名称、类型包含的变量及方法等关键信息。此外，Scope 还包括 Global Scope（也就是一个 X 语言模型的最顶层的作用域）和 Local Scope（也就是语句的局部作用域，比如 for 语句中的迭代变量在 for 语句的作用域之外是不能被访问的）。

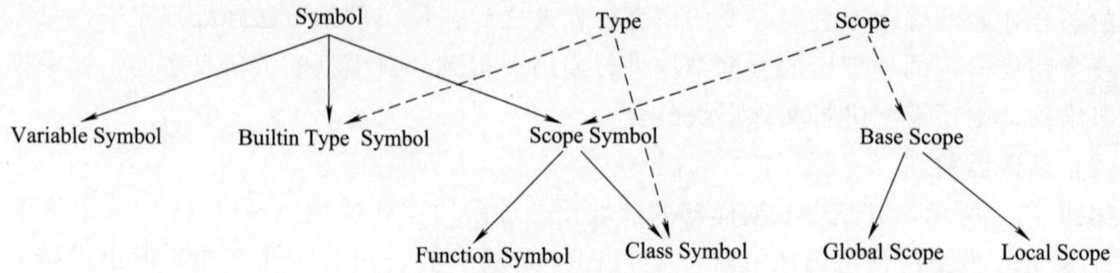

图 5-25 X 语言符号表元素

符号表的生成过程如图 5-26 所示。需要经过两次对抽象语法树完整的遍历。第一次遍历将为模型中的每一个变量和类型创建对应的符号。第二次遍历时则会为每个变量填充其类型，以及在这些变量被引用的地方连接到对应的变量符号。如图 5-26 所示，在第一次遍历 AST 时，将为变量 first_time 创建符号表，然后在第二次遍历时将为该变量赋予类型 bool。这样就得到一棵完整的抽象语法树，用于后续的仿真文件生成。

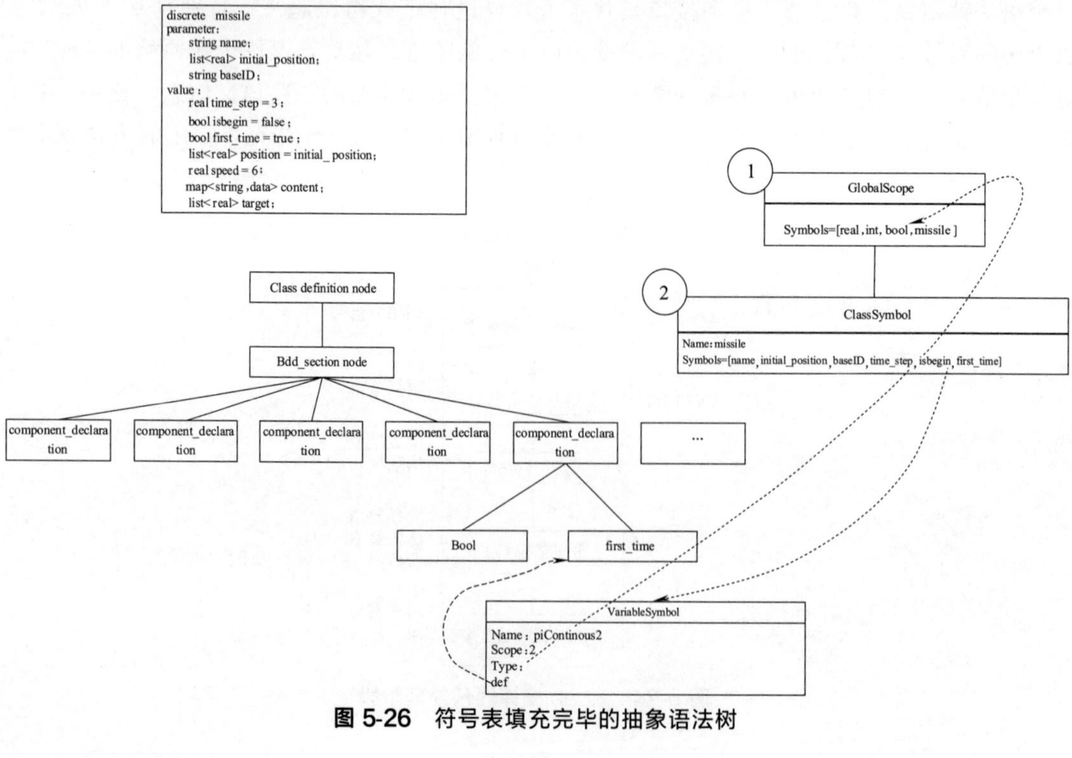

图 5-26 符号表填充完毕的抽象语法树

(3) 连续类编译

X 语言中连续模型的结构包括两个部分：一个部分是变量；另外一个部分是模型变量的行为，即方程。因为方程表述方式同编程语言描述形式存在较大的差异，为了能够将方程解析为能够由仿真引擎求解的模型，需要以下几个步骤：方程预处理、方程因果化和求解代码生成。下面将按照这个步骤顺序进行介绍。

① 方程预处理。

方程预处理阶段，主要是对微分代数方程组中的微分方程进行处理。首先遍历模型文件中的所有方程，定位出使用了微分函数的变量，并将这些变量标记为状态变量，方程中每个状态变量只对应一个微分方程。由于状态变量和它的导数合起来是两个未知变量，而一个方程只能对一个未知变量进行求解，因此在状态变量和其微分变量之间只能选择一个变量作为未知变量使用对应的微分方程进行求解，另外一个则使用求解完毕的这个变量进行更新。二者互相更新的方式见下式：

$$x = x + \Delta t * der\_x$$

$$der\_x = (x - x_{old}) / \Delta t$$

式中，Δt 指求解仿真的推进时间步长，x 是状态变量，der_x 是该状态变量的微分变量，x_{old} 是该变量在上一时刻的数值。通过这个公式，状态变量和其对应的微分变量之间就能够互相转换。特别地，因为在方程求解处理中难以在第一时间分辨出变量和其对应的微分变量哪个作为未知量，所以需要循环测试所有组合，直到能够确定一个可行的未知变量组合。做完上述所有的准备后，即获得了需要求解的变量集合和用于求解的方程集合。

② 方程因果化。

在获得方程和变量的集合后，需要对方程进行因果化。因果化就是将无先后顺序的方程组转化为一系列经过排序的赋值表达式，依次对各个变量进行求解。目前对方程因果化的方法有很多，这里采用文献［6］中的算法，该算法包括两个规则：

a. 对于所有的因果方程，如果方程仅能够求解一个变量，则使用该方程求解该变量，并用从 1 开始的最小数对方程重新编号。

b. 对于所有未知的变量，如果一个变量只能使用一个方程求解，则同样只能使用该方程求解该变量。用从 n 开始的最大数对方程重新编号，其中 n 是方程的个数。

在算法结束后，即可得到模型中可直接求解的方程和变量。比如图 5-27 所示的 RLC 电路方程排序。图中 RLC 电路方程在排序之后等式变成了一系列赋值表达式，每个表达式负责求解计算一个变量的数值，且每一个变量只有在它的数值被计算之后才会被视作已知变量用于求解其他变量。但也会存在一种特殊状况，即一些变量没办法直接进行排序，而是构成一个小循环。比如想求解 a 需要先求解 b，求解 b 需要先求解 c，而求解 c 又需要求解 a。这样的循环称为代数环。对于处于代数环中的方程和变量，需要进行撕裂将其同其他变量一样排序以进行求解。考虑到本书不是专门介绍方程求解的书籍，如果具体讲解方程求解可能会引入过多预备知识，所以请对代数环撕裂这部分内容感兴趣的读者参考相关的专业书籍。

③ 求解代码生成。

在完成上述各个步骤之后，即可以生成求解代码。为了便于调用，对每一个方程或者代数环的求解都生成对应的求解函数，故一个方程组可以得到如图 5-28 所示的函数组。在对连续模型进行进一步求解时，只需要调用函数组即可。

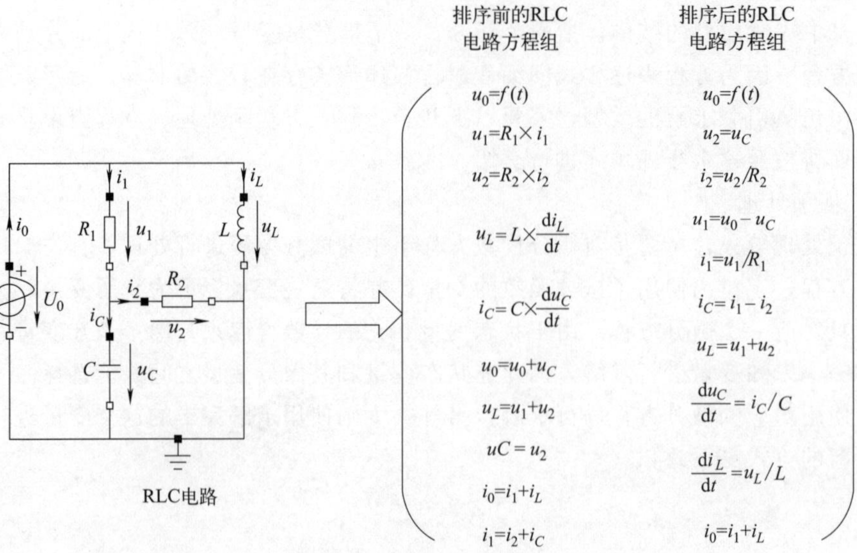

图 5-27　RLC 电路方程排序

```
void fsolve_whenCondition0(double p1, double* whenCondition0);
void fsolve_p(double whenCondition0, double p1, double* p);
void fsolve_temp(double p, double whenCondition0, double* temp);
void fsolve_whenCondition1(double p, double temp, double* whenCondition1);
void fsolve_p2_y(double whenCondition1, double y, double* p2_y);
void fsolve_p2_x(double whenCondition1, double x, double* p2_x);
void fsolve_alfa(double p1, double* alfa);
void fsolve_beta(double p1, double* beta);
void fsolve_$der_y(double alfa, double* $der_y);
void fsolve_$der_x(double beta, double* $der_x);
```

图 5-28　求解函数组示例

（4）离散类编译

X 语言离散类很大程度上是依据 XDEVS 设计的，每个离散模型可以直接对应到仿真引擎的一个 XDEVS 原子模型，离散模型中每一个状态中定义的行为可以对应到 XDEVS 原子模型中的几个函数（外部事件转移函数、内部事件转移函数等）。相比于连续模型的编译，离散模型中的编译更为简单，只需要将各个行为中所描述的内容转换到 XDEVS 仿真代码的对应位置即可，二者之间的对应关系如图 5-29 所示。具体而言，四个在 XDEVS 中已经存在对应定义的离散行为在编译过程中解析为 XDEVS 对应函数中该状态中的对应位置，X 语言中新增加的状态事件规则对应到连续状态中的状态事件检测函数。

（5）智能体类编译

智能体模型编译相对于上述的两种模型编译而言更为复杂，因为智能体类的定义中涉及了 plan 以及 goal 等模块的解析，需要将模型所涉及的 goal 和 plan 分别转换为底层仿真引擎中的多个文件，对应规则如图 5-30 所示。

除了文件结构对应，在智能体类的编译过程中，还有三个关键的映射关系也需要被正确编译：全局参数、消息传递和文件结构。这些关键映射关系既可以看作编译器的重要解析规则，也可以看作编译器开发中的设计模式。

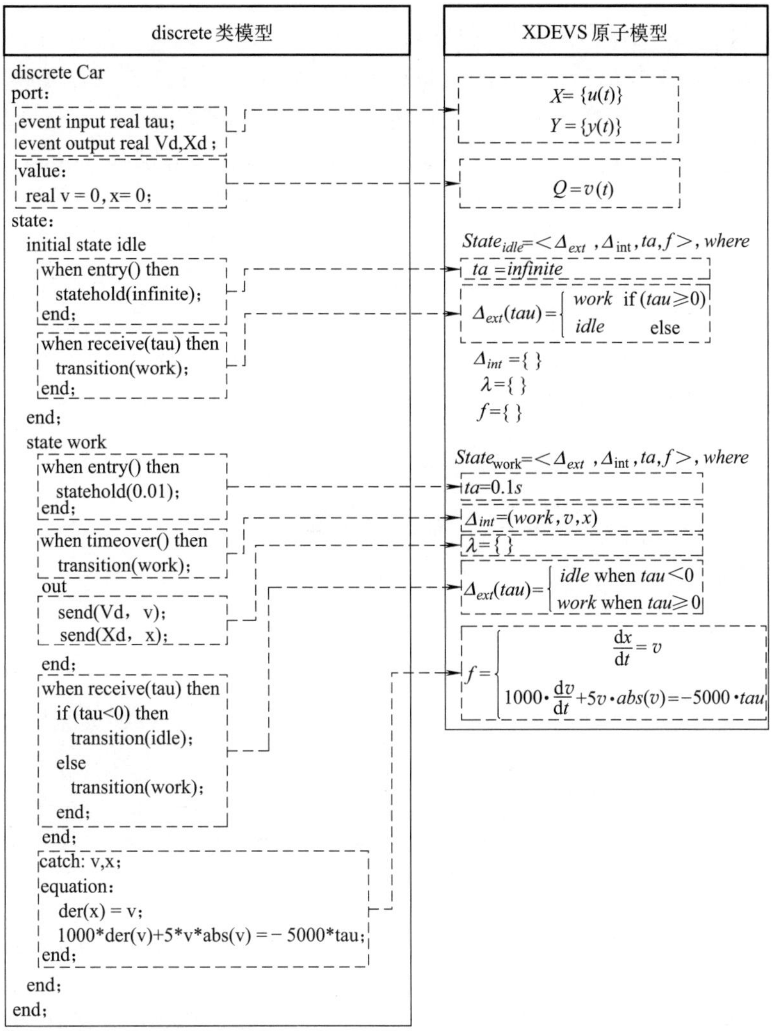

图 5-29　X 语言离散模型语法同仿真引擎编译对应规则

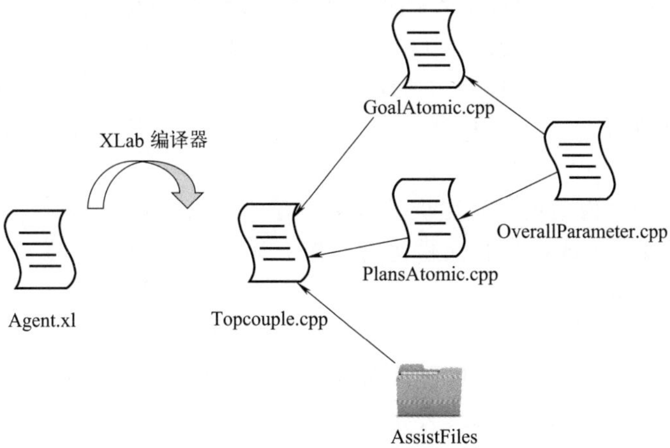

图 5-30　智能体类文件结构对应关系编译规则

① 全局参数的编译。

全局参数是同一智能体内部的作用域覆盖 plan 和 goal 模块的参数，用于智能体内部的 plan 和 goal 模块之间参数的传递。由于 plan 与 goal 底层分属于不同的原子模型，因此需要设计一套完整的全局参数传递机制，以保证智能体内部 plan 和 goal 对于全局参数的共享。

图 5-31 为智能体模型内部全局参数的编译规则，智能体最外部的 value 部分定义整个智能体的全局参数。全局参数编译解析的核心在于保证运行时同一时间只有一个模块对全局参数进行修改，以防止全局变量在内存存储上的冲突。在编译的过程中，value 部分的内容将会被解析为一个全新的类，并创建 OverallParameter. cpp 源文件。在智能体仿真开始后，全局参数类将会被智能体的 goal 原子模型实例化，并修改实例化对象的参数值。之后，被实例化的全局参数对象将会使用仿真文件中定义的端口消息传递逻辑进行对象的传递，以保证 goal 和 plan 在运行中修改的是同一全局参数。

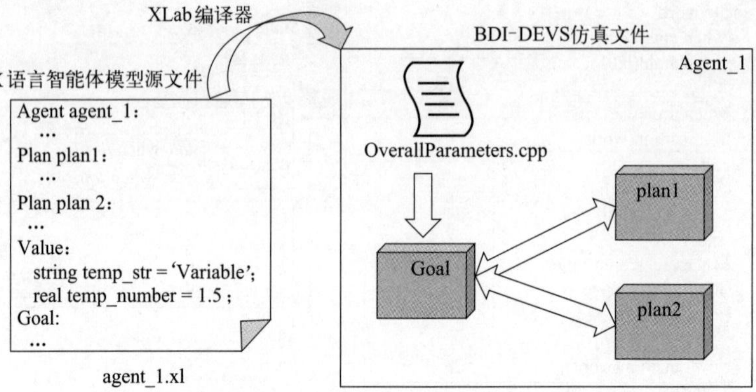

图 5-31 智能体模型全局参数编译规则

② 消息传递的编译。

消息传递是不同智能体之间信息的交换过程，在智能体类的文本中，消息传递依托于 send 和 receive 方法实现同步或者异步的通信过程。然而，上层文本的发送和接收过程与底层仿真引擎的事件转移过程并不完全一致。这意味着在 plan 模块中，动作还没有执行完毕就需要立刻进行外部事件转移，以进行原子模型之间信息的传递。为了解决这个问题，将引入图 5-32 所示的“if-block”结构，通过将 plan 中的文本按照 send 和 receive 关键字进行模块化的划分，从而将 plan 映射成为不同的 if 模块。设一个 plan 中存在 n 个 send 或者 receive 语句，则整个编译器会生成 $n+1$ 个“if-block”模块。这样就解决了智能体消息传递与仿真引擎事件转移之间的机制冲突的问题。

③ 文件结构的编译。

(6) 耦合类编译

在 X 语言中耦合类模型负责对层级系统进行建模，所以对于耦合类模型的编译更多地涉及如何对其他类模型生成的仿真文件进行组织。如图 5-33 所示，在顶层原子模型中，分别包括了一个智能体模型、一个离散模型和一个连续模型。就对应的编译结果而言，离散类模型同底层文件之间是一一对应的，但是连续类模型和智能体类模型并不是。所以在编译多层级的耦合类模型时，要求各个子模型首先组织好自己的文件结构，然后再不断递归到顶层模型。这样才能够保证编译所得仿真文件结构的正确。

(7) 仿真驱动文件生成

当所有模型按照层级结构生成并组织完毕后，如图 5-33 所示，编译器将生成一个

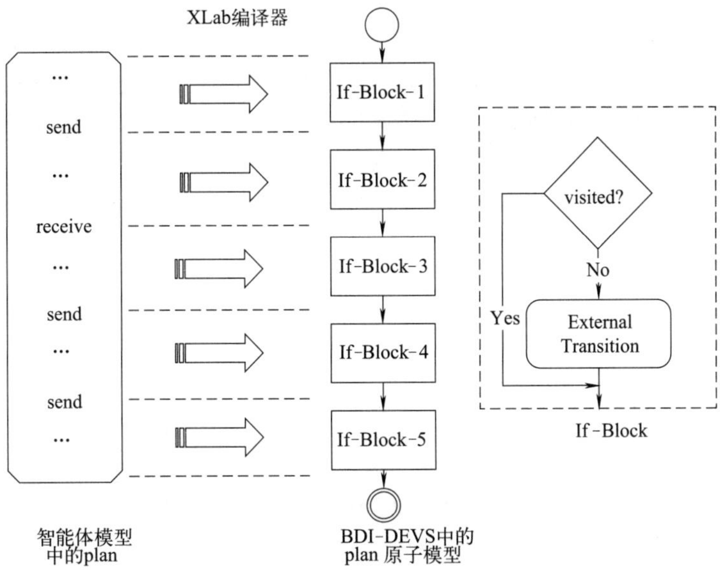

图 5-32 智能体类消息传递编译规则

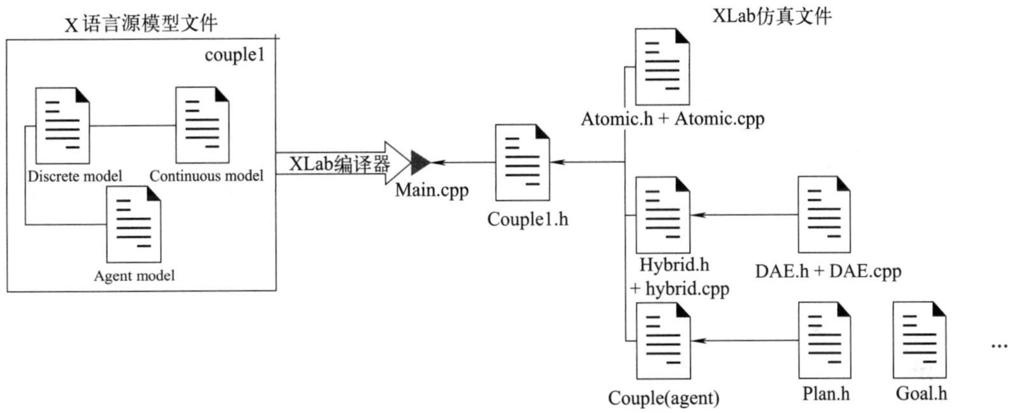

图 5-33 耦合类模型文件组织结构编译

Main. cpp 文件用于启动整个仿真过程。同时，Main. cpp 中也将依据用户的输入选择仿真的持续时长。到此为止，一个由 X 语言构建的模型由编译器进行处理后就能够执行仿真了。

5. 3 本章小结

在本章中，我们对 X 语言建模仿真软件 XLab 进行了介绍。XLab 软件包括两大核心服务，即建模与管理服务和仿真服务。其中建模与管理服务提供了对 X 语言图形建模、文本建模、图文模型相互转换以及模型管理等功能；仿真服务中的仿真引擎提供了驱动 X 语言模型进行仿真的能力，从而支持对基于 X 语言设计的复杂系统模型的仿真验证；而仿真服务中的编译器则使得从 X 语言建模到仿真的过程更加便捷和自动化。

参考文献

[1] Parr T. The Definitive ANTLR 4 Reference [M]. The Pragmatic Bookshelf; 2013.

[2] Feng S, Laili Y, Zhang L, Zhang L. Model Library System Based on Multi-Domain Simulation Model Integration Interface [J]. Commun Comput Inf Sci. 2022; 1714 CCIS (2018): 491-500.

[3] Zeigler BP, Praehofer H, Kim TG. Theory of Modeling and Simulation: Integrating Discrete Event and Continuous Complex Dynamic Systems [M]. Academic press; 2000.

[4] Xie K, Zhang L, Laili Y, Wang X. XDEVS: A hybrid system modeling framework [J]. International Journal of Modeling, Simulation, and Scientific Computing. 2022 Apr 18; 13 (2), 2243001.

[5] Nutaro J. An Extension of the Open Modelica Compiler for Using Modelica Models in a Discrete Event Simulation [J]. SIMULATION. 2014, 90 (12): 1328-1345.

[6] François E. Cellier, Ernesto Kofman. Continuous System Simulation [M]. Springer Science & Business Media; 2006.

第 6 章 基于X语言的体系建模

6.1 基于 X 语言的多视图体系分析

6.1.1 体系的概念及特点

体系（system of systems，SoS）是一种特殊的系统，是由众多具有自主能力、彼此相对独立的子系统（或称组件系统）联合构成的一个更大的系统，通过这些子系统之间的相互作用和信息交互达成最终任务目标。从体系的发展而言，体系工程自系统工程衍生而来，基于模型的系统工程（MBSE）对于体系工程的发展起到了支撑作用，提供了基础性的研究方向，同时体系工程的发展也对 MBSE 的研究和应用提出了新的需求和挑战[1]。在国际系统工程协会（INCOSE）和对象管理组织（OMG）的大力支持下，基于模型的体系工程方法（model-based system of systems engineering，MBSoSE）的研究逐渐受到业界的重视[2]。

由于体系功能复杂、结构层次架构多样、系统之间的需求与任务功能繁多，因此单一视图难以对体系的多元特性进行全面描述，故针对体系的多视图建模框架、建模方法与建模工具的研究对于体系的模型完整描述至关重要。目前关于体系建模的研究还存在如下挑战：

① 体系模型构建工具数据传递与共享困难。由于体系工程流程构建所涉及的部门众多、领域复杂、建模语言与工具不统一、各语言的模型组件库不兼容，故在不同工具与语言之间建立体系模型数据共享困难，全流程体系模型建模难以实现。

② 体系建模与仿真的全流程一体化实现困难。现有的建模工具与仿真工具大多难以直接匹配，常需要利用其他平台的功能实现，多数体系建模工具缺乏体系模型的动态实现过程，因此体系建模与仿真的全流程一体化实现难度较大[4]。

③ 缺少国产化的体系模型的建模框架、工具、语言等，国内的相关研究多依赖于国外的建模语言和工具，缺少本土化的理论与方法研究。

针对上述问题，本章介绍基于 X 语言的体系工程建模仿真方法。

采用规范统一的建模框架对体系进行建模，能够高效且规范地建立体系概念模型，有助于体系模型的本质特征与属性的表征与挖掘，同时有利于体系模型的可维护性、可重用性和可扩展性。当前，较为著名的体系建模框架包括美国国防部体系结构框架（department of defence architecture framework，DoDAF）[5]、英国国防部体系结构框架（ministry of defence architecture framework，MoDAF）[6] 以及统一体系结构框架（unified architecture framework，UAF）[7] 等。

以美国国防部体系结构框架 DoDAF 为例，此框架包含 8 个视图，分别为全视图、数据与信息视图、标准视图、作战视图、能力视图、服务视图、系统视图和项目视图，并给出了相对应的 52 个描述模型[8]，图 6-1 为 DoDAF 各视图概念及其关系，描述了体系的构成、体系所支持的功能以及不同体系模型之间的数据交互等过程[9]。虽然 DoDAF 是以军事作战为对象，但其体系结构和建模方法对于其他类型的体系也具有重要的指导意义。

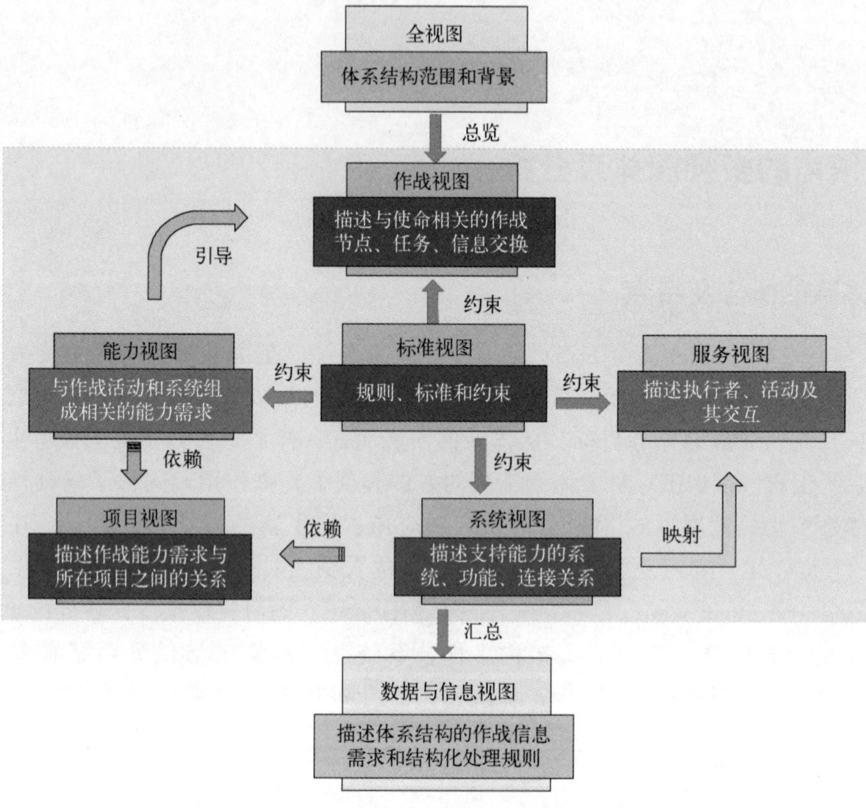

图 6-1 DoDAF 各视图概念及其关系

DoDAF 的 8 个视图，分别从作战需求、系统实现、技术支持、规则约束、体系范围、能力需求、执行活动情况与项目完成情况等方面对体系进行描述。每个视图都用图形、表格或文本来表示体系模型（也称视图产品）。各视图功能如下[10]：

① 作战视图（operational view，OV）：描述作战过程中的任务、作战单元以及资源流，定义作战参与者的关系以及信息交换需求。

② 系统视图（system view，SV）：描述支持能力和作战需求的系统，包括系统功能、系统组成、系统之间的交互及其背景和规则。

③ 全视图（all view，AV）：提供对体系结构的描述信息，如描述的范围和背景。提供

体系结构的总体概念以及体系结构描述所用到的词汇表，从而实现概念与术语的一致性。

④ 能力视图（capability view，CV）：描述体系在一定约束下完成期望作战任务的能力，包括体系能力的背景约束、能力范围、能力结构层次等，使得决策者更加容易理解能力的需求。

⑤ 数据与信息视图（data and information view，DIV）：描述体系的作战信息需求和结构化处理规则，给出信息的属性和相互关系等。

⑥ 项目视图（project view，PV）：说明项目如何进行管理，如何成为有效的投资组合计划，提供描述多个项目间组织关系的方法。

⑦ 服务视图（service view，SvcV）：描述系统、服务及它们在保障或支持作战行动中的互连能力，可用于满足各种作战活动和信息交换需求，实现主动的作战保障。

⑧ 标准视图（standard view，StdV）：描述体系各子系统与组成元素之间的规则与依赖关系，包括体系的技术标准与管理标准等，确保体系满足规划作战任务需求。

上述 8 个视图之间存在着密切的联系。全视图对体系结构进行顶层描述，总括体系所有视图信息。作战视图对作战过程参数、接口关系、信息交互形式等进行描述，对能力视图所描述的体系能力约束进行反映，并对系统视图中显示的系统互连关系和子系统组成关系进行映射。标准视图对体系结构应用的标准和规范进行定义和发展预测，并由服务视图进行映射和约束。项目视图对作战视图所反映的能力需求和作战过程与所实施的项目之间进行联系和管理。以上视图中的数据形式和数据结构都由数据与信息视图进行描述。

DoDAF 为体系建模提供了标准，基于 DoDAF 视图的体系建模可分为六个基本步骤[11]，如图 6-2 所示。

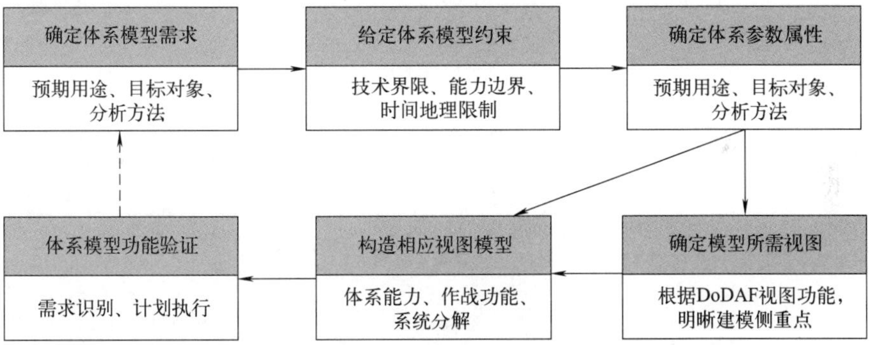

图 6-2　基于 DoDAF 视图的体系建模思路

① 确定体系模型建立的目的和基本需求，制定所需的模型分析方法。

② 给定体系模型约束，明确模型的技术界限和限制，制定模型边界。

③ 确定体系模型的参数、属性等基本信息。

④ 根据 DoDAF 视图的功能，确定所需建立的视图产品、建模侧重点及评价标准。

⑤ 整理数据和已获信息，形成功能完善的视图产品集。

⑥ 对所建立的体系模型功能进行验证。

6.1.2　X 语言对于多视图体系的支持性分析

作为一种面向复杂系统支持 MBSE/MSBSE 的一体化建模仿真语言，X 语言可为体系建模提供统一的描述规范，并可同时支持对体系效能的仿真评估。由于 X 语言面向对象的特点，基于X语言的体系建模主要采用面向对象的建模方式，并同时以基于能力的建模形式作为补充，从不同的视图对系统的体系结构进行描述。

在基于X语言的体系建模中，DoDAF已定义的需求模型框架与设计模型框架都能够较为方便地进行移植利用。需求图有利于体系模型需求的收集和分析，有助于作战概念的建立，描述系统必须满足的能力和条件限制。

X语言对于DoDAF视图所描述的体系产品有着较好的结构描述能力，X语言对DoDAF对应视图的支持情况如表6-1所示[12]。

表6-1 X语言对DoDAF部分视图的支持情况

视图	产品	产品名称	X语言对应
作战视图 OV	OV-1	高级作战概念图	用例图、需求图
	OV-2	作战资源流描述模型	定义图、连接图
	OV-3	作战资源流矩阵	定义图
	OV-4	组织结构关系图	定义图、连接图
	OV-5	作战活动模型	定义图、活动图
	OV-6a	作战规则模型	定义图、状态机图、活动图
	OV-6b	状态转移描述	状态机图
	OV-6c	事件跟踪描述	定义图、状态机图、活动图
系统视图 SV	SV-1	系统接口描述模型	定义图、连接图
	SV-2	系统资源流描述模型	定义图、连接图
	SV-3	系统-系统矩阵	定义图
	SV-4	系统功能型描述模型	连接图、方程图、定义图
	SV-5a	系统功能与任务执行跟踪矩阵	定义图
	SV-5b	系统与任务执行跟踪矩阵	定义图、连接图
	SV-6	系统资源流矩阵	定义图、连接图
	SV-7	系统度量矩阵	定义图、连接图
	SV-8	系统演进描述模型	活动图
	SV-9	系统技术和技能预测	定义图、状态机图、连接图
	SV-10a	系统规则模型	定义图
	SV-10b	系统状态转换模型	状态机图
	SV-10c	系统事件跟踪描述	活动图
服务视图 SvcV	SvcV-1	服务接口描述模型	定义图、连接图
	SvcV-2	服务资源流描述模型	定义图、连接图
	SvcV-3a	服务-系统矩阵	定义图、连接图、状态机图
	SvcV-3b	服务-服务矩阵	定义图、连接图、状态机图
	SvcV-4	服务功能模型	状态机图
	SvcV-5	服务与作战活动跟踪矩阵	定义图、连接图、状态机图
	SvcV-6	服务资源流矩阵	定义图、连接图、状态机图
	SvcV-7	服务度量矩阵	定义图、连接图、状态机图
	SvcV-8	服务演变描述模型	定义图、连接图、状态机图
	SvcV-9	服务技术和技能预测模型	定义图、连接图、状态机图
	SvcV-10a	服务规则模型	定义图
	SvcV-10b	服务状态转换模型	状态机图
	SvcV-10c	服务事件跟踪模型	活动图、状态机图
项目视图 PV	PV-1	项目事务关系模型	定义图、连接图
数信视图 DIV	DIV-1	概念数据模型	定义图
	DIV-2	逻辑数据模型	定义图
	DIV-3	物理数据模型	定义图
能力视图 CV	CV-1	构想模型	定义图、连接图
	CV-2	能力分类模型	定义图

续表

视图	产品	产品名称	X 语言对应
能力视图 CV	CV-3	能力阶段化模型	定义图、连接图
	CV-4	能力依赖关系	定义图
	CV-5	能力与机构发展映射模型	定义图、连接图
	CV-6	能力与作战活动映射模型	定义图、连接图
	CV-7	能力与服务映射模型	定义图、连接图
全视图 AV	AV-1	综述和概要信息模型	定义图
	AV-2	综合词典	定义图
标准视图 StdV	StdV-1	标准概述模型	定义图
	StdV-2	标准预测模型	定义图、连接图

X 语言各类图形化模型对体系多视图建模的支持情况概括为以下四点，如图 6-3 所示。

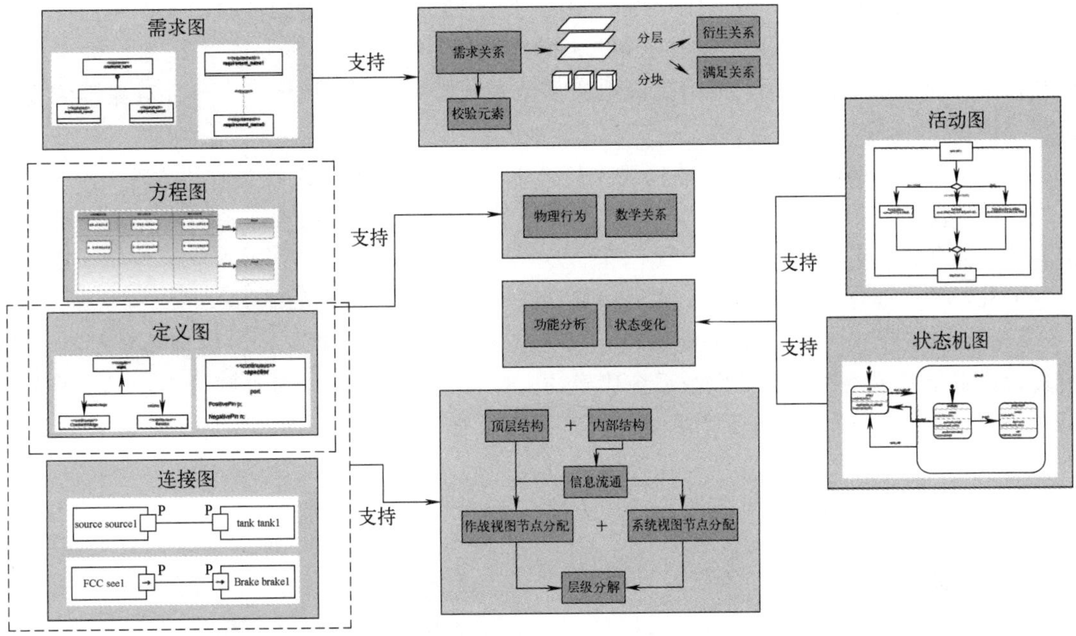

图 6-3　X 语言各类图形化模型对体系多视图建模的支持情况

① X 语言的需求图对于需求关系之间的基本层级关系有着较好的支持，能够清晰完整地描述需求与需求之间、需求与利益相关者之间、需求与用例之间的包含、继承、衍生和满足等关系，也对需求的利益相关者、责任相关者、需求源等要素有着清晰的表达方式和展示逻辑。

② X 语言的定义图与方程图的结合使用，可对体系的连续类子系统的物理行为与数学关系进行描述，对子系统的属性参数、运行方式、物理约束等进行定义。

③ X 语言的定义图与连接图的结合使用，可对体系的连续类子系统的顶层结构和交互关联关系进行描述，为 DoDAF 作战视图与系统视图的节点分解和组件描述提供支持，能够直观准确地描述系统内部与外部的信息通信过程。而连接图中连接器类图的定义也为耦合类模型的内部结构与通信连接提供了支持，使得体系结构描述更加清晰直观。

④ X 语言的定义图与状态机图的结合使用，可对体系的离散类子系统的基本端口参数信息与状态转换关系进行描述，满足多视图体系模型对功能分析的需求，对于离散模型的参数属性、值属性、端口属性与子系统属性等信息进行定义，为体系基于时间与基于事件的状

态转换过程提供有力的支持。

6.1.3 基于X语言开展体系建模的优势

相比当前使用的其他建模语言，X语言在体系模型构建和后续的仿真分析中具有一定的优势。

相对于UML而言，X语言弥补了UML在系统工程特性上的不足。X语言的需求图使体系模型的需求描述和后续需求满足情况分析更为直观，显著降低了体系需求分析的复杂性。定义图与连接图的组合可较好地描述系统内部参数和外部信息交互情况，连接器类的设计更满足了不同类型的端口的泛化与重用，使系统之间的通信更为便捷，体系层次架构更加清晰。

相对于SysML而言，X语言在体系模型构建过程中的优势体现在以下几个方面：

① X语言定义了模型图形和文本两种描述形式，可实现图文形式的双向转换，从而提高了体系模型的可阅读性，对后续模型的验证与重用提供了较完整的可验证文本文件。

② X语言对于体系的物理模型具有更强的描述能力，克服了SysML系统建模语言与物理建模语言相互脱节的问题，能够更好地实现全系统模型的可追溯性，具备针对建模仿真全流程协同设计的能力。

③ X语言具备自主开发的一体化建模仿真工具，可解决常规建模仿真语言工具不统一、模型组件库不兼容、不同工具间的异构数据难以共享等问题，可实现体系架构全流程建模和仿真的一体化。

另外，相对于X语言，UML和SysML都缺乏动态性能仿真的能力。

Modelica语言作为多领域物理系统建模的主流语言，虽能够支持多物理系统的建模和仿真，但由于其缺乏对大规模离散系统建模的支持，仍难以应用于多视图体系建模。MATLAB语言虽应用较广、交互环境便捷，但其缺乏多视图建模和定性建模能力，故在体系架构构建中依然难以实现一体化的建模与仿真过程。

与上述建模语言相对比，在体系建模方面X语言有着较大的优势。

6.2 基于X语言的多视图体系建模方法

6.2.1 作战视图建模方法

作战视图是体系模型中极为重要的视图，对于推动跨部门的联合行动以及作战评估有着重要的作用。体系作战视图的产品介绍如表6-2所示。

对于作战视图，首先建立作战概念部分，利用X语言定义图、连接图、需求图与用例图，建立顶层任务概念图（OV-1），分析体系模型的顶层作战概念图及功能需求，简要描述作战任务的概念流程和使命任务，为顶层决策人员提供决策过程中所需关注的信息，其中用X语言建立的OV-1的用例图部分如图6-4所示。

随后建立组织、指挥关系部分，形成组织关系图（OV-4），描述作战任务中参与的作战人员、组织结构以及作战单元间的指挥关系，明确作战中的协同协作等关系，基于X语言的OV-4模型框架如图6-5所示。

表 6-2 体系作战视图的产品介绍

产品	产品名称	描述
OV-1	顶层任务概念图	体系的总体组成和战场应用
OV-2	作战资源流描述模型	作战活动、作战活动之间的关系
OV-3	作战资源流矩阵	作战活动间的输入、输出
OV-4	组织关系图	组织、角色及组织之间的关系
OV-5	作战活动模型	作战节点之间的信息交互与任务描述
OV-6a	作战规则模型	作战任务的规则约束
OV-6b	作战状态转移描述模型	作战任务中的各模块的状态转换情况
OV-6c	作战事件跟踪描述模型	任务中场景活动追踪

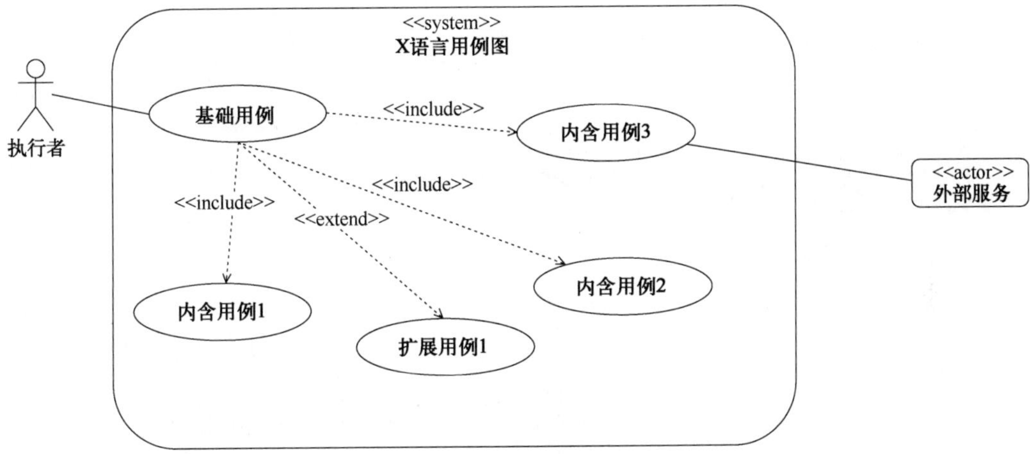

图 6-4 基于 X 语言的 OV-1 用例图

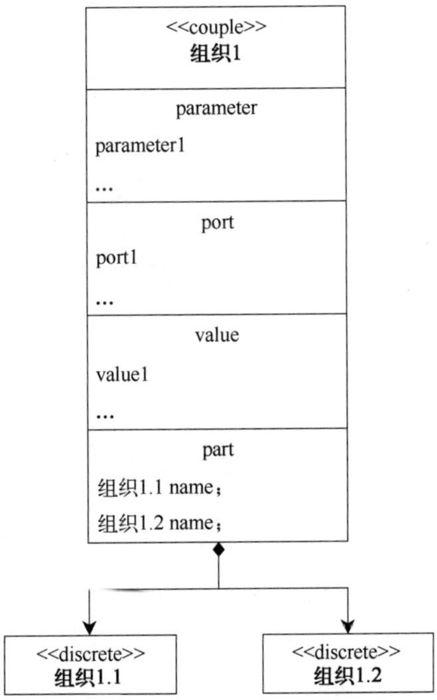

图 6-5 基于 X 语言的 OV-4 模型框架

然后，明确作战任务范围与目标，定义作战体系的能力与任务需求，根据需求情况建立组织结构形式与作战任务模块，建立作战活动模型（OV-5），以方程图或状态机图的方式描述作战任务的触发条件，并定义作战能力、作战活动之间输入与输出的信息流；之后再建立作战规则模型（OV-6a），描述对作战任务完成与作战节点活动完成有所影响的作战约束活动，定义各要素的能力与需求边界，择定作战方案。

最后建立作战状态转移描述模型（OV-6b）和作战事件跟踪描述模型（OV-6c），利用状态机图对 OV-6b 的作战节点状态转移情况与事件响应情况进行描述，并利用状态机图或方程图对作战节点的信息交换顺序进行检查。综合上文所述，作战视图的建模方法及顺序如图 6-6 所示。

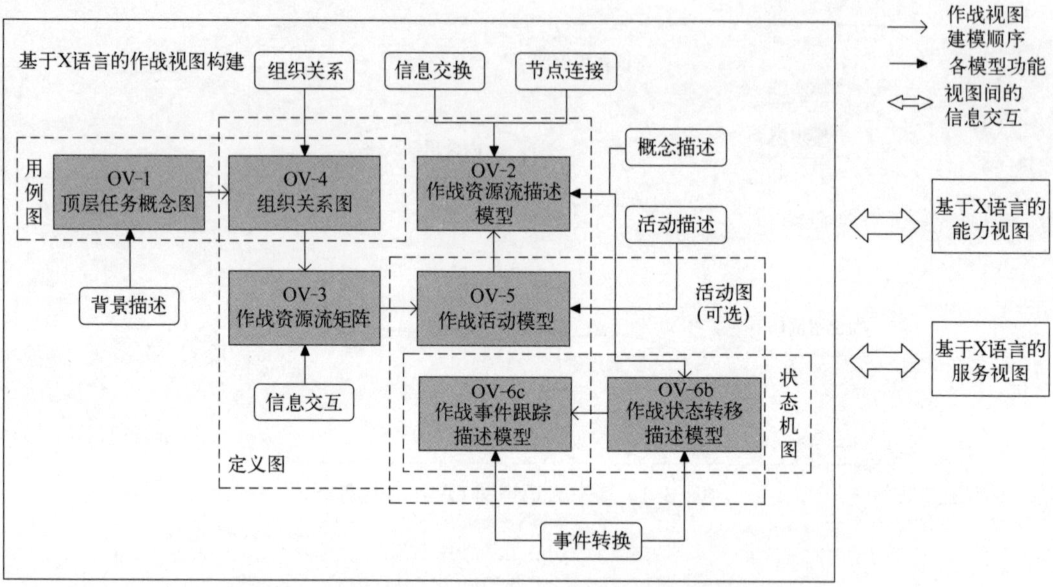

图 6-6　基于 X 语言的作战视图描述示意图

利用基于 X 语言的体系建模框架，对作战模型的构想、概念、结构、流程等信息进行建模，最终形成包含背景、概念、关系事件跟踪和节点连接等的作战模型，从而完成作战视图的最终构建。

作战视图构建完成后，即可对物理体系结构进行设计。

6.2.2　系统视图建模方法

系统视图对体系的子系统以及子系统之间的内部联系进行建模，对子系统的属性信息与功能信息进行构建，并与能力视图的能力需求相关联，同时与作战视图的作战任务相结合，完成物理系统的功能实现与信息交流，可对一些作战视图与能力视图的元素进行处理和追溯。体系系统视图的产品介绍与对应的 X 语言表达形式如表 6-3 所示。

表 6-3　体系系统视图的模型介绍与对应的 X 语言表达形式

产品	产品名称	X 语言建模形式
SV-1	系统接口描述模型	定义图、连接图
SV-2	系统资源流描述模型	定义图、连接图

续表

产品	产品名称	X 语言建模形式
SV-3	系统-系统矩阵	定义图
SV-4	系统功能性描述模型	连接图、方程图、定义图
SV-5a	系统功能与任务执行跟踪矩阵	定义图、连接图
SV-5b	系统与任务执行跟踪矩阵	定义图、连接图
SV-6	系统资源流矩阵	定义图、连接图
SV-7	系统度量矩阵	定义图、连接图
SV-8	系统演进描述模型	活动图
SV-9	系统技术和技能预测模型	定义图、状态机图、连接图
SV-10a	系统规则模型	定义图
SV-10b	系统状态转换模型	状态机图
SV-10c	系统事件跟踪模型	活动图

体系模型的系统视图设计主要遵循的原则为，先对体系的系统功能进行描述，将功能分析的作战活动分配到实际的物理系统，再描述系统以及系统之间的交互信息，进行实际的物理系统分析。系统视图的建模流程如图 6-7 所示。

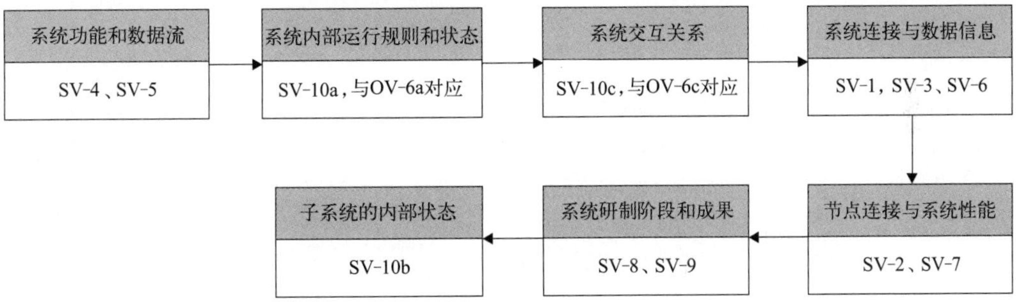

图 6-7　战场救援体系系统视图过程

① 完成体系子系统的任务建模，明确各系统所需的功能和任务执行目标，将子系统的任务目标与其执行任务能力之间进行对应。与之相关的视图产品有系统功能性描述模型（SV-4）、系统功能与任务执行跟踪矩阵（SV-5a）和系统与任务执行跟踪矩阵（SV-5b）。本阶段主要利用 X 语言连接图、定义图、活动图完成。

② 对子系统的状态转变和运行规则进行描述，以体系作战视图中的 OV-6a 中所描述的信息为关联基础，构建系统规则模型（SV-10a）；再以作战视图的 OV-6c 模型中场景活动追踪情况为基础，对应形成系统事件跟踪模型（SV-10c）。本阶段主要利用 X 语言定义图、连接图、活动图完成。

③ 对子系统之间的信息传递情况与端口连接关系进行分析，描述数据的传输方式，形成系统接口描述模型（SV-1），系统资源流描述模型（SV-2）和系统资源流矩阵（SV-6）。本阶段主要利用离散类、连续类与耦合类的建模形式，构建出模型的 X 语言定义图与连接图，从而实现系统交互的功能，其中 SV-1 产品的 X 语言模型图如图 6-8 所示。

④ 对子系统内部的节点互联方式与系统属性性能进行定义，形成系统资源流描述模型（SV-2）和系统度量矩阵（SV-7）。本阶段主要利用 X 语言定义图与连接图完成。

⑤ 对子系统内部的状态变化与事件触发机制进行描述，形成系统状态转换模型（SV-10b），本阶段是系统体系结构模型验证的基础，主要利用 X 语言定义图与状态机图完成。SV-10b 产品的 X 语言模型如图 6-9 所示。

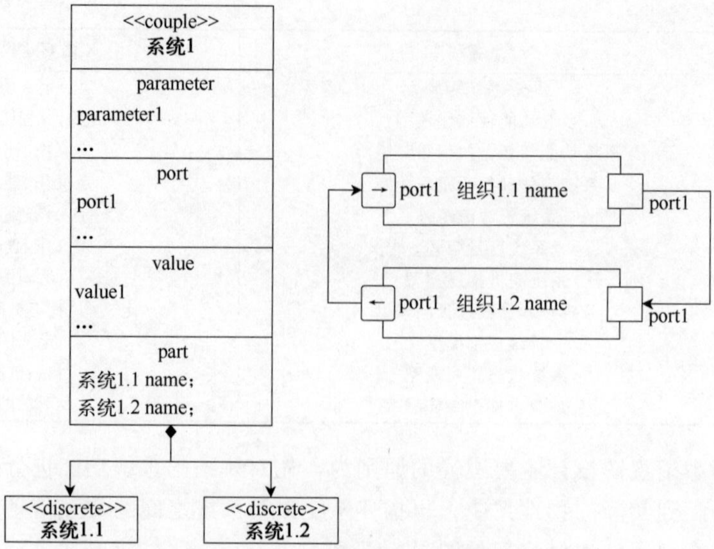

图 6-8　SV-1 产品的 X 语言模型图

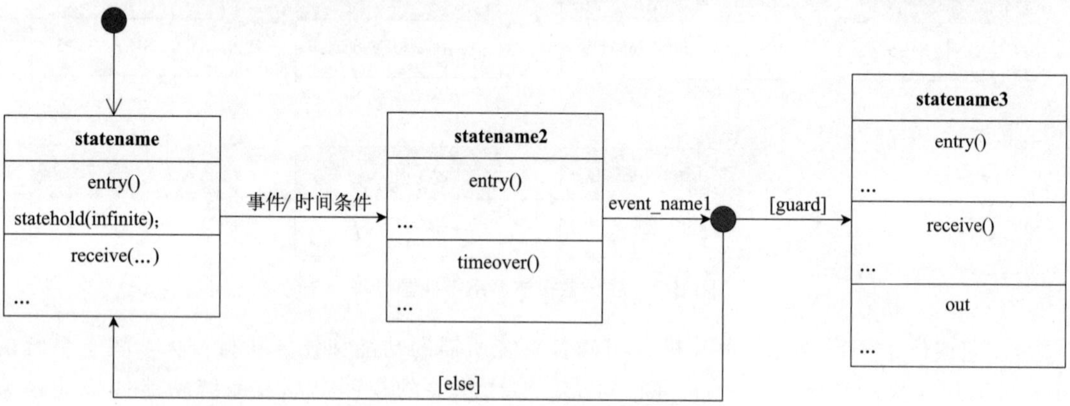

图 6-9　SV-10b 产品的 X 语言模型

6.2.3　能力视图建模方法

能力视图的建模始于能力需求的确定与能力之间的关系的定义，此过程需要各战略决策领域与论证评估领域的专家提出能力集合，参考已有的权威能力清单，并进行能力的规范化描述。能力视图由 7 个模型构成，各模型的功能与用途如表 6-4 所示。

表 6-4　能力视图产品的基本功能

产品	产品名称	X 语言建模形式
CV-1	构想模型	定义体系能力战略环境
CV-2	能力分类模型	定义体系能力的层次结构与能力需求
CV-3	能力阶段化模型	描述不同时间节点的能力需求与完成情况
CV-4	能力依赖关系	描述能力之间的依赖关系与内部逻辑结构
CV-5	能力与机构发展映射模型	描述能力的集成规划与发展情况
CV-6	能力与作战活动映射模型	描述作战活动的能力要求与满足情况
CV-7	能力与服务映射模型	描述所需能力与启用这些能力的服务之间的映射

然后，对给出的能力集合进行能力的初步分类，得到能力的子集，并分析各子集之间的包含、泛化等关系，形成能力视图 CV-1 模型。再分析能力与基本作战活动之间的关系，建立二者之间的联系模型 CV-3。同样，分析能力与装备系统的关系，建立二者之间的联系模型 CV-4，最后进行能力差距的分析和求解，得出未来体系的发展与改进建议，形成 CV-5 模型。

能力视图在多视图体系建模中有着重要的地位，在标准视图的统一约束下，能力视图对作战视图 OV 所描述的系统作战能力进行映射，对服务视图 SvcV 所体现的服务接口和服务功能进行显示，并对项目视图 PV 的能力进行展示。能力视图 CV 与其他视图之间的关系如图 6-10 所示。

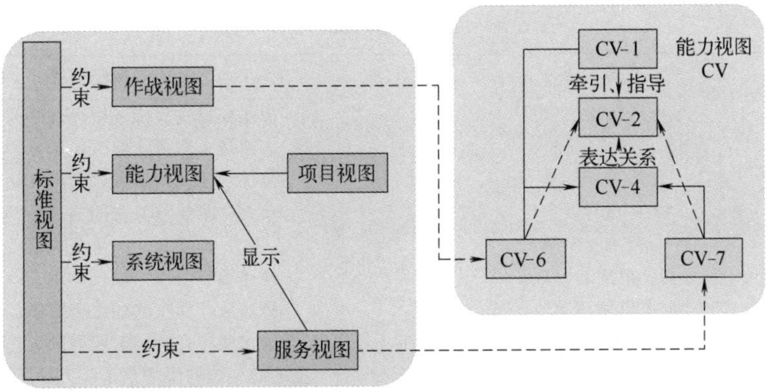

图 6-10　能力视图 CV 与其他视图之间的关系

在建立能力视图的过程中，首先利用 X 语言定义图建立构想模型（CV-1），传达有关能力发展的战略构想。再形成能力分类模型（CV-2），描述能力的层次结构和能力规划，模型架构中的能力需求与组成受到 CV-1 的约束。再建立能力依赖关系（CV-4），利用 X 语言的定义图、连接图与状态机图，对体系计划能力与能力之间的依赖关系进行描述，定义能力的逻辑分组，以实现体系总体能力。其中，CV-2 产品的 X 语言模型如图 6-11 所示。

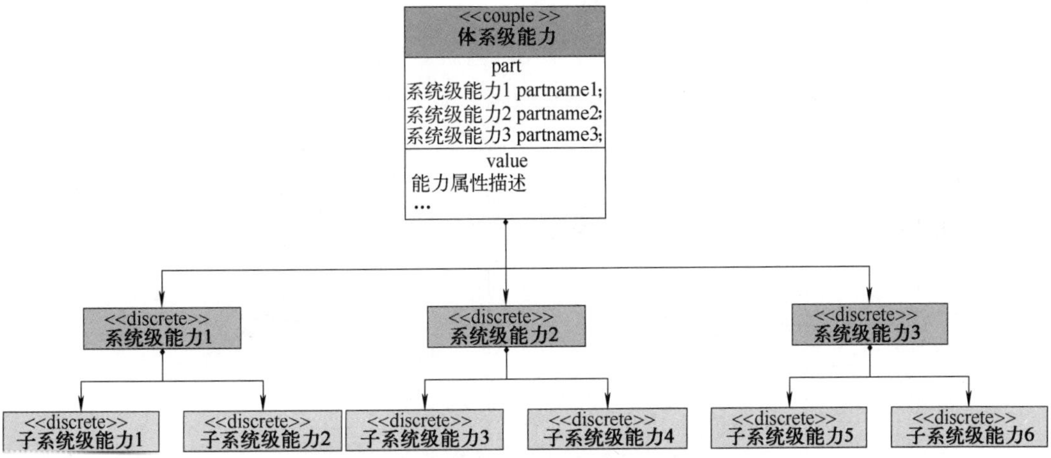

图 6-11　体系模型 CV-2 产品的 X 语言模型

在建立作战视图 OV 与服务视图 SvcV 后，可对能力与作战活动映射模型（CV-6）进行建模。利用 X 语言定义图与连接图构建映射模型，描述体系功能所需能力和启用这些能力的活动之间的映射，确保作战活动与所需能力相匹配。同样针对服务视图，建立能力与服务映射模型（CV-7），描述体系所需能力与启用这些能力的服务之间的映射，包括服务完全满足能力的情况和服务仅满足能力要求的情况。

6.2.4 服务视图建模方法

DoDAF 中的服务视图与系统视图密切相关，通过封装系统视图提供的数据与功能，达到对系统视图中的军事资源与资源间的互联关系的抽象封装。同时，服务视图可以对能力视图所展现的能力需求与能力结构进行进一步的作战支持。

服务视图（SvcV）由 10 类共 13 个模型构成，各模型的功能及用途如表 6-5 所示。

表 6-5　服务视图产品的基本用途

产品	产品名称	X 语言建模形式
SvcV-1	服务接口描述模型	描述模型主要描述服务的相关属性
SvcV-2	服务资源流描述模型	描述了服务之间交换的资源流
SvcV-3a	服务-系统矩阵	描述了系统和服务之间的支持关系
SvcV-3b	服务-服务矩阵	描述服务之间的关系
SvcV-4	服务功能模型	描述具体的服务功能
SvcV-5	服务与作战活动跟踪矩阵	描述服务对于作战任务的支持关系
SvcV-6	服务资源流矩阵	描述服务间交换的服务资源流要素
SvcV-7	服务度量矩阵	描述服务在指定时间段的度量指标
SvcV-8	服务演变描述模型	描述模型规划服务未来演进发展的路线图
SvcV-9	服务技术和技能预测模型	定义当前和预期的支持技术和技能
SvcV-10a	服务规则模型	指定架构实现方面的功能和非功能约束
SvcV-10b	服务状态转换模型	描述一个服务有哪些状态以及状态转换
SvcV-10c	服务事件跟踪模型	描述服务之间交互协作方式

在构建服务视图的过程中，建模人员所需要重点关注的建模元素包括具体服务属性、服务功能与服务接口等服务内部信息，以及服务连接关系、服务结构关系与服务规则情况等服务外部信息。

首先，利用 X 语言的定义图和连接图，建立 SvcV-1，对服务接口属性进行描述；并同时利用 X 语言的定义图和连接图相结合的方式，建立 SvcV-2 进行服务资源流描述，按照服务的形式构建子服务模块，从而实现体系不同领域的服务架构模型的协同。具体的 SvcV-2 体系产品 X 语言描述形式如图 6-12 所示（此图为示意图，不完全表示 X 语言建模形式）。

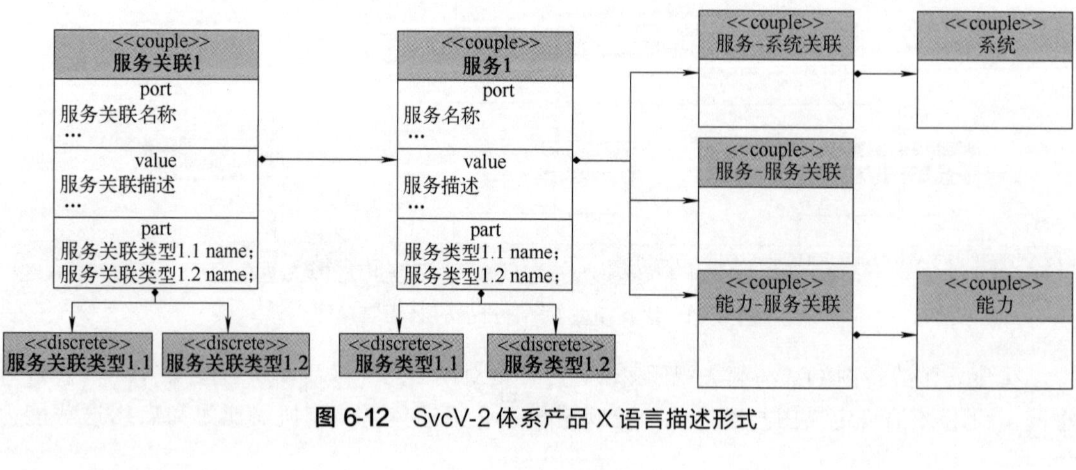

图 6-12　SvcV-2 体系产品 X 语言描述形式

同时，结合定义图与状态机图，对体系服务视图 SvcV-4 产品进行建模，对体系的具体服务功能、服务的输入输出情况进行描述，保证服务视图与其他视图交互顺利进行。结合 X 语言的定义图、连接图与状态机图，对 SvcV-3a、SvcV-3b、SvcV-6 与 SvcV-8 等产品进行建模，对系统与服务之间、服务之间的接口与规划，服务资源流要素和交换属性，服务演变发展路线图等信息进行描述。最后利用 X 语言状态机图等对 SvcV-10a、SvcV-10b 和 SvcV-10c 产品进行建模。

6.3 案例

本节案例由北京华如科技股份有限公司提供，描述了完整的战场救援体系。案例包含了呼救报告、态势评估、行动筹划、行动实施和行动收尾等阶段，对救援过程中的信息搜索、搜救计划制定、重点情报保障、行动指令下达、部队行动督导等过程进行建模，形成了指挥员、机动组、搜寻终端、集合点、急救中心等组织结构，完成了对战场救援体系的用例需求分析、能力阶段定义、救援活动过程描述、子系统交互模块搭建等任务，完整地描述了战场救援体系的建模全过程。

本节以上述战场救援体系建模为例，展示基于 X 语言对 DoDAF 多视图体系结构建模的全过程。首先，基于 DoDAF 体系结构框架，对战场救援使命需求和相关前置信息进行定义，形成全视图；再对救援过程、救援时间状态转移、信息传递、指挥过程等信息进行定义，构建战场救援体系的作战视图；并依据作战视图，对各单元和能力阶段的能力进行分解，形成能力视图；依据所分解的能力视图，对达成能力所需的服务进行细化和整合，形成战场救援体系服务视图；依据所定义的服务视图，将不同服务单元与人员单元及设备单元相映射，形成系统视图；最后由上述视图设计过程，形成战场救援体系标准视图和数信视图，完成体系的全方位设计与建模。本节仅以作战视图、能力视图和系统视图为例展示基于 X 语言的建模过程。

利用前文所述的基于 X 语言的 DoDAF 多视图体系建模方法，可以逐步建立多视图的战场救援体系建模框架，如图 6-13 所示。首先对元模型进行分类与结构属性设计，对体系的能力、任务活动、信息等进行定义，对决策者和指挥组织进行能力与任务的分配定义，设计体系状态转移条件，对体系活动和服务进行定义，对每个子系统的功能和所呈现出的效果进行定义，从而完成救援体系最终任务。

(1) 战场救援体系作战视图

在进行作战视图建模时，首先进行战场救援体系顶层任务的概念描述，包括早期救治、专科救治、初级急救、高级急救、自救互救等不同救援级别，对不同救援级别使用不同的救治方法，建立机动救护组、抢救组、各单位指挥员、各级别抢救组搜寻终端和野战医院等组织结构和人员角色单元，形成 OV-1，并根据各级别人员和组织的结构关系，形成 OV-4。对作战体系的具体活动进行描述时，重点描述救援体系子任务分解情况、救援过程不同活动之间的资源交换和状态变化过程、救援活动之间的输入与输出关系以及地理位置之间任务资源流的交换过程，形成 OV-2、OV-3、OV-5a、OV-5b 和 OV-6b。具体作战视图建立过程如图 6-14 所示。

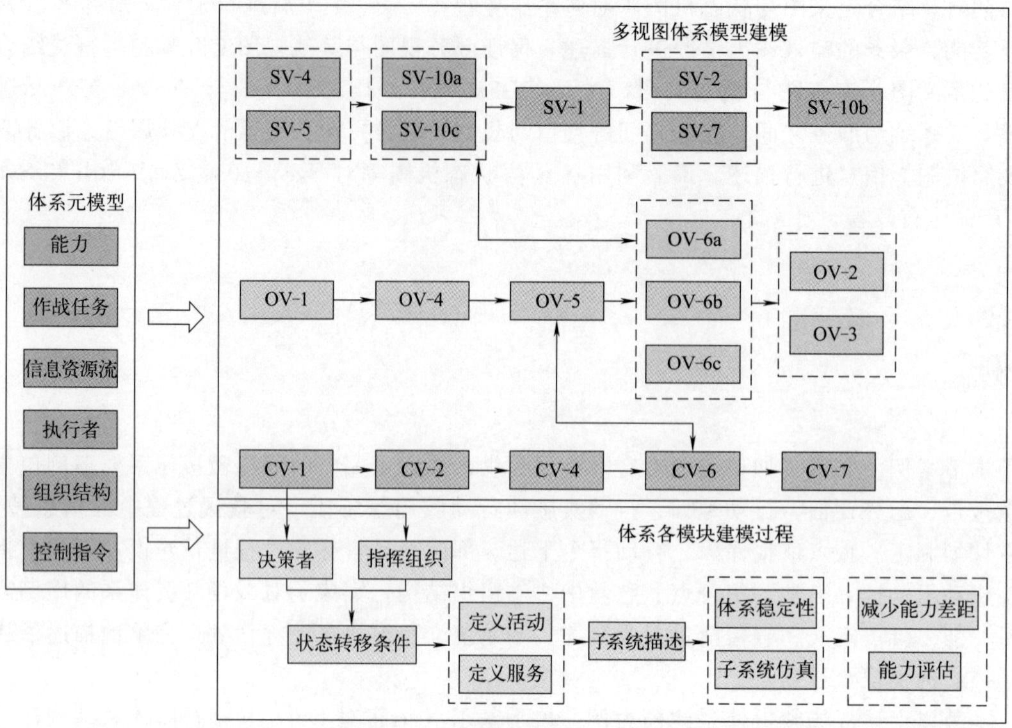

图 6-13　战场救援体系设计框架

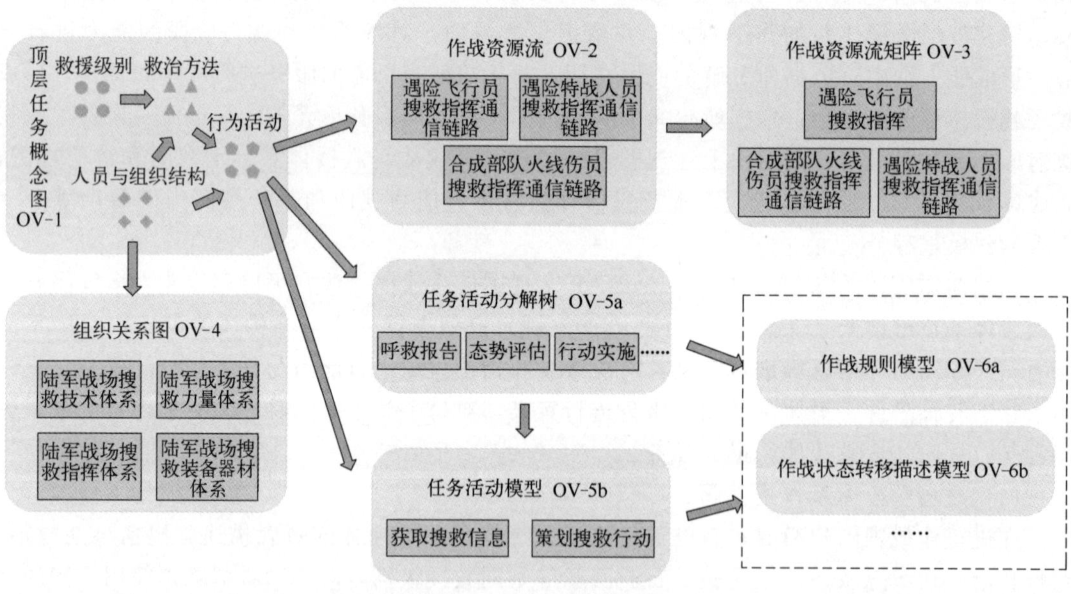

图 6-14　作战视图主要产品建立流程

首先利用 X 语言用例图，在体系建模早期对用例以及触发和参与用例的执行者之间的需求关系进行描述。在战场救援体系顶层作战概念图中，卫星作为伤员情况以及救援情况的总体信息传递中枢，战场各级指挥员与各级搜寻终端接收卫星所传递的信息，由指挥员进行救援分级和命令下达，通过一系列通信网（详见 OV-2 的搭建）将通信信息传递给现场救援部队和机动救护组，并在合适的时候联系野战医院与救援直升机，对紧急伤员进行救治。基于 X 语言的战场救援体系模型中的 OV-1 产品用例图模型如图 6-15 所示。

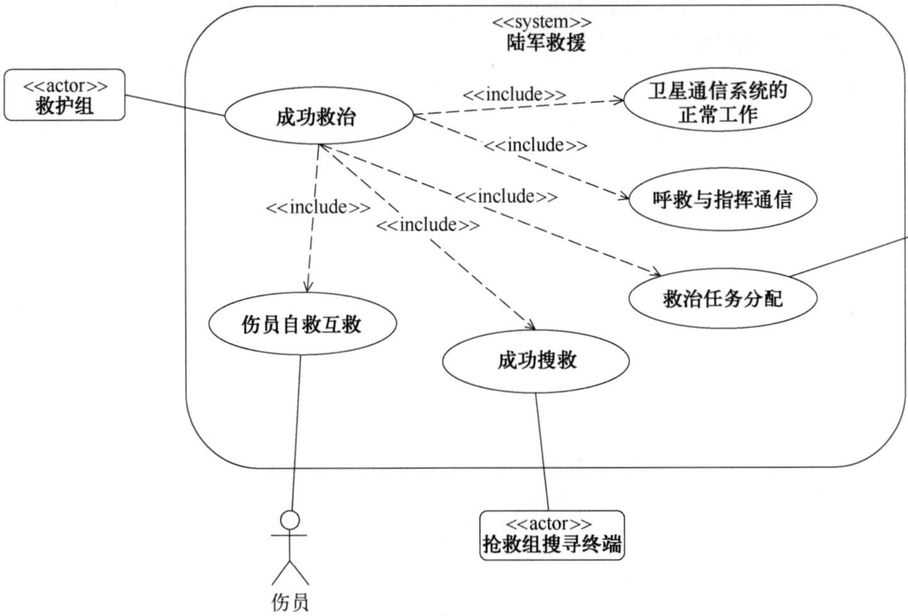

图 6-15　基于 X 语言的战场救援体系模型中的 OV-1 产品用例图模型

由于 X 语言支持图形与文本两种建模形式，所以也可以选择以文本的形式进行建模，再通过 XLab 进行图文转换。

对于战场救援来说，伤员的成功救治需要救护组对伤员进行合理的伤情判断，选择正确的救治方法，同时也需要伤员本身在受困后一定程度的自救与互救、抢救组搜寻终端对伤员的及时发现和正确救援、指挥员合理的救治任务分配，以及卫星通信系统的正常工作等。在顶层模型建立后，针对体系的通信系统和救援系统同样进行用例图搭建。图 6-16 描述了救

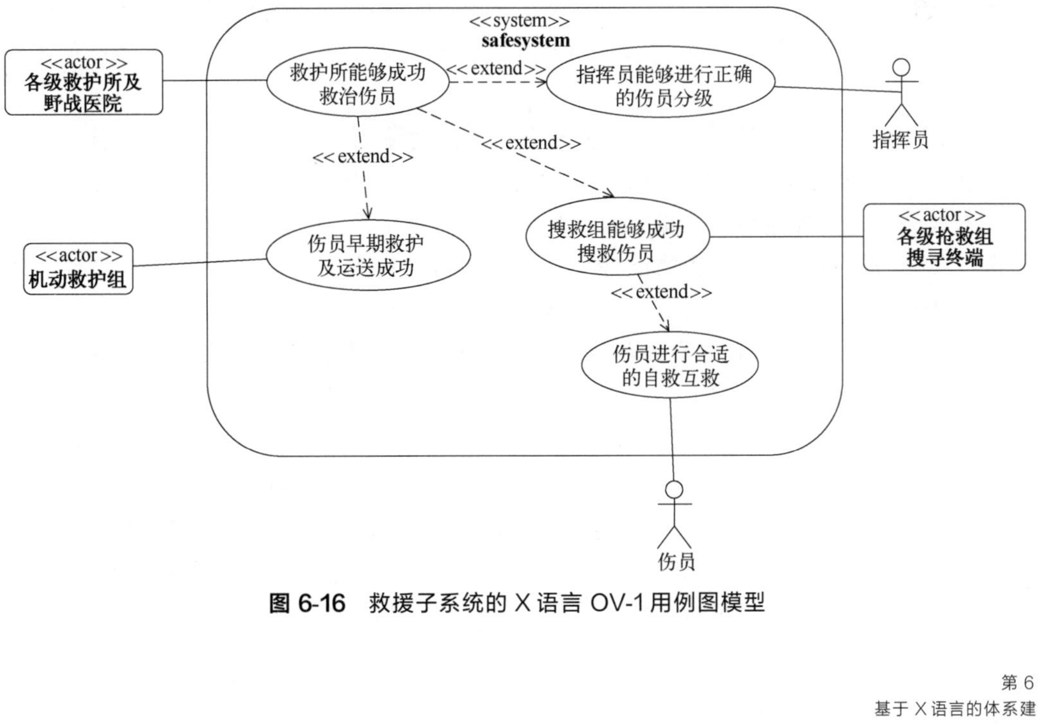

图 6-16　救援子系统的 X 语言 OV-1 用例图模型

援子系统的 X 语言 OV-1 用例图模型，即若各级救护所及野战医院能够完成伤员救治任务，应达成相应条件，包括指挥员能够进行正确的伤员分级、伤员能够得到早期救护及运送、搜救组能够成功搜救伤员等。此过程需要各级救护所及野战医院、机动救护组、各级抢救组搜寻终端、伤员和指挥员等单位和个人共同配合。

图 6-17 给出了通信子系统的 X 语言 OV-1 用例图模型。若能够完成救援过程中的正常通信任务，各级指挥员应具备通过卫星与各级救护所通信的功能，卫星应能够实现正常的信号传递和图像处理，同时各级救护所应能够正常接收信息。

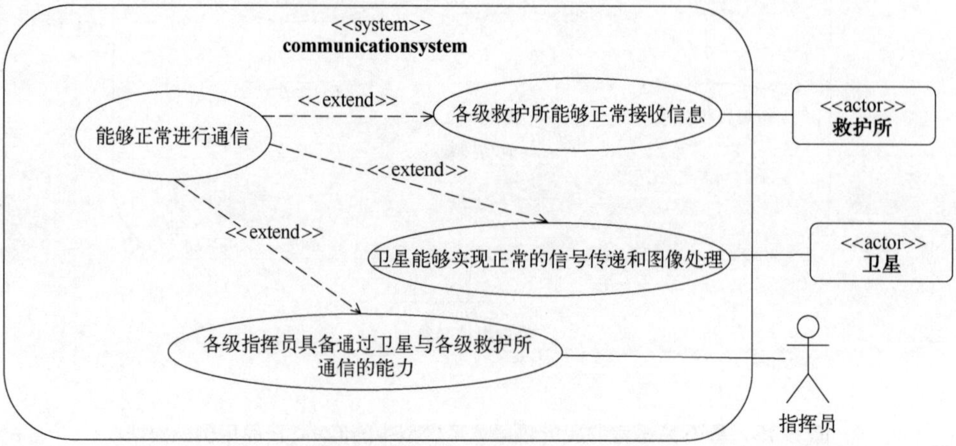

图 6-17　通信子系统的 X 语言 OV-1 用例图模型

战场搜救组织指挥体系，主要分为战区战场搜救指挥编组、联合作战指挥中心战场搜救指挥编组、陆上作战集群战场搜救指挥编组、陆上作战群队战场搜救指挥编组和战场搜救部队指挥编组等组织。建模时需要将这些组织进行实例化，且在后续作战视图 OV-2 产品的建立过程中将被引用和泛化。同理，战场搜救技术体系包括野外生存技术、专用战术技能、搜索定位技术等多项技术；战场搜救装备器材体系包括搜寻定位装备器材、呼救报告装备器材、救援救生装备器材等多项器材；而军民联合搜救力量则包括公路应急运输保障力量、铁路应急运输保障力量、航空应急运输保障力量等多项力量。这几部分的具体建模形式如图 6-18 所示。

在搭建 OV-4 后，利用 OV-5 对活动和活动之间的输入/输出流进行描述，其中任务活动分解树 OV-5a 描述任务活动之间的层次关系，反映某一任务活动包含的子任务活动。在战场救援体系中，主要包括呼救报告、态势评估、行动筹划、行动实施和行动收尾五大子任务，每个子任务又分为众多任务情况和动作行为。此产品主要利用 X 语言定义图建立耦合类与离散类模型，对体系的作战活动进行分解展示。

而任务活动模型 OV-5b 主要描述与体系结构描述相关的情报界任务活动、业务活动和防御活动以及活动之间的资源交换。结合 X 语言定义图与状态机图，对 OV-5a 所描述的作战活动子系统进行协调，描述各子系统在各情况下的状态变化，形成 OV-5b 的总体状态机图，如图 6-19 所示。其中，作战活动过程以获取搜救信息为起始，开展搜救行动筹划、搜救计划制定、指挥员判断决策并指导等活动，吸纳各方情报信息，进行综合协调保障，并对异常情况进行判断，最后开展行动情况收集总结、指导员讲评以及下发通报等活动。针对其中的获取搜救信息和策划搜救行动两个活动模型，可进行进一步的活动建模。

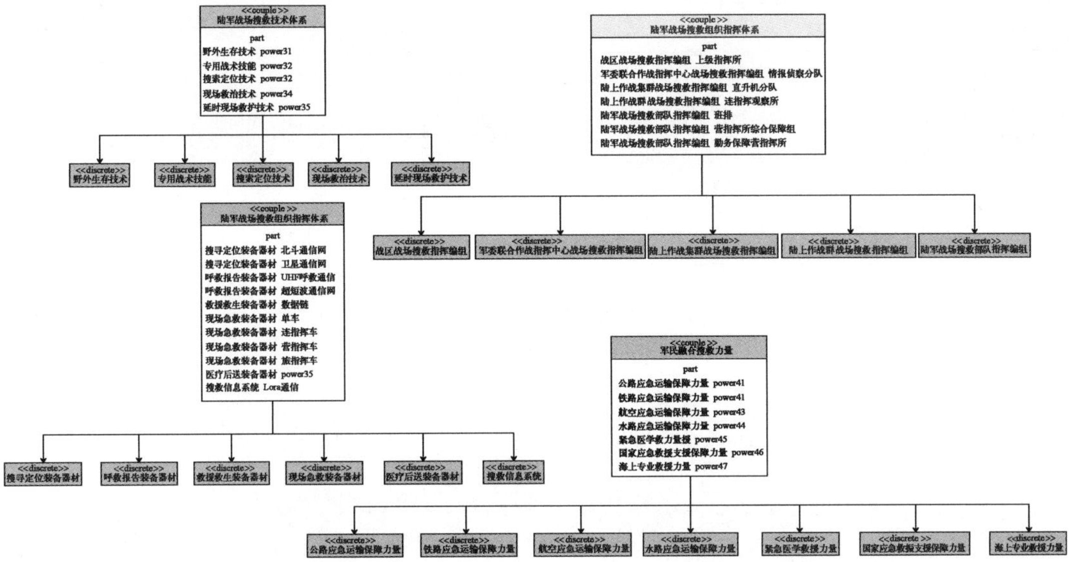

图 6-18　基于 X 语言的 OV-4 部分体系模型构建

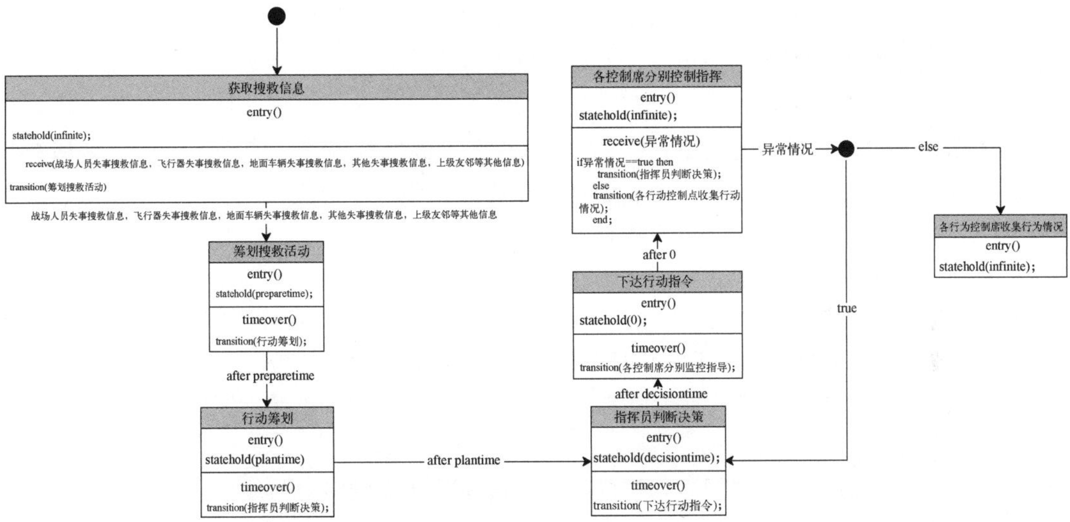

图 6-19　基于 X 语言的救援体系 OV-5b 模型构建

在完成以上作战视图建模之后，需要构建作战活动模型 OV-2。以作战活动和信息交换关系为基本建模元素，利用 X 语言定义图、连接图和活动图，对作战节点完成、输入输出关系、作战活动之间的信息交换关系等进行描述。战场救援体系作战活动模型主要包括遇险飞行员搜救指挥通信链路模型、遇险特战人员搜救指挥通信链路模型和合成部队火线伤员搜救指挥通信链路模型。前两者以 X 语言连接图描述其基本输入输出关系，包括情报侦察分队、特战搜救小队、直升机搜救队、机动指挥所和飞行员之间的指挥、协同与遇险呼救等关系。合成部队火线伤员搜救指挥通信链路模型如图 6-20 所示，包括单车伤员集中点、连抢救组、营救护站、旅救护所等搜救节点之间的各类通信方式，并整理各类战损信息，描述战场救援体系的基本通信网。

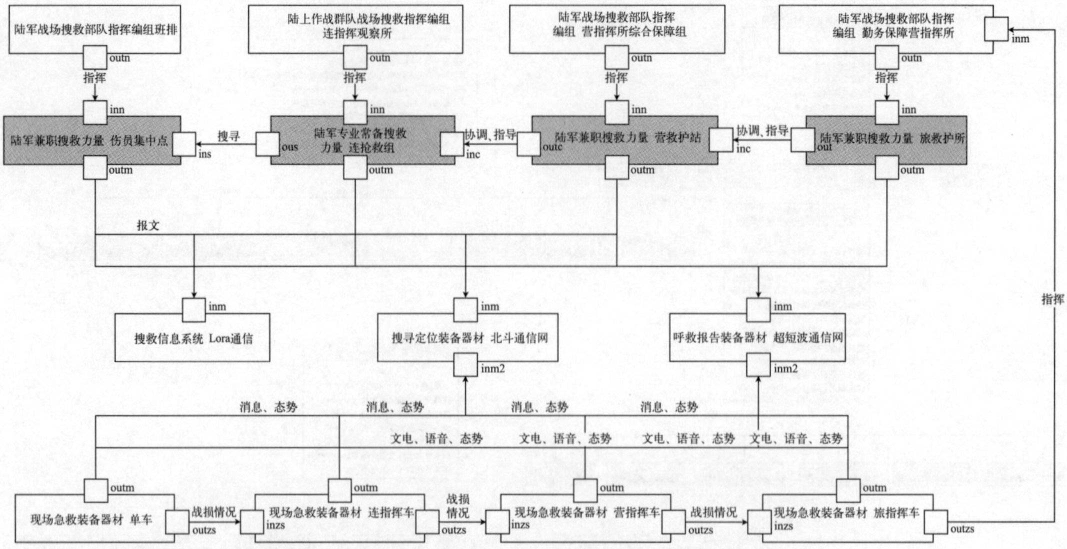

图 6-20 基于 X 语言的救援体系通信链路 OV-2 模型

(2) 战场救援体系能力视图

能力视图对战场救援体系的能力需求、交付时间、能力层次结构和依赖关系等信息进行描述。能力视图在标准视图的约束下，对作战视图的行为活动进行映射。通过建立 CV-1 形成包括呼叫报告、态势评估、行动筹划、行动实施和行动收尾五个部分的能力阶段；再对能力的层次结构和时间背景进行定义，形成 CV-2 视图。战场救援体系能力主要包括指挥控制能力、搜救定位能力、医疗后送能力、综合保障能力、呼救报告能力、救援救生能力和战场急救能力，各能力进行实例化后，可各自分为一些较为细致的子能力，对这些子能力的具体属性信息与交互关系进行建模，完成 CV-2 的产品构建。

利用 CV-2 建立的模型图元，对救援体系能力之间的依赖关系进行定义，利用 X 语言连接图形成 CV-4。救援救生能力需依赖身份识别能力、医疗后送能力、生命维持能力、响应能力、呼救报告能力和呼救能力等众多能力，同时实施决策能力也受指挥控制能力、报告能力、指挥决策能力等的共同影响。

在建立作战视图与服务视图后，根据战场救援体系所需的能力与能力之间活动的映射关系，可对能力与作战活动映射模型（CV-6）进行建模。由此在能力视图分析和作战视图分析的操作活动之间架起了一座桥梁。作战活动映射模型体现了战场救援体系诸多能力与作战活动之间的关系，包括指挥控制能力、搜救定位能力、战场急救能力、救援救生能力、呼救报告能力、医疗后送能力等 CV-2 中建立的能力模型，以及获取搜救信息、筹划搜救行动、制定搜救计划、各控制席分别监控指导等 OV-5a 中建立的作战活动分解模型。

(3) 战场救援体系系统视图

系统视图对救援体系的子系统信息及其交互关系进行描述。利用 X 语言的定义图、连接图、状态机图和活动图等，对系统功能模块、子系统性能参数、数据流与功能映射关系等进行定义。

首先以系统以及系统之间的层次关系为两个基本建模元素，描述救援体系中子系统的相关信息，如系统功能、性能参数等，形成 SV-2，如图 6-21 所示。由于战场救援体系模型可分为许多子系统，如卫星通信子系统、雷达探测子系统、救援调配子系统等。此处以卫星通信子系统为例进行模型构建。

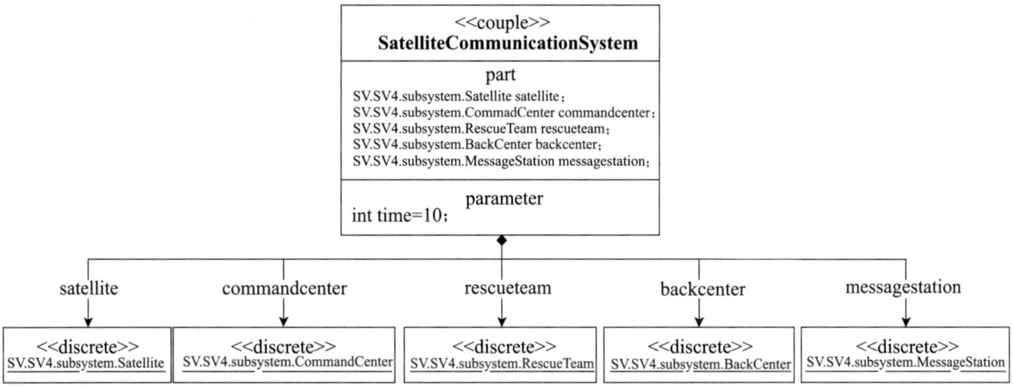

图 6-21　基于 X 语言定义图的战场救援体系部分 SV-2 模型

再通过对系统功能和数据流的描述，以系统节点、系统、接口和通信链路为基本建模元素，确定子系统功能映射，形成 SV-4 视图，如图 6-22 所示。SV-4 描述了救援通信的全过程，包括位于安全区域的后方指挥中心向地面信息港请求救援区域遥感图像、地面信息港向遥感卫星控制中心（前方指挥中心）请求救援区域遥感图像、遥感卫星控制中心通过调度遥感卫星重点扫描救援区域、将遥感图像通过高轨卫星中继业务回传至前方指挥中心和后方指挥中心等步骤。

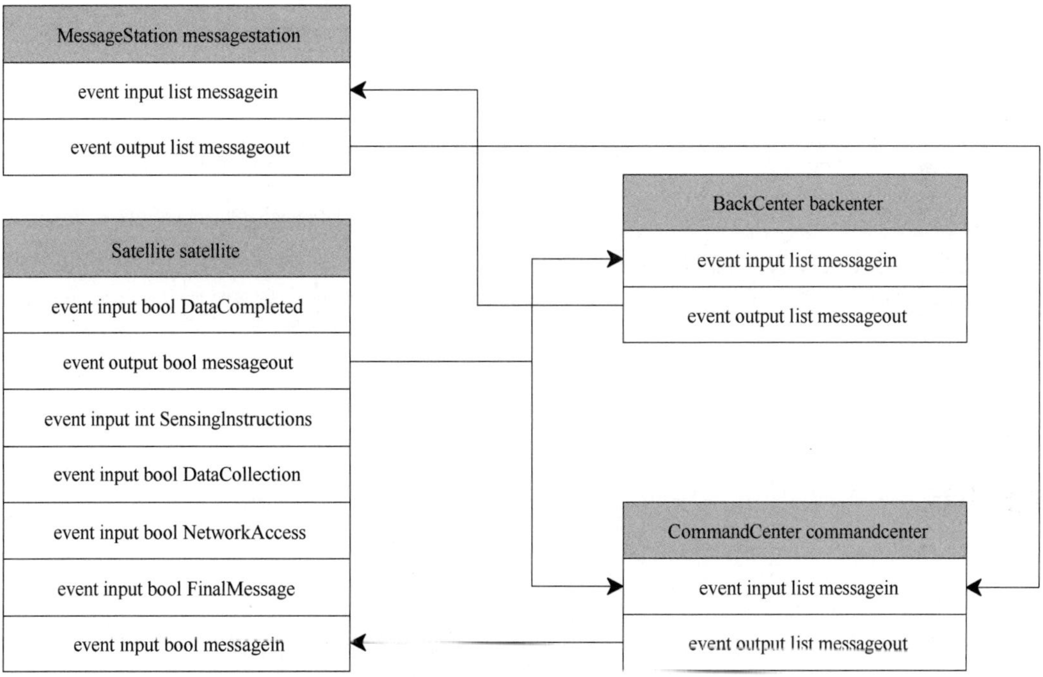

图 6-22　战场救援体系中的卫星通信系统 SV-4X 语言模型

针对卫星通信系统的状态转换过程，可利用 X 语言状态机图建立 SV-10b 模型，如图 6-23

所示。以遥感卫星的状态机图为例，卫星在收到入网指令后进入在线状态，等待遥感指令的下达。若在规定时间内成功接收指令，则进行遥感数据采集，并发送数据回传请求进行数据回传；若未能成功接收指令，则发送超时信号，重新等待指令下达。

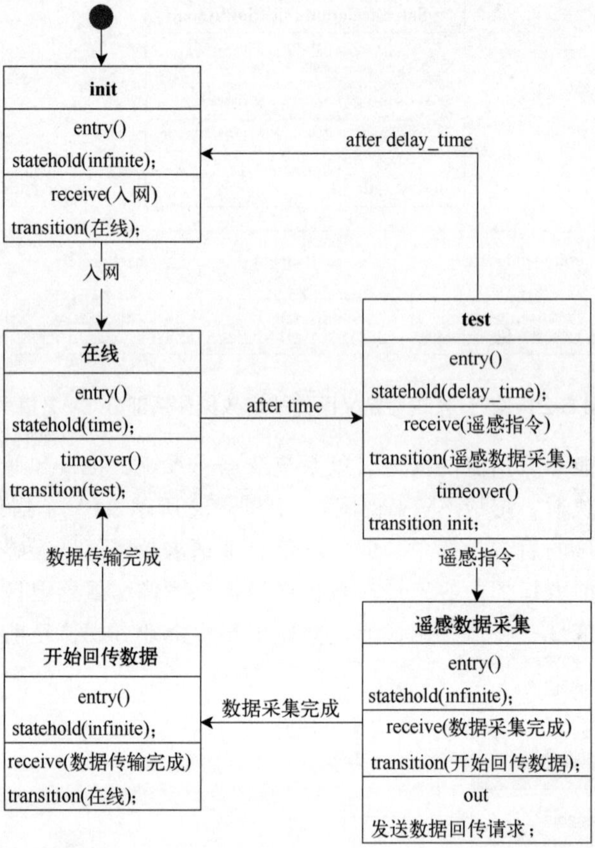

图 6-23　卫星通信系统中遥感卫星单元的 SV-10b 产品 X 语言模型图

在战场救援体系模型的建模过程中，各个视图产品不是相互独立的，许多产品的信息都来源于其它视图所包含或泛化的信息。故在基于 X 语言的多视图体系模型的构建过程中，除了要考虑视图之间的关联关系之外，还要考虑视图内不同产品、视图间不同产品的连接引用关系。

6.4 本章小结

本章介绍了基于 X 语言的体系建模方法。针对体系的特点以及体系建模的需求，以 DoDAF 多视图思想为体系建模框架，提出了基于 X 语言的多视图体系建模方法，分析了 X 语言对于多视图体系建模过程的支持性以及基于 X 语言的体系建模的优势，并以战场救援体系为例进行体系模型案例分析，对战场救援体系的 X 语言作战视图、能力视图、系统视图和服务视图的体系模型的构建过程进行了详细的描述。

参考文献

[1] 王维平，朱一凡，王涛，等. 体系视野下的 MBSE [J]. 科技导报，2019，37 (07)：12-21.

[2] Baek Y M，Mihret Z，Shin Y J，et al. A modeling method for model-based analysis and design of a system-of-systems [C]. 2020 27th Asia-Pacific Software Engineering Conference (APSEC) [C]. IEEE，2020：336-345.

[3] Buede D M，Miller W D. The engineering design of systems：models and methods [M]. John Wiley & Sons，2024：3-46.

[4] 杨兆瑞，于翔，王坚，等. 多架构体系建模与仿真联合平台 [J]. 计算机系统应用，2021，30 (12)：63-72.

[5] DoD Architecture Framework Working Group. DoD Architecture Framework Version 2.0 [R]. U. S.：Department of Defense，2009.

[6] Ministry of Defense，MoDAF Meta Model (M3)，v1. 2003，03/04/2008.

[7] Torkjazi M，Davila-Andino A J，Alghamdi A，et al. UAF strategic planning for enterprises [J]. IEEE Access，2022，10：123549-123559.

[8] Han F，Wang J X，Xiao G，et al. Description and analysis methods of information system architecture based on DODAF [C] //2008 International Symposium on Information Science and Engineering. IEEE，2008，1：637-642.

[9] Cheney K E，Colombi J M. Model-based Systems Engineering to Support Test-driven Development [J]. The ITEA Journal，2020 (2)：41.

[10] Amissah M，Handley H A H. A process for DoDAF based systems architecting [C] // 2016 Annual IEEE Systems Conference (SysCon). IEEE，2016：1-7.

[11] Pan X，Yin B，Hu J. Modeling and simulation for SoS based on the DoDAF framework [C] //The Proceedings of 2011 9th International Conference on Reliability，Maintainability and Safety. IEEE，2011：1283-1287.

[12] 孙韵晴. 基于 X 语言的体系建模与仿真验证方法研究 [D]. 北京：北京航空航天大学，2024.

第7章 X语言应用案例

本章介绍一些X语言的应用案例，通过这些案例展示X语言、方法论X-SEM和软件XLab如何在分析和解决问题的过程中被正确使用，以及如何将特定领域的专业知识同X语言建模仿真流程相结合。需要说明的是，这些案例虽然来自实际的工程应用，但重要参数都做了适当的处理并简化了一些工程细节，这些简化主要是为了方便展示和说明，而X语言实际应用的对象比案例中展示的要复杂得多。

7.1 案例一 电动汽车系统设计

7.1.1 背景概述

电动汽车（EV）代表了未来交通发展的一个重要方向，其设计理念和技术的创新对推动全球能源结构转型和应对气候变化具有重要意义。电动汽车的能源利用效率是其一大优势，相较于传统燃油汽车，电动汽车能够更高效地将能源转化为动力，减少能源的浪费。电力作为驱动能源，其成本通常低于燃油，特别是在电力市场日益成熟和可再生能源比例不断增加的背景下，电动汽车的运行成本更加低廉，这对于消费者来说是一个重要的经济优势。在环保方面，电动汽车的零排放特性极大地减少了城市空气污染和温室气体排放，有助于改善城市环境质量，促进可持续发展。同时，电动汽车在行驶过程中产生的噪声也低于燃油汽车，这不仅提升了驾驶的舒适性，也减少了城市噪声污染，改善了居民的生活质量。

电动汽车的设计和制造是一个复杂的系统工程，涉及电力驱动及控制系统、电池系统、车身系统等多个子系统的集成。电力驱动及控制系统是电动汽车的心脏，负责将电能转换为机械能，推动车辆行驶；电池系统作为能量存储单元，其性能直接关系到电动汽车的续航能力和充电效率；车身系统则关乎车辆的舒适性和安全性。这些子系统的设计和优化需要综合考虑能源效率、安全性、可靠性、成本和用户体验等多个因素。

为了进一步提高电动汽车系统设计效率，降低研发成本，在本节中，以EV为研究对象，基于X-SEM方法论对电动汽车进行设计和仿真，实现对直线驾驶场景汽车系统需求、功能分析、逻辑分析到系统架构设计和仿真的全闭环验证过程。

7.1.2 基于 X 语言的建模与仿真

(1) 问题域-黑盒

在这一阶段我们根据捕捉到的利益相关者需求，为电动汽车创建需求图。假设电动汽车在驾驶员操作下直线行驶，在此场景中，需要优先考虑不同利益相关者的需求。驾驶员是该场景中的主要利益相关者。根据驾驶员对电动汽车的基本驾驶要求，直线行驶场景中利益相关者的需求归纳如下[1]：

req1　解锁指令：电动汽车应能正常接收驾驶员的开锁指令并完成解锁；

req2　手刹释放指令：电动汽车应能正常接收驾驶员发出的手刹释放指令，并成功释放手刹；

req3　速度控制：可控制电动汽车加速、匀速、减速并达到所需的速度；

req4　能源供应：电动汽车可获得适当的动力；

req5　水平路面 V10：电动汽车速度在 10s 内至少达到 90km/h；

req6　水平路面上的 V20：电动汽车的速度必须在 10s 内至少达到 115km/h；

req7　在坡度为 15°道路的 V10：电动汽车的速度必须在 10s 内至少达到 40km/h；

req8　在坡度为 15°道路的 V20：电动汽车的速度必须在 10s 内至少达到 50km/h；

req9　在指定条件下，汽车实际速度与期望速度之间的平均误差必须在 0.1 以内；

req10　在 NEDC 工况下，电池电量损耗在 10%～20%之间。

这些利益相关者的需求是功能分析、系统设计和验证的基础。通常可使用外部需求管理软件（如 DOORS）来组织和跟踪利益相关者的需求。此处使用基于 X 语言的需求图作为记录和管理需求的手段。这里将引入一个细化矩阵来说明需求追踪过程。

在 XLab 中构建的需求图如图 7-1（a）所示，描述了驾驶员提出的部分需求。同时，这

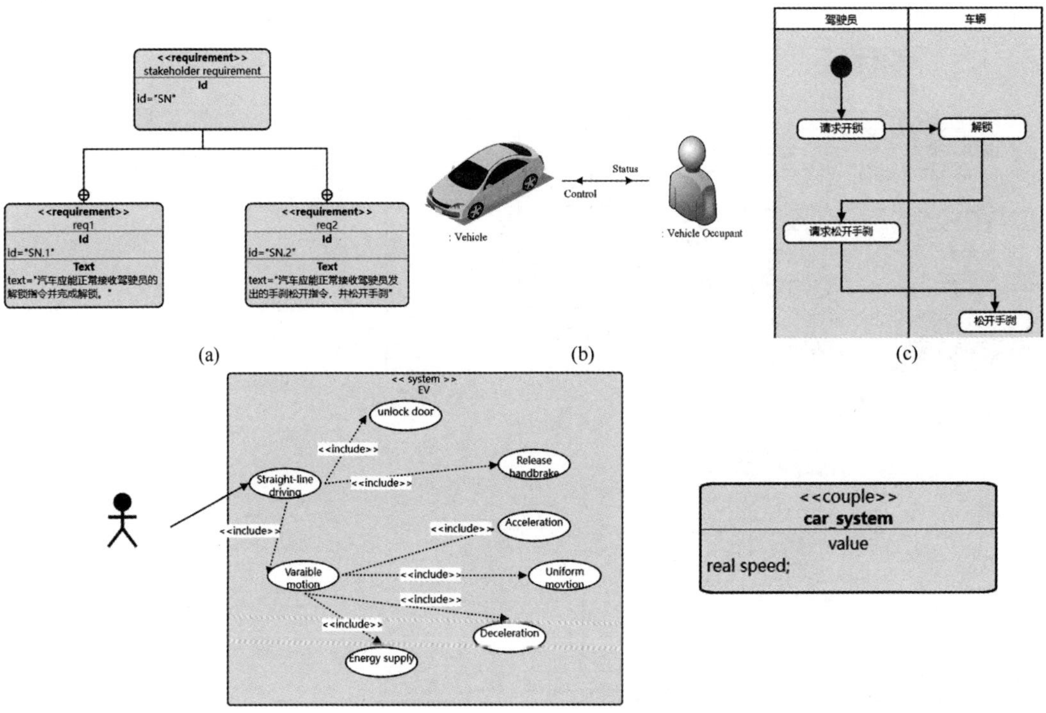

图 7-1　问题域-黑盒阶段设计图

个阶段也要建立起电动汽车最顶层模型同外部对象之间的交互关系。X 语言的连接图允许系统工程师去建立这种交互关系。如图 7-1（b）所示，电动汽车的驾驶过程涉及一个主要的外部对象，即驾驶员。二者之间的交互内容为电动汽车的状态和控制信号。

黑盒阶段的另外一个工作是将需求转化为功能用例。这些功能用例用于满足利益相关者的需求。直线行驶场景涉及三个主要用例：解锁车门、松开手刹和变速运动。变速运动用例包括四个子用例：加速、匀速、减速和供电。图 7-1（d）描述了直线行驶场景中涉及的用例以及它们之间的关系。

通过功能分析并建立用例图后，就可以使用 X 语言活动图来描述这些功能用例之间的交互关系。活动图通过在驾驶员和电动汽车之间创建功能活动流来捕捉用例场景，构建的活动图模型如图 7-1（c）所示。可见驾驶员发送解锁信号后，电动汽车接收信号并解锁车门。然后，驾驶员发送一个手刹释放信号，电动汽车接收信号并释放手刹。最后驾驶员通过调节加速踏板或制动踏板来控制电动汽车的速度，直至完成直线行驶任务。

最后，结合需求图，我们可以分析得出电动汽车的效能指标，即电动汽车在直线行驶场景下的行驶速度，如图 7-1（e）所示。

（2）问题域-白盒

一旦完成了电动汽车在黑盒阶段的定义，就可以构建其白盒活动图，并将满足利益相关者需求的功能活动流通过泳道分配到相应的逻辑子系统中，如图 7-2（b）所示。中央控制系统（CCS）请求开锁，门被打开。之后，CCS 请求释放手刹，手刹制动接触。之后，CCS 会根据路况发送速度控制请求。需要加速或匀速行驶时，驾驶员调节加速踏板，能源系统提供动力。车身执行速度响应并向 CCS 反馈。同样，当需要减速时，驾驶员调整制动踏板，完成速度反馈。这一过程不断重复，直到驾驶任务完成。电动汽车的活动图阐明了参与直线行驶场景的逻辑子系统及其相互作用，从而指导电动汽车逻辑架构的建立。

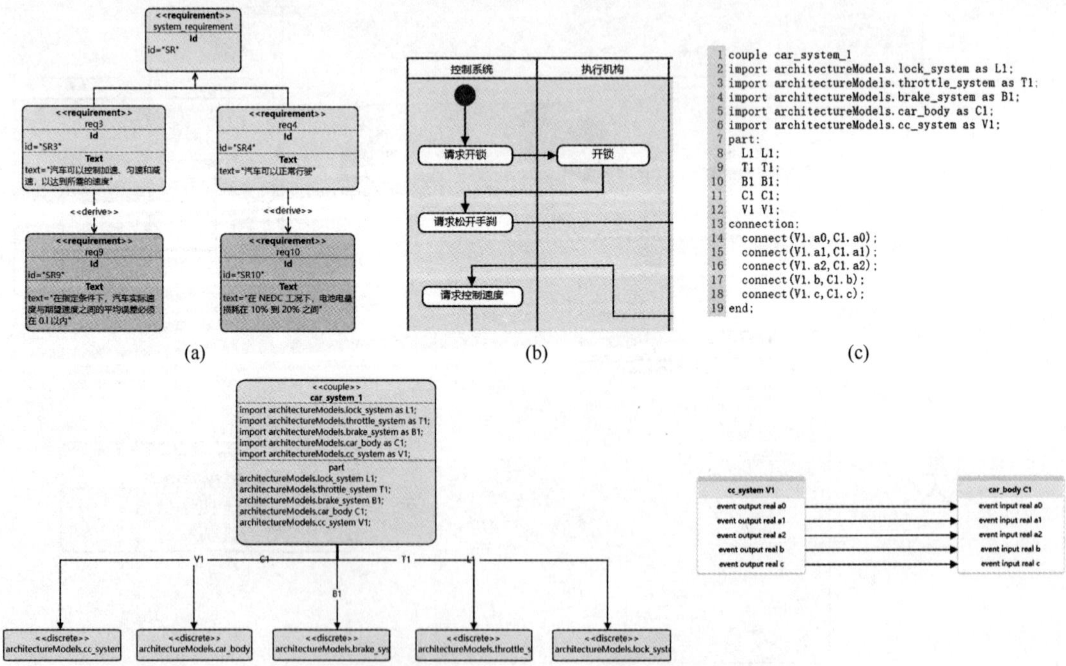

图 7-2　问题域-白盒阶段设计图

根据电动汽车的活动图，系统工程师可以创建一个细化矩阵，以确认每个需求都得到了细化，并建立活动与需求之间的对应关系，如图 7-3 所示，相应的追溯关系由“细化”符号表示。依据图 7-3 可得，从白盒的角度来看系统的功能活动可以完全涵盖所有需求。同时，电动汽车的活动图明确了逻辑子系统及其相互作用，这使得电动汽车的逻辑结构更加清晰。在 X 语言中，按照自顶向下的建模理念，这些逻辑子系统及其交互是使用耦合类定义的，如图 7-2（d）和 7-2（e）。耦合类的定义图描述了电动汽车中包含的逻辑子系统，连接图描述了逻辑子系统之间的信号或数据交互。其中描述顶层电动汽车逻辑结构耦合模型的 X 语言文本如图 7-2（c）所示。

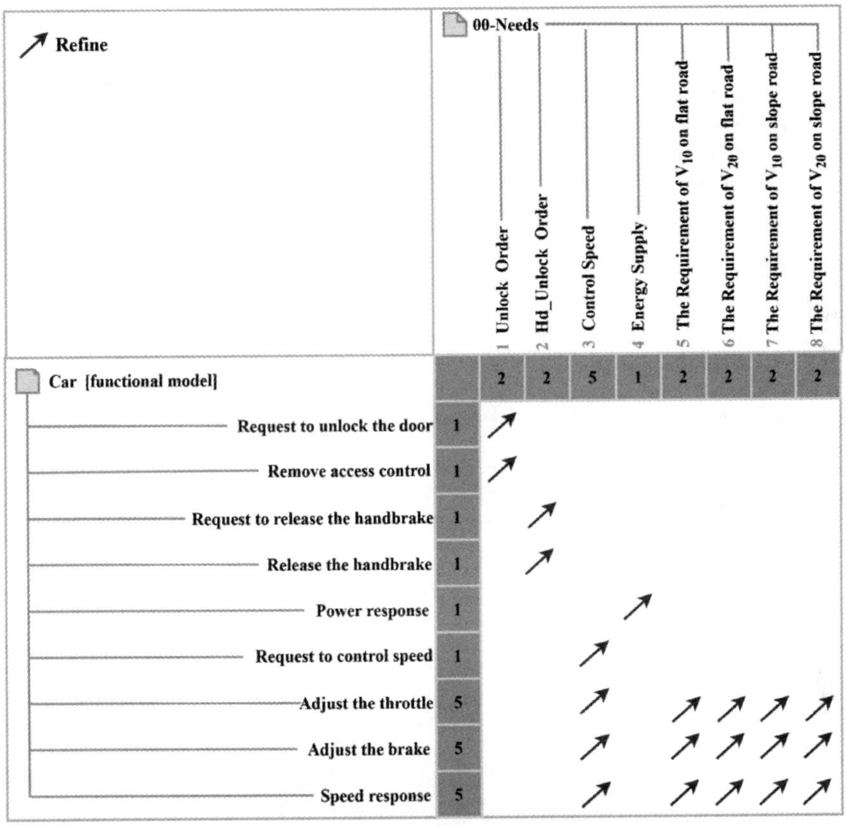

图 7-3　利益者相关需求和功能活动的细化矩阵

根据电动汽车的系统逻辑架构，系统工程师可基于离散类建立各逻辑子系统的结构和行为。当所有逻辑子系统模型设计完成后，可将基于耦合类的系统逻辑架构文本模型和基于离散类的所有逻辑子系统文本模型组合成仿真项目文件。该项目文件能够基于编译器和仿真器进行编译和仿真，以验证功能需求。以 CCS 为例，作为主控系统，CCS 负责控制其他逻辑子系统的行为。具体的控制流程如下：发送开锁指令后，CCS 进入预开锁状态；当解锁后，CCS 发出释放手刹的命令，并进入预释放状态；随后，CCS 向加速系统发送加速踏板增加信号，进入加速状态；5s 后，CCS 向加速系统发送加速踏板保持信号，进入匀速状态；5s 后，CCS 向加速系统发送加速踏板释放信号；加速踏板释放后，CCS 向制动系统发送制动信号，进入减速状态；5s 后，CCS 进入停车状态，完成驾驶任务。

如图 7-4（a）和 7-4（b）所示，该离散模型的定义图描述了 CCS 与其他逻辑子系统之间的输入和输出信号，状态机图描述了状态、状态转换条件和状态转换过程。CCS 的 X 语言文本模型如图 7-4（c）所示。

完成所有逻辑子系统模型的构建后，即可确定电动汽车的整体逻辑架构。逻辑架构能够有效规定系统设计的需求，部分需求如图 7-2（a）所示。其中，req3、req4 为功能性需求，req9、req10 为非功能性需求。

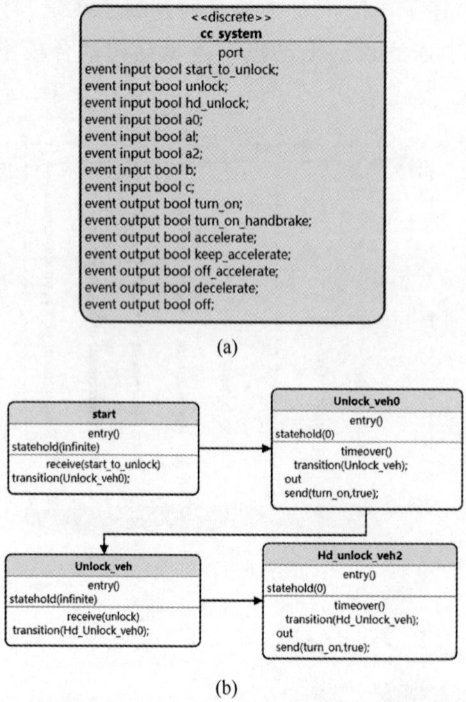


```
discrete cc_system
port:
  event input bool start_to_unlock;
  event input bool unlock;
  event input bool hd_unlock;
  event input bool a0;
  event input bool a1;
  event input bool a2;
  event input bool b;
  event input bool c;
  event output bool turn_on;
  event output bool turn_on_handbrake;
  event output bool accelerate;
  event output bool keep_accelerate;
  event output bool off_accelerate;
  event output bool decelerate;
  event output bool off;
state:
  initial state Stop
    when entry() then
      statehold(infinite);
    end;
    when receive(start_to_unlock) then
      transition(Unlock_veh0);
    end;
  end;
  state Unlock_veh0
    when entry() then
      statehold(0);
    end;
    when timeover() then
      transition(Unlock_veh);
      out
```

(c)

图 7-4　CCS 的图形和文本模型

（3）验证域-逻辑架构仿真验证

最后，由问题域生成的电动汽车逻辑架构的文本模型通过 XLab 编译器转化为可执行的仿真文件并通过 XLab 仿真器进行仿真。图 7-5 展示了在仿真过程中，CCS 的状态随时间的变化情况。可以看到电动汽车可以正常进行开门、松开手刹、加速、匀速和减速等操作。根据仿真结果目前电动汽车的逻辑结构符合系统设计的功能性要求：req1～req4。

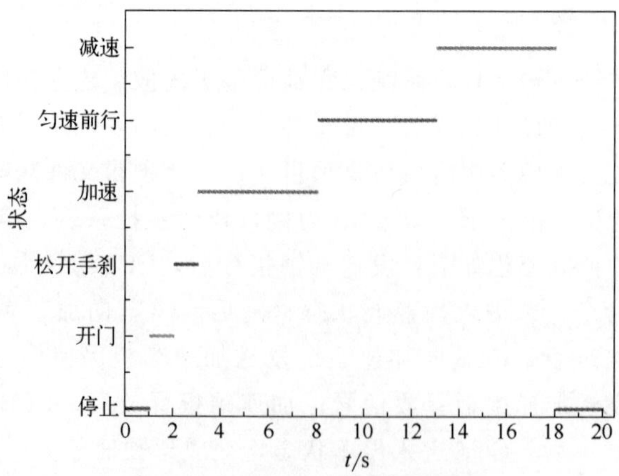

图 7-5　CCS 的状态仿真结果

(4) **解决方案域**

为了满足所有系统设计要求，电动汽车的最终架构将根据非功能性要求 req5～req8，在已建立的逻辑架构上，推导出一个用于加速和制动控制的 PI 控制系统。考虑到电动汽车的内部结构——车身由电机系统、传动系统和动力学系统实现，因此，电动汽车的系统组成可根据耦合类的定义图来定义。图 7-6（a）给出了电动汽车的子系统组成，包括 CCS、加速系统、制动系统和能源系统等。

CCS 仍构建为离散类，作为主控系统，控制电动汽车的状态。具体控制逻辑如下：发送解锁指令后，CCS 进入预解锁状态；之后，CCS 发出释放手刹的命令，进入预释放状态；随后，CCS 将所需车速与实际车速之间的差值信号发送至 PI 控制系统；PI 控制系统获取加速踏板或制动踏板的开度，并通过加速或制动系统输出；然后，电机系统、传动系统、能源系统和动力学系统共同计算所需的驱动或制动转矩，并将当前速度反馈给 CCS，由 CCS 确定电动汽车当前的行驶状态（加速、匀速、减速或静止）。这一过程不断重复，直至驾驶任务完成。

基于上述分析和电动汽车中相关子系统的物理特性，可以构建具有连续行为的物理子系统，并分析它们之间的相互作用。这里重点讨论 PI 控制系统和动力学系统的建模过程。

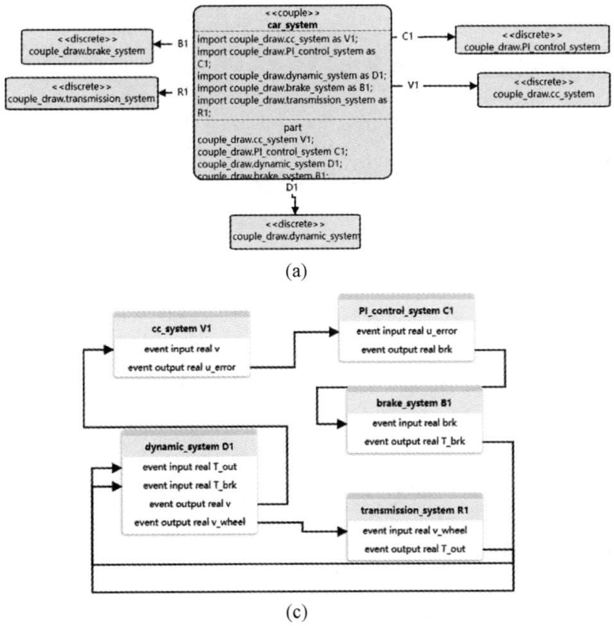


```
couple car_system
import couple_draw.cc_system as V1;
import couple_draw.PI_control_system as C1;
import couple_draw.dynamic_system as D1;
import couple_draw.brake_system as B1;
import couple_draw.transmission_system as R1;
part:
  V1 V1;
  C1 C1;
  D1 D1;
  B1 B1;
  R1 R1;
connection:
  connect(V1.u_error,C1.u_error);
  connect(C1.brk,B1.brk);
  connect(B1.T_brk,D1.T_brk);
  connect(D1.v_wheel,R1.v_wheel);
  connect(R1.T_out,D1.T_out);
  connect(D1.v,V1.v);
end;
```

(b)

图 7-6 电动汽车逻辑架构图形和文本模型

① 控制系统。

在当前的直线行驶情况下，根据期望速度与实际速度之间的误差，PI 控制系统会计算出加速或制动的控制信号，并利用饱和函数将控制信号值设置在［−1，1］。当控制信号小于 0 时，发送给制动系统；控制信号大于 0 时，发送给加速系统。PI 控制算法公式如下：

$$u = k_p \times e(t) + k_i \times \int e(t)\mathrm{d}t \tag{7-1}$$

基于上述分析，PI 控制系统的结构和行为如图 7-7（a）和 7-7（b）所示，定义图定义了输入和输出端口，方程图定义了PI控制系统的物理机制和相关的值绑定属性。PI控制系统的文本模型如图7-7（c）所示。

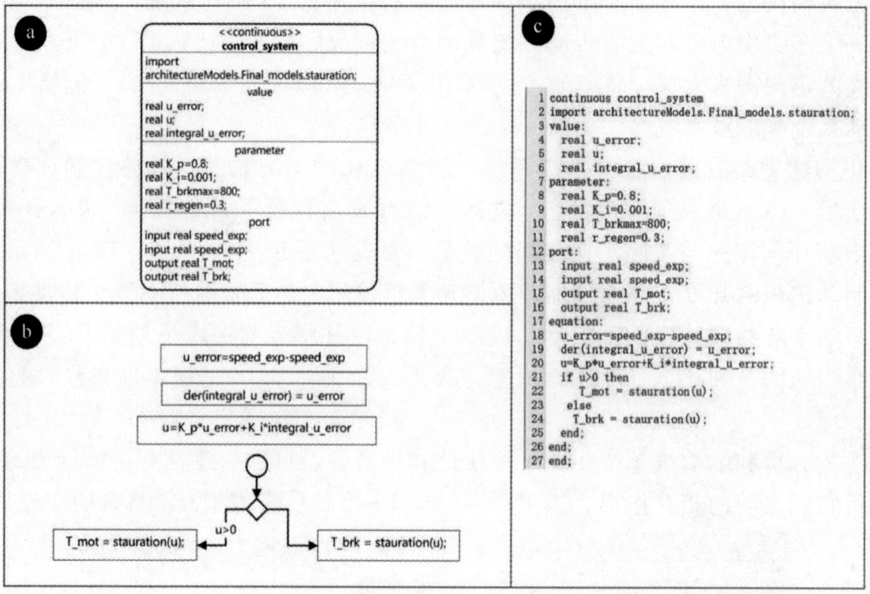

图7-7 PI控制系统的图形和文本模型

② 动力学系统。

动力学系统在接收到传动系统计算出的实际驱动转矩或制动转矩后，可通过公式（7-2）计算出驱动力或制动力 F_t。

$$F_t=\frac{T_0}{r} \tag{7-2}$$

式中，T_0 代表实际驱动或制动转矩，r 代表车轮半径。

电动汽车在直线行驶过程中遇到的阻力包括坡道阻力、滚动阻力和空气阻力。它们的计算公式分别如下：

坡道阻力：

$$F_g=mg\sin\alpha \tag{7-3}$$

式中，m 代表电动汽车的总质量，g 代表重力加速度，α 代表坡道斜率。

滚动阻力：

$$f=f_0+f_1\left(\frac{u}{100}\right)+f_4\left(\frac{u}{100}\right)^4 \tag{7-4}$$

$$F_f=f\times mg\cos\alpha \tag{7-5}$$

式中，f 是滚动摩擦系数，u 代表车速，f_0、f_1 和 f_4 是常数。

空气阻力：

$$F_w=\frac{C_DAu^2}{21.15} \tag{7-6}$$

式中，C_D 代表空气阻力系数，A 代表迎风面积，u 代表车速。

根据汽车动力学原理，电动汽车的加速度、速度和轮速可按以下公式计算：

$$F_t - F_w - F_f - F_g = ma \tag{7-7}$$

$$u = u_0 + at \tag{7-8}$$

$$u_w = (30/\pi)\left(\frac{u}{r}\right) \tag{7-9}$$

式中，a 表示加速度，u 表示车速，u_0 表示初始车速，u_w 表示车轮速度。

动力学系统将当前速度发送给 CCS，CCS 再根据连续两个时间点的速度差确定当前的行驶状态。

基于上述分析，动力学系统的结构和行为由连续类构建，构建结果如图 7-8（a）和 7-8（b）所示。其中定义图定义了输入和输出端口、相关参数和变量，而方程图则描述了动力学系统的物理机理及其相关的值绑定属性，连续类的文本模型见图 7-8（c）。

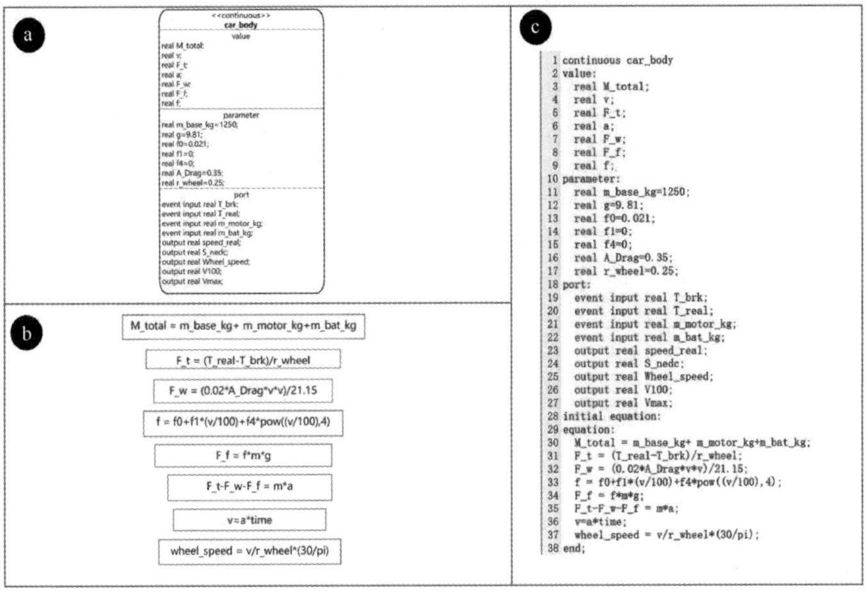

图 7-8　动力学系统的图形和文本模型

在完成对所有子系统的分析后，即可以确定所有子系统之间的交互情况，如图 7-4（b）所示。图 7-4（a）和 7-4（b）显示了电动汽车最终的顶层架构模型。图 7-6（c）展示了电动汽车的文本模型。

（5）验证域-电动汽车系统模型仿真验证

到此为止，针对电动汽车直线行驶场景的系统设计已经完成。由解决方案域生成的电动汽车系统模型的文本由 XLab 编译器和仿真器转化为可执行的仿真文件进行仿真。仿真结果将用于验证当前设计的电动汽车是否满足所有系统设计要求。仿真开始时，电动汽车性能的关键参数如表 7-1 所示。

表 7-1　电动汽车性能的关键参数

关键参数	值	关键参数	值
SOC	100%	车轮半径	0.35m
传动比	11	K_p	0.8
传动效率	0.95	K_i	0.001

仿真结果如图 7-9（d）所示，电动汽车在前 80s 完成了解锁车门、松开手刹、加速、匀速、减速等操作，满足了功能性需求 req1～req4。如图 7-9（a）所示，在新欧洲驾驶循环（NEDC）下，电动汽车的实际速度与预期速度几乎一致，最终平均误差为 0.078，满足性能需求 req9。图 7-9（c）表明，完成 NEDC 后，*SOC* 损失小于 10%，满足性能需求 req10。此外，结合图 7-9（b）和 7-9（d）可以看出电动汽车的运行状态和速度变化在前 80s 是一致的。这间接验证了 XLab 对混合系统仿真的正确性。

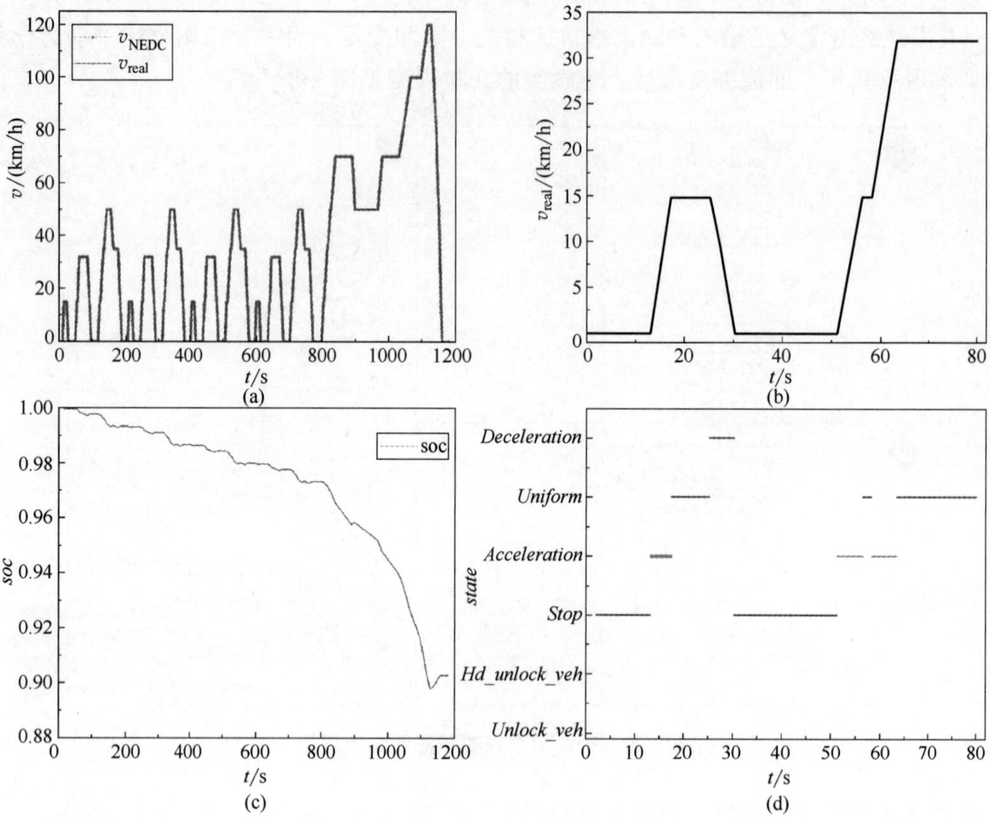

图 7-9 NEDC 工况下的仿真结果

在验证了与 NEDC 相关的需求后，进一步对非功能性需求 req5～req8 进行仿真和验证。仿真结果如图 7-10（a）和图 7-10（b）所示。在平坦的道路上，10s 时的 v（电动汽车速度）为 86.859km/h，不符合 req5，20s 时的 v 为 119.82km/h，符合需求 req6。在坡度为 15°的道路上，10s 时的速度为 32.929km/h，不符合需求 req7，20s 时的速度为 48.196km/h，不符合需求 req8。总之，当前系统的相关设计参数并不能完全满足所有非功能性需求 req5～req8。因此，有必要调整相关设计参数并重新仿真。在此，我们确保其他参数不变，并找到合适的车轮和传动比以满足设计要求。经过参数优化和调整确定车轮半径为 0.284m，传动比为 13.5。仿真结果如图 7-10（a）和 7-10（b）所示，当前的设计参数可以满足所有非功能性需求。

此外，我们还重新仿真和验证了本组参数在 NEDC 下的要求，并计算出电动汽车实际速度与预期速度之间的平均误差为 0.084，满足需求 req9。电池 *SOC* 为 0.9002，满足需

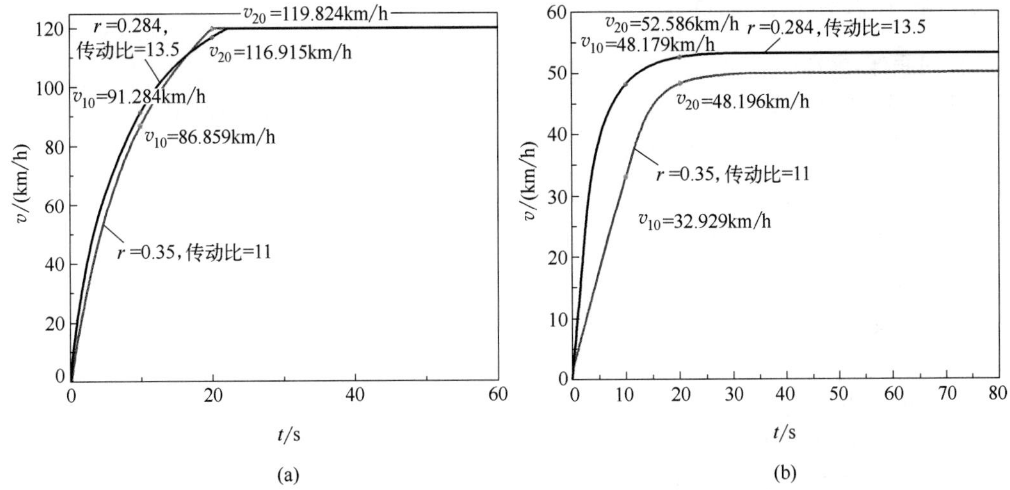

图 7-10 平坦和坡道路面的仿真结果

求 req10。

上述案例说明，与现有的 MBSE 方法论相比，X-SEM 优先考虑需求分析、系统架构（功能、逻辑）和物理特性在语言层面的统一描述以及与系统验证和确认的无缝集成，从而确保不同层次模型之间的一致性。

7.2 案例二 导弹电气系统设计

7.2.1 背景概述

导弹电气系统作为典型的复杂系统，其技术实现难度高，涉及力学、电磁学、装配结构等多个领域，通常包含飞行场景控制、用电设备和供电设备等多个模块，设计精度要求高、产品结构复杂、生命周期长，需要各单位部门的共同努力。这就需要有一个统一标准的方法支持系统生命周期的各个阶段，使得信息传达完整可追溯，因此导弹研制过程需要借助系统工程的方法。但若采用传统的基于文本的系统工程方法进行导弹电气系统的设计，在系统设计阶段，交换的信息大多是非结构化、不标准的，信息很难保证完整性和一致性，对于复杂活动的描述比较困难，出现问题仍然很难追溯。在系统集成阶段，参数更改困难，难以进行反复试错。而 MBSE 通过结构化的模型对系统进行描述，可以在很大程度上克服传统系统工程方法的不足，提高研发的效率和质量，在设计早期发现设计中的错误和缺陷，从而提高设计效率和质量。文献［2］提到，基于 MBSE 的导弹电气系统设计多采用多种语言和工具联合的方法进行模型构建、集成和仿真测试，这种方案对建模人员的数量和水平要求较高，会降低研发效率，同时也使得模型一致性降低，修改和优化困难。

因此，在本节中，基于 X 语言和 X-SEM 方法论对导弹电气系统进行一体化建模仿真，从而提高模型的一致性，同时降低集成测试的难度。

7.2.2 基于X语言的建模与仿真

(1) 问题域-黑盒

在导弹运动的整个过程中，需要对不同利益相关者的需求进行优先级排序和捕获。在本案例涉及的场景如文献［2］所述，操作员是主要的利益相关者。根据操作员对于整个导弹电气系统的控制要求，列出了两条导弹运动过程中涉及的利益相关者需求[2]：

req1：导弹电气系统设置锂电源模块，为自动驾驶仪舵机、雷达、引信这三个用电设备供电，供电电压为28.5V，上下浮动不超过3V；

req2：在导弹按弹道飞行的不同阶段，舵机、雷达、引信的用电功率按照设定的指令数值变化。

根据需求，可以建立导弹电气系统的需求图，如图7-11（a）所示。图7-11（b）则说明了操作员是导弹电气系统的利益相关者。功能分析的第一步是将需求转化为用例，导弹电气系统涉及的用例是执行者需要进行配电，对不同模块分配相应的用电功率，如图7-11（d）所示。一旦建立了用例图，便可构建描述系统和外部对象行为及交互的活动图。在操作员和导弹电气系统之间创建功能活动流来捕捉用例场景。如图7-11（c）所示，操作员发送为舵机设备供电的指令，舵机设备即可接收信号上电工作。之后，操作员要求调整功率，场景控制模块便执行功率调整的操作，以此逻辑完成导弹电气系统中其他操作步骤，最终完成目标物的击中。结合需求图，可以分析并获得导弹电气系统的运行电压、电流和功率，捕获的相关参数，构建耦合类模型，如图7-11（e）所示。

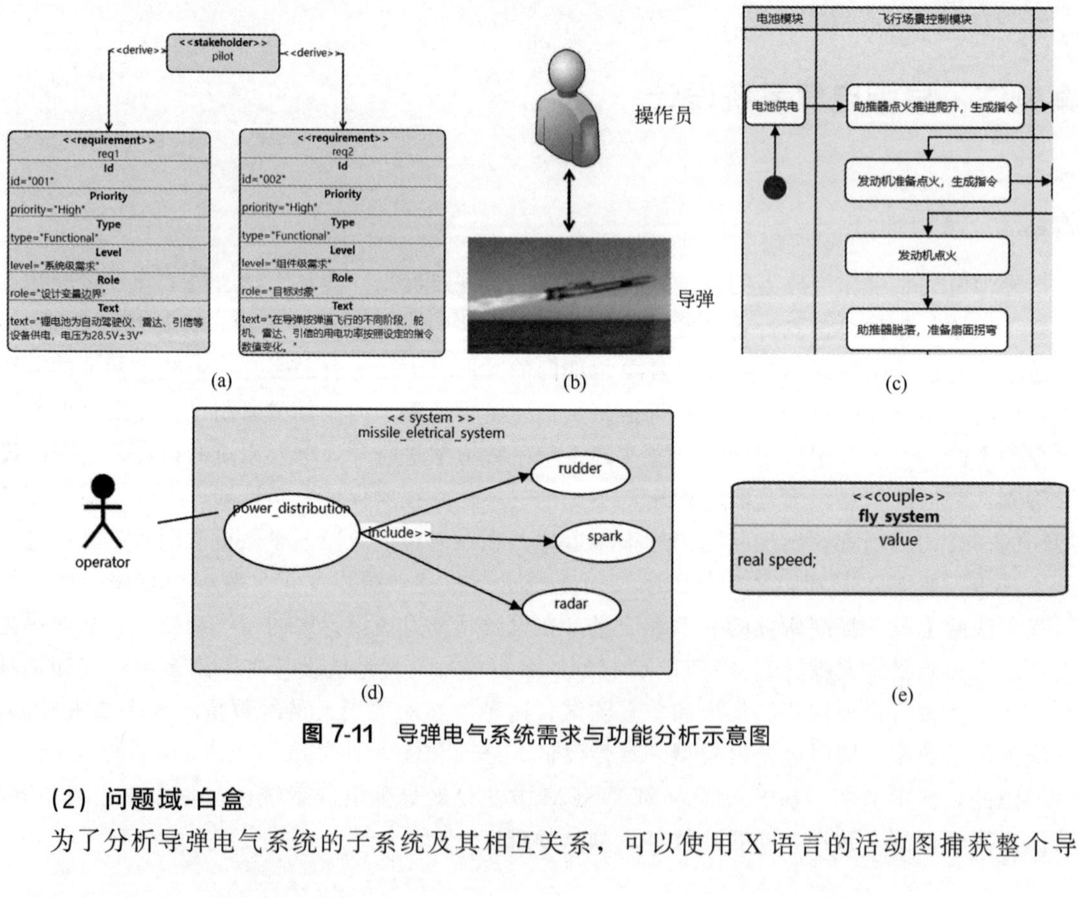

图7-11 导弹电气系统需求与功能分析示意图

(2) 问题域-白盒

为了分析导弹电气系统的子系统及其相互关系，可以使用X语言的活动图捕获整个导弹飞行过程中的电气系统行为，并通过泳道为相应的逻辑子系统分配满足利益相关者需求的功能活动流，如图 7-12（a）所示。通过泳道活动图，建模人员可以理清导弹电气系统中的弹道场景控制模块、控制总线模拟模块、电源、自动驾驶仪舵机、机电引信和雷达 6 个典型组成部分。泳道活动图描述了各部分在导弹飞行过程中执行的不同动作及先后顺序，可以描述从助推器点火爬升到击中目标的整个过程。

系统的活动图使得逻辑结构变得清晰，在 X 语言中遵循自上向下的建模理念，对导弹电气系统进行逻辑架构设计，使用耦合类来定义系统的逻辑架构，如图 7-12（b）所示。

定义图描述了包含在导弹系统中的逻辑子系统，而图 7-12（c）的连接图则描述了 6 个逻辑子系统的信号和数据交互，定义图和连接图除了描述 6 个逻辑子系统模块还建立了起始信号发生模块，共 7 个模块。图 7-12（d）给出了逻辑架构的一部分文本表示。

基于导弹电气系统的逻辑架构，每个逻辑子系统的结构和行为都可基于离散类建立。所有耦合类的逻辑架构模型及离散类的子系统模型可以合并为一个仿真项目文件，再用 X 语言的编译器和仿真器编译仿真，以此验证顶层模型的功能需求。

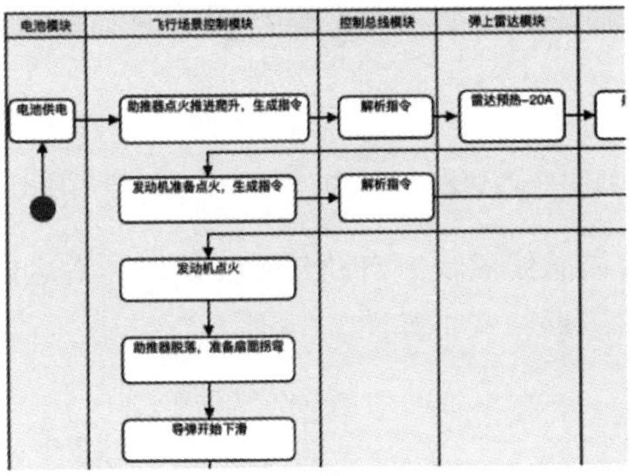

(a)

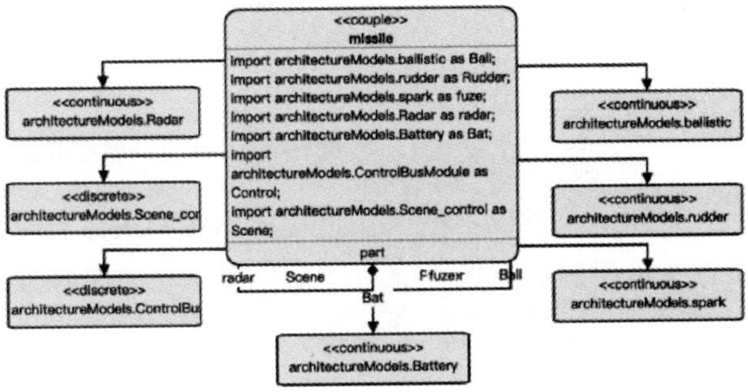

(b)

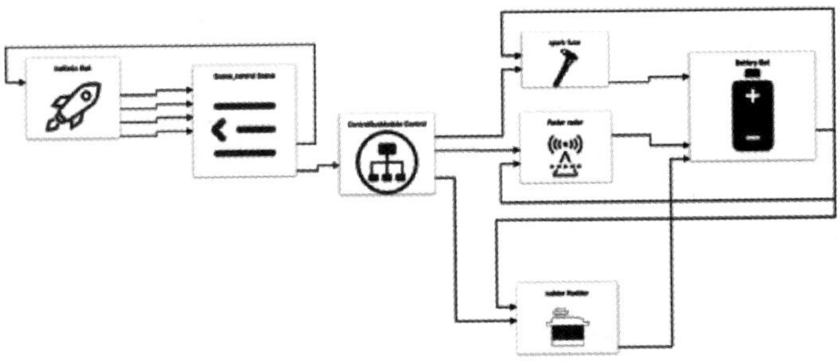

(c)

```
couple missile
import architectureModels.ballistic as Ball;
import architectureModels.rudder as Rudder;
import architectureModels.spark as fuze;
import architectureModels.Radar as radar;
import architectureModels.Battery as Bat;
import architectureModels.ControlBusModule as Control;
import architectureModels.Scene_control as Scene;
part:
  Ball Ball;
  Rudder Rudder;
  fuze fuze;
  Bat Bat;
  Control Control;
  Scene Scene;
  radar radar;
connection:
  connect(Scene.theta,Ball.theta);
  connect(Ball.x_missile,Scene.x);
  connect(Ball.y_missile,Scene.y);
  connect(Ball.x_ship,Scene.x_ship);
  connect(Ball.y_ship,Scene.y_ship);
  connect(Control.fuze,fuze.signal_spark);
  connect(Control.pilot,Rudder.signal_rudder);
  connect(fuze.current_spark,Bat.current_spark);
  connect(Rudder.current_rudder,Bat.current_rudder);
  connect(Bat.Vcc,fuze.Vcc);
  connect(Bat.Vcc,Rudder.Vcc);
  connect(Control.radar,radar.signal_radar);
  connect(Bat.Vcc,radar.Vcc);
  connect(radar.current_radar,Bat.current_radar);
  connect(Scene.Control_sequence,Control.Control_sequence);
end;
```

(d)

图 7-12　导弹电气系统逻辑设计示意图

接下来就可以根据顶层的逻辑构建每个模块的状态图。以弹道场景控制模块为例，导弹想要按照预定的轨迹飞行，就要完成发动机点火、扇面转弯、平飞、降高等步骤，构建出的状态机图如图 7-13（b）所示。当导弹接收活动开始执行指令，就从闲置变为爬升状态，之后弹道场景控制模块开始参与指令的发送，控制总线模拟模块接收并解析指令，使得系统执行打开舵机、打开雷达、发动机点火、平飞、转弯、俯冲等动作，最终击中目标，在 X 语言中可以使用离散类的状态机图描述这一过程。

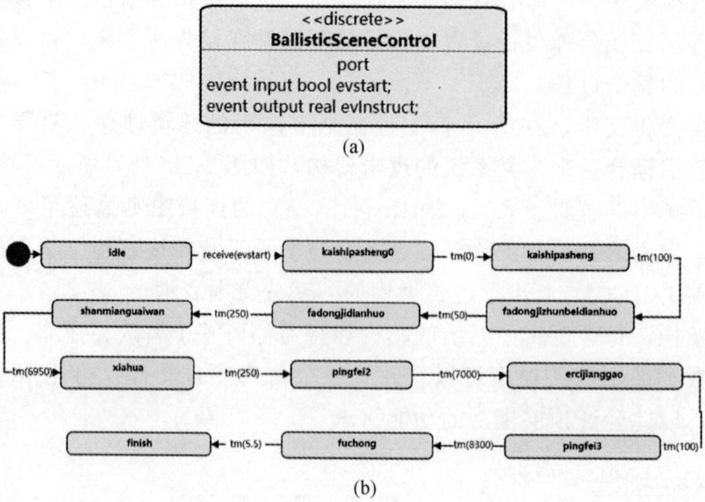

(a)

(b)

```
discrete BallisticSceneControl
port:
  event input bool evstart;
  event output real evInstruct;
state:
  initial state idle
    when entry() then
      statehold(infinite);
    end;
    when receive(evstart) then
      transition(kaishipasheng0);

    end;
  end;
  state kaishipasheng0
    when entry() then
      statehold(0);
    end;
    when timeover() then
      transition(kaishipasheng);
      out
        send(evInstruct, 10000);
    end;
  end;
  state kaishipasheng
    when entry() then
      statehold(100);
    end;
    when timeover() then
      transition(fadongjizhunbeidianhuo);
      out
        send(evInstruct, 11000);
    end;
  end;
  state fadongjizhunbeidianhuo
    when entry() then
      statehold(50);
    end;
```

(c)

图 7-13 弹道场景控制模块的图形和文本

同样地，可以根据工作过程中的逻辑关系建立控制总线模块、自动驾驶仪模块、雷达模块、机电引信模块的状态机图和定义图，部分模块的图形和文本如图 7-14 所示。

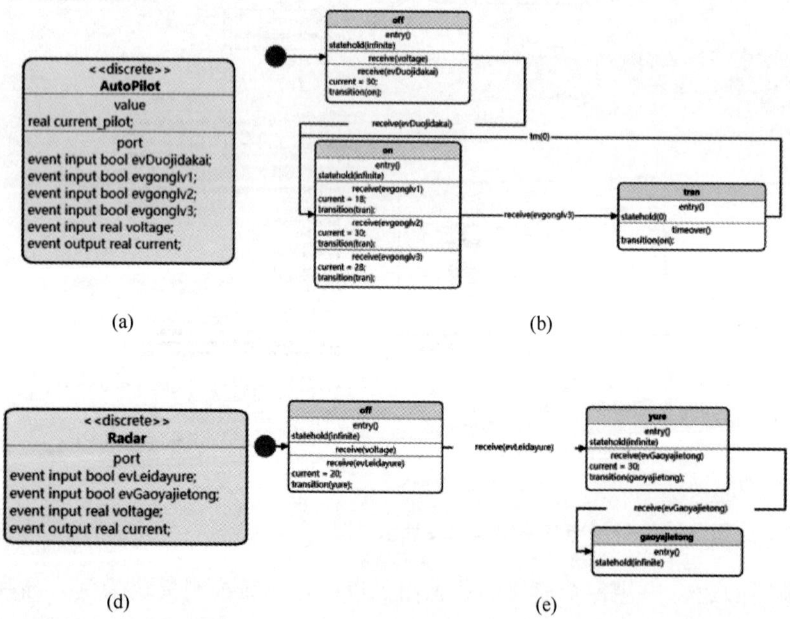

(a) (b)

```
discrete AutoPilot
port:
  event input bool evDuojidakai;
  event input bool evgonglv1;
  event input bool evgonglv2;
  event input bool evgonglv3;
  event input real voltage;
  event output real current;
state:
  initial state off
    when entry() then
      statehold(infinite);
    end;
    when receive(voltage) then

    end;
    when receive(evDuojidakai) then
      current = 30;
      transition(on);
```

(c)

```
discrete Radar
port:
  event input bool evLeidayure;
  event input bool evGaoyajietong;
  event input real voltage;
  event output real current;
state:
  initial state off
    when entry() then
      statehold(infinite);
    end;
    when receive(voltage) then

    end;
    when receive(evLeidayure) then
      current = 20;
      transition(yure);
```

(d) (e) (f)

图 7-14 其他模块的图形和文本

（3）验证域-逻辑架构仿真验证

根据各个模块的端口关系，可以得到这些模块的连接图、电压电流的流通关系和信号传递的途径。最终，系统逻辑架构的文本模型可以转化为可执行的仿真文件，XLab 的编译器可以直接对顶层模型进行验证，仿真结果如图 7-15 所示。通过状态机的状态和运行过程中电流电压的变化，可以验证功能性需求和逻辑关系的正确性，进而证明顶层模型的正确性。

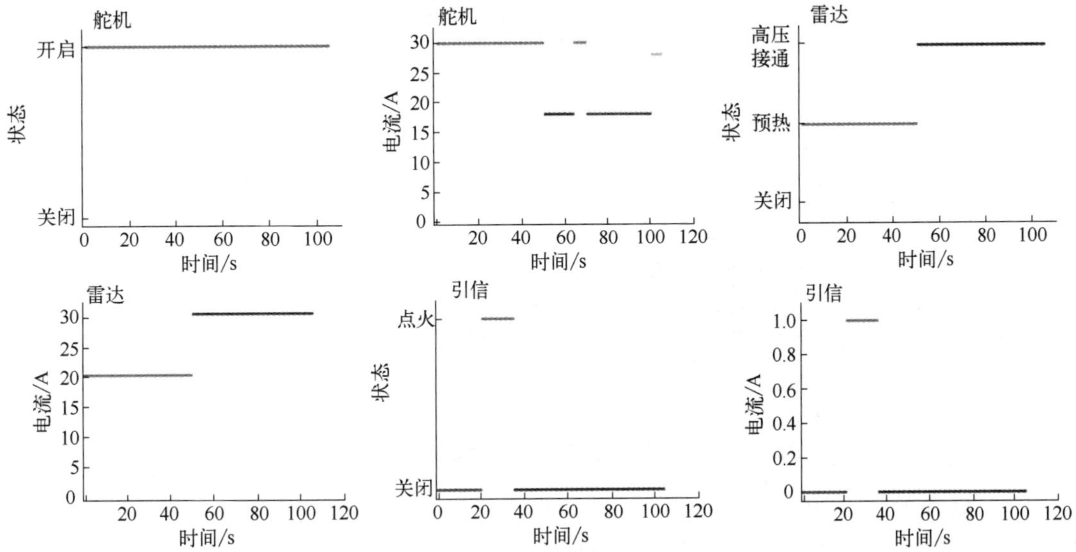

图 7-15　导弹电气系统逻辑架构仿真结果

到此为止，完成了对顶层逻辑模型的建模与仿真，验证了逻辑模型的有效性，可以开展物理级建模了。

(4) 解决方案域

分析电气系统的物理特性，需要构建物理特性模型，为此要分别对控制总线模块、电池模块、弹道场景控制模块、舵机、机电引信、雷达这些物理部分建模。其中弹道场景控制模块仍采用离散类构建，和控制总线模块一起构成主控系统以控制导弹的飞行状态。基于每个子系统在整体中的作用和其物理特性，可以构建具有连续行为的物理子系统，并分析子系统之间的相互作用。假设导弹、打击目标始终处于同一攻击面内，因此仅分析导弹在某一固定平面上的动力学与运动学性质。将导弹视为质点，其动力学方程：

$$m\frac{\mathrm{d}v}{\mathrm{d}t}=P\cos\alpha-X-G\sin\theta \tag{7-10}$$

运动学方程：

$$\frac{\mathrm{d}y}{\mathrm{d}t}=v\sin\theta \tag{7-11}$$

$$\frac{\mathrm{d}x}{\mathrm{d}t}=v\cos\theta \tag{7-12}$$

式中，m 为导弹质量，P 为导弹推力，α 为攻角，X 为风阻，G 为重力，θ 为俯仰角，x 为导弹水平坐标，y 为导弹垂直坐标。

动力学模块和运动学模块都属于由物理方程构成的模块，可以使用 X 语言的连续类进行建模。动力学模块输入导弹推力、质量和俯仰角，输出导弹的运动速率，运动学模块则通过速率和俯仰角推导出导弹运动的横纵坐标。再加上被打击目标的横纵坐标，就可以完成导弹的打击过程。动力学模块和运动学模块的定义图和文本见图 7-16。

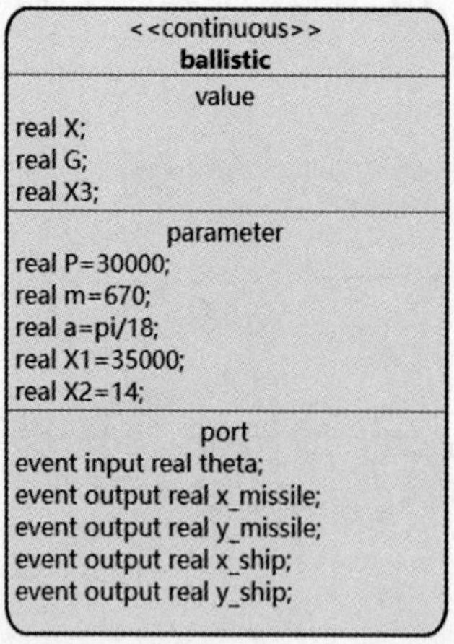

(a)

```
continuous ballistic
parameter:
 real P=30000;
 real m=670;
 real a=pi/18;
 real X1=35000;
 real X2=14;
value:
 real X;
 real G;
 real X3;
port:
     event input real theta;
     event output real x_missile;
     event output real y_missile;
     event output real x_ship;
     event output real y_ship;
equation:
m*der(v) = P*cos(a)-X-G*sin(theta)
X=1.5*v*v; G=m*10;
der(x_missile)=v*cos(theta);
der(Y_missile)=v*sin(theta);
der(X3)=X2;
x_ship=X1-X3;y_ship=0;
end;
```

(b)

图 7-16 动力学模块和运动学模块的定义图和文本

使用耦合类将动力学方程和运动学方程封装成一个耦合模块，完成整个动力学、运动学模块的构建，该模块的定义图、连接图及文本见图 7-17。与导弹动力学系统类似，其他物理模块可以以相同的方法表示，并封装成耦合类模块，最终连接成导弹电气系统的完整模型。完成对所有子系统的分析后，可以识别出各子系统之间的相互作用，建立基于耦合类的物理层级的顶层模型。

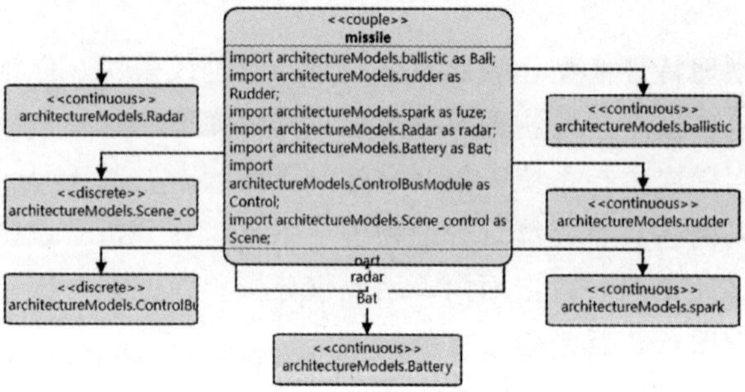

(a)

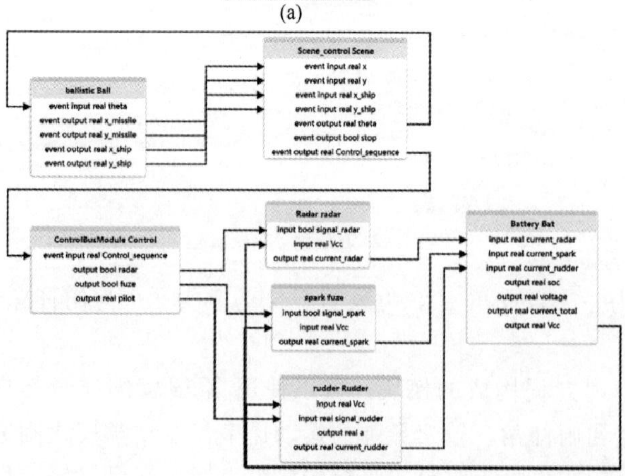

(b)

```
couple missile
import architectureModels.ballistic as Ball;
import architectureModels.rudder as Rudder;
import architectureModels.spark as fuze;
import architectureModels.Radar as radar;
import architectureModels.Battery as Bat;
import architectureModels.ControlBusModule as Control;
import architectureModels.Scene_control as Scene;
part:
  Ball Ball;
  Rudder Rudder;
  fuze fuze;
  Bat Bat;
  Control Control;
  Scene Scene;
  radar radar;
connection:
  connect(Scene.theta,Ball.theta);
  connect(Ball.x_missile,Scene.x);
  connect(Ball.y_missile,Scene.y);
  connect(Ball.x_ship,Scene.x_ship);
  connect(Ball.y_ship,Scene.y_ship);
  connect(Scene.Control_sequence,Control.Control_sequence);
  connect(Control.fuze,fuze.signal_spark);
  connect(Control.pilot,Rudder.signal_rudder);
  connect(fuze.current_spark,Bat.current_spark);
  connect(Rudder.current_rudder,Bat.current_rudder);
  connect(Bat.Vcc,fuze.Vcc);
  connect(Bat.Vcc,Rudder.Vcc);
  connect(Control.radar,radar.signal_radar);
  connect(Bat.Vcc,radar.Vcc);
  connect(radar.current_radar,Bat.current_radar);
end;
```

(c)

图 7-17 导弹电气系统耦合模型

(5) **验证域-系统模型仿真验证**

系统需求设计完成后，可以将建立的 X 语言文本模型转化为可执行的仿真文件，仿真结果用于验证当前设计的系统是否满足需求。在导弹电气系统的物理模型中，可以验证导弹电源放电特性。如图 7-18 所示，第一条曲线是表征电池容量的荷电状态（state of charge，*SOC*）曲线，在最初的爬升阶段下降斜率较大，之后的平飞阶段斜率有所减小；第二条曲线是输出电压变化曲线，初始时刻电压输出为 31.4 V（完全充电电压），随着电池容量消耗，短时间内电压呈指数形式降至 30V 左右并基本保持稳定，直到第二次下降，电压经过一个下降尖峰降至 29V（截止电压）；第三条曲线是电池输出电流变化曲线，最初系统的总体消耗电流约为 54A，在雷达开启后电流升至 61A。从仿真结果可以看出各个单元模型在导弹轨迹的各个阶段都是正常工作的，整体消耗的电流符合设计要求，同时仿真结果也和传统方法的结果保持一致。

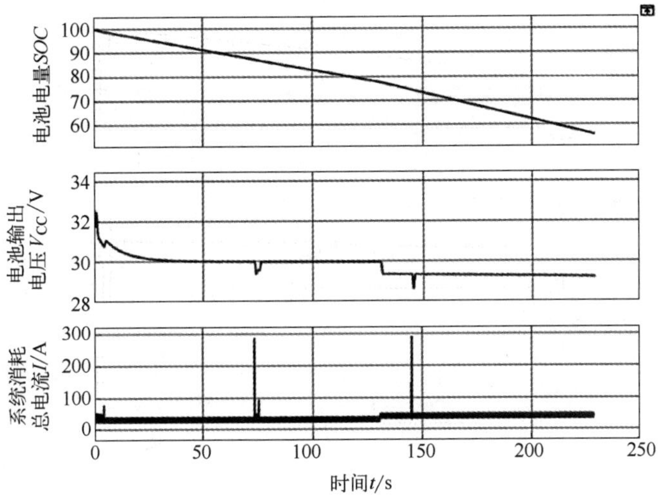

图 7-18 导弹电气系统物理特性仿真结果

现有的 MBSE 方法在导弹中的应用案例还比较少，已有的案例也很难覆盖 MBSE 的所有四个层级。而本案例使用 X 语言进行系统的需求功能分析，并制作系统的总体架构模型，总体模型经过逻辑验证确定合理后，就可以用于指导物理层级模型的构建。接下来根据导弹工作过程对其物理层级的模型进行拆分，利用 X 语言建立舵机、雷达等设备的物理模型，用设备工作的物理方程结合顶层逻辑模型的参数和状态定义对其进行建模。最后将各个设备的物理模型进行连接，得到导弹电气系统的集成模型。在系统和物理集成模型的设计方面，区别于传统 MBSE 方法的多软件集成，利用 X 语言一种语言及工具就可以完成各个子模块的构建，并可以直接连接成总体模型，得到的模型也可以直接仿真，可以实现对系统的一体化仿真验证，从而提高研发效率，保证模型的一致性。

7.3 案例三 民航飞机起飞模型

7.3.1 背景概述

航空是 MBSE 的重要应用领域，飞机是一种典型的复杂产品，其系统组成复杂、产品技术复杂、制造过程复杂、工作环境复杂。由于生产制造过程中涉及多学科、多领域的耦合，导致其设计难度大，质量要求高。早期的飞机设计制造过程，完全依赖真实的物理样机验证设计的正确性与合理性。这种方式设计研发效率低，成本高。20 世纪 90 年代以来，随着科学技术的进步，特别是 CAD/CAE 等建模与仿真技术以及工具的飞速发展，数字样机的构建已成为飞机设计制造全生命周期的关键技术。文献［3］和文献［4］提到，数字化技术的发展促使飞机的设计制造逐渐从传统的基于经验设计的模式向数字化智能设计模式转变。

在飞机设计制造过程中，如何利用建模仿真技术，来分析飞机运行过程中飞行控制子系统、通信子系统以及飞行动力学和运动学等相关子系统的设计是否满足需求，是一个重要的课题。本节基于 X-SEM 方法论针对典型的民用飞机波音 747-400 的起飞场景进行一体化建模仿真并构建实现起飞场景的系统模型，如文献［5］所述，该模型描述了飞机在起飞各个阶段中的不同行为，展示了 X 语言在多状态场景下进行逻辑和物理一体化建模仿真的能力。

7.3.2 基于 X 语言的建模与仿真

(1) 问题域-黑盒

在这一阶段我们根据捕捉到的利益相关者需求，为波音 747-400 模型创建需求图。在 XLab 中构建的需求图如图 7-19（a）所示，描述了驾驶员提出的 2 项基本需求，即：

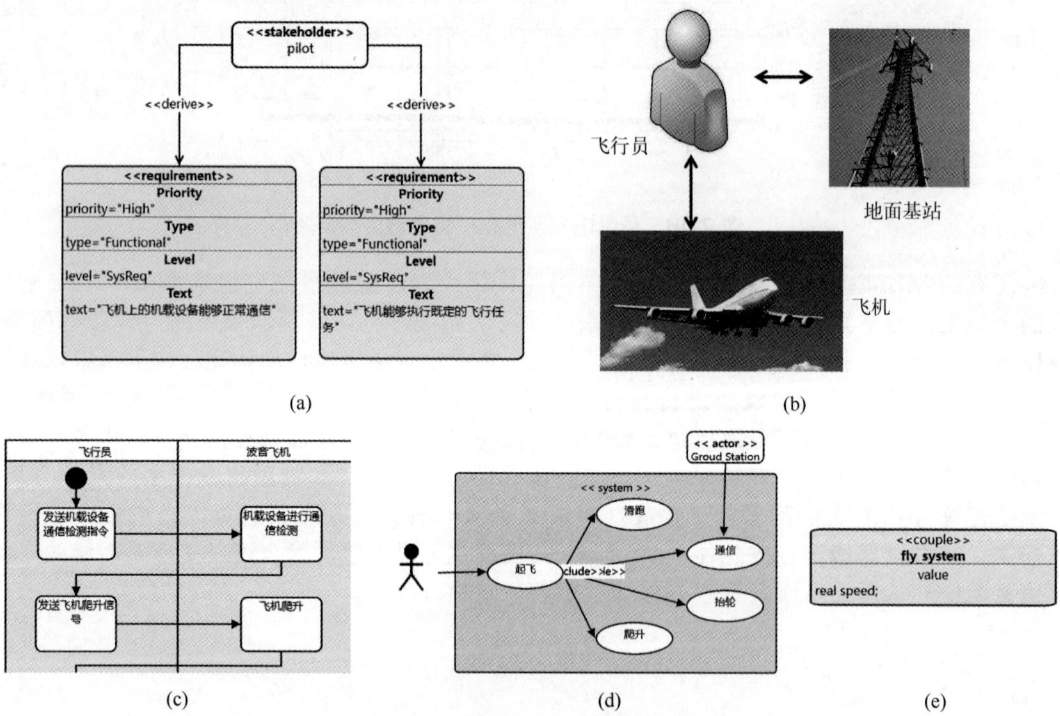

图 7-19　问题域-黑盒阶段设计图

req1：飞机的机载设备可以正常通信；

req2：飞机能完成设定的飞行任务。

同时，这个阶段也要建立起飞机模型与外部对象的交互关系，X 语言的连接图允许系统工程师去建立这种交互关系。如图 7-19（b）所示，民航飞行模型的运动过程涉及一个主要外部对象，即飞行员，交互内容为波音飞机的飞行轨迹和飞行员的控制信号，由此可以构建出交互关系的示意图。

在黑盒阶段设计中，还需要将需求转化为功能用例。这些功能用例用于满足利益相关者的需求。波音飞机飞行过程中涉及的基础用例为通信和正常飞行。图 7-19（d）描述了直线行驶场景中涉及的用例以及它们之间的关系。

在建立用例图之后，可以使用 X 语言的活动图对系统进行进一步描述，活动图可以表示功能之间的用例关系，在这里创建飞行员和飞机之间的功能活动流，如图 7-19（c）所示，可以看到，飞行员发出机载设备通信检查的信号，飞机开始检查，完成后等待爬升信号，收到爬升信号后进入爬升状态。最后建立飞机系统的耦合类概念模型，涉及的效能指标为飞机飞行的速度 speed。

(2) 问题域-白盒

首先，针对波音 747-400 起飞场景分析飞行需求的核心利益相关方——飞行员的需求，使用 X 语言需求图对起飞场景的需求进行建模。如图 7-20（a）所示，该需求图描述了民机起飞过程中利益相关方——飞行员的核心系统级需求及其细化后的需求，为方便展示，图 7-20（a）中的需求仅为部分需求，完整的需求如下：

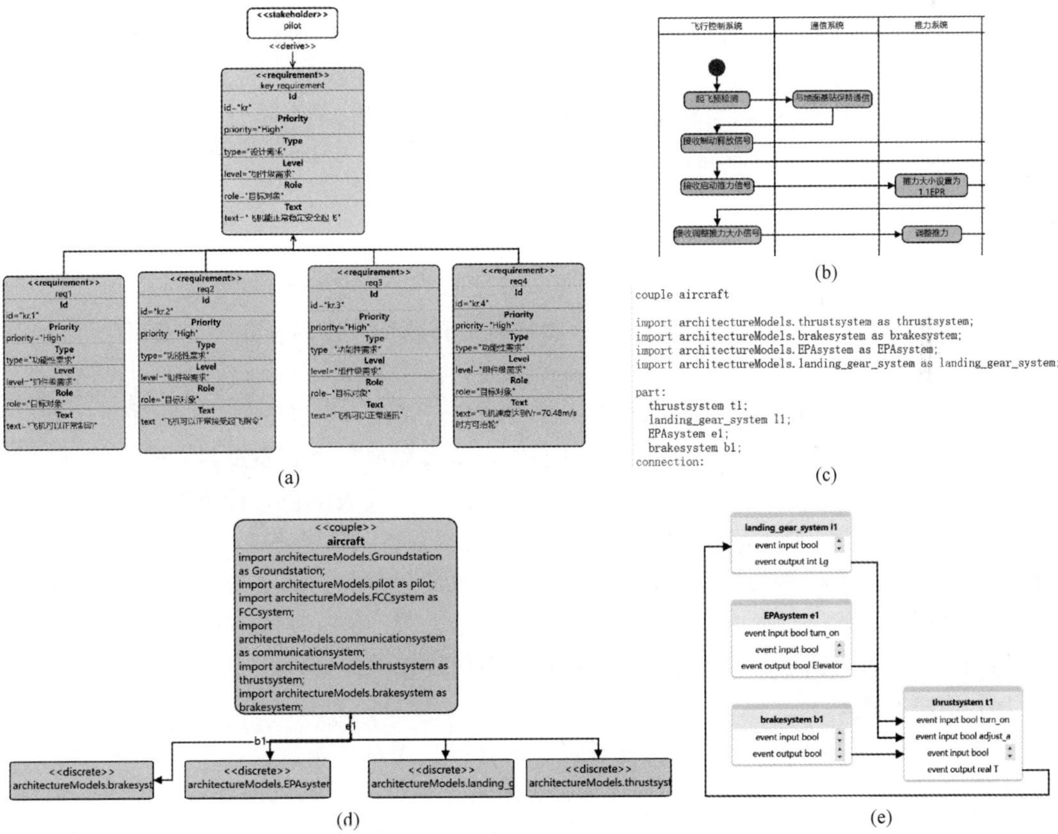

图 7-20　问题域-白盒阶段示意图

req1：飞机可以正常制动；

req2：飞机可以正常接收起飞指令；

req3：飞机可以正常通信；

req4：飞机速度达到 $v=70.48\mathrm{m/s}$ 时方可抬轮；

req5：飞机速度达到 $v_1=63.28\mathrm{m/s}$ 时方可起飞；

req6：当爬升率为正时，飞机起落架可以正常收起；

req7：飞机爬升时俯仰角在 13°～22°且平稳变化；

req8：飞机达到 25m 高度时，速度必须大于 81.28m/s。

X 语言需求图中的需求模型包含了"Id""Type""Level"和"Text"四种属性，分别表示需求的编号、类型、层级以及具体的描述。比如，需求 req2 是一个编号 kr.2 的功能型组件级需求，该需求要求飞机可以正常接收起飞指令。

当构建完起飞场景需求模型和用例模型之后，可通过 X 语言的活动图建立如图 7-20（b）所示的飞机起飞功能活动流。飞行开始之前，飞行员检查飞机并与地面基站进行通信，确认无误后，在收到地面基站发出的起飞信号后释放制动器，随后将发动机的增压比调整为 1.1。在发动机稳定后逐渐提高飞机推力。在飞机速度超过抬轮速度时，飞行员调整升降舵以抬起飞机前轮。此时，飞机加速并逐渐获得正爬升率。在飞机离地面 12m 以上时，收起起落架完成起飞过程。通过泳道形式将飞机起飞场景的功能活动流分配给相应参与者，可清晰的分析出参与整个起飞场景的系统以及各系统之间的交互情况，这样便可构建整个飞机起飞系统的顶层模型。

基于 X 语言自上向下的建模理念，对飞机起飞系统进行逻辑架构设计，使用耦合类来定义系统的逻辑架构，如图 7-20（d）所示。定义图描述了包含在飞机起飞系统中的逻辑子系统，而图 7-20（e）的连接图描述了 4 个逻辑子系统的信号和数据交互，为方便展示，图 7-20（d）和图 7-20（e）对原耦合类进行了简化。图 7-20（c）给出了逻辑架构的一部分文本表示。

(3) 验证域-逻辑架构仿真验证

在需求图、活动图和子模型的逻辑模型构建完成后，可以得到起飞系统的顶层逻辑模型。根据 X-SEM 方法论，接下来需要对模型进行仿真测试，以验证建模是否正确，发现设计过程中存在的问题，以在产品生命周期的早期改正。

图 7-21（a）展示了飞机 FCC 系统在工作中的状态变化，可以看到，从检测通信设备开始，依次为释放制动、推力调整、起落架调整等，从而完成整个起飞过程。图 7-21（b）展示了推力系统的工作状态变化，首先将推力设置为信号 1 代表的值，接下来进行推力调整，以满足起飞的动力学需要。图 7-21（c）展示了起落架系统的工作状态变化，在收到释放制动信号后，释放制动，等接收到收起起落架指令后收起起落架。图 7-21（d）展示了通信设备的工作情况，在起飞过程中，收到开启信号后开始工作，并一直保持通信到任务结束，经验证顶层模型是符合需求的，可以为物理级的模型构建提供指导。

(4) 解决方案域

基于上述功能架构分析，整个起飞过程会涉及多个飞机子系统，比如 FCC 系统、推力系统、制动系统等。在 X 语言中，基于耦合类来建立整个飞行系统内部各子系统的组成及其之间的交互关系。X 语言耦合类在图形建模层面是由定义图和连接图进行描述［如图 7-22（a）和图 7-22（b）所示］。其中，定义图描述了整个飞行系统在起飞过程中所涉及的子系统；连接图描述了各子系统之间的信号或数据的交互关系。另外，在建立完飞行系统的图形模型之后可自动生成 X 语言的文本模型，如图 7-22（c）所示。

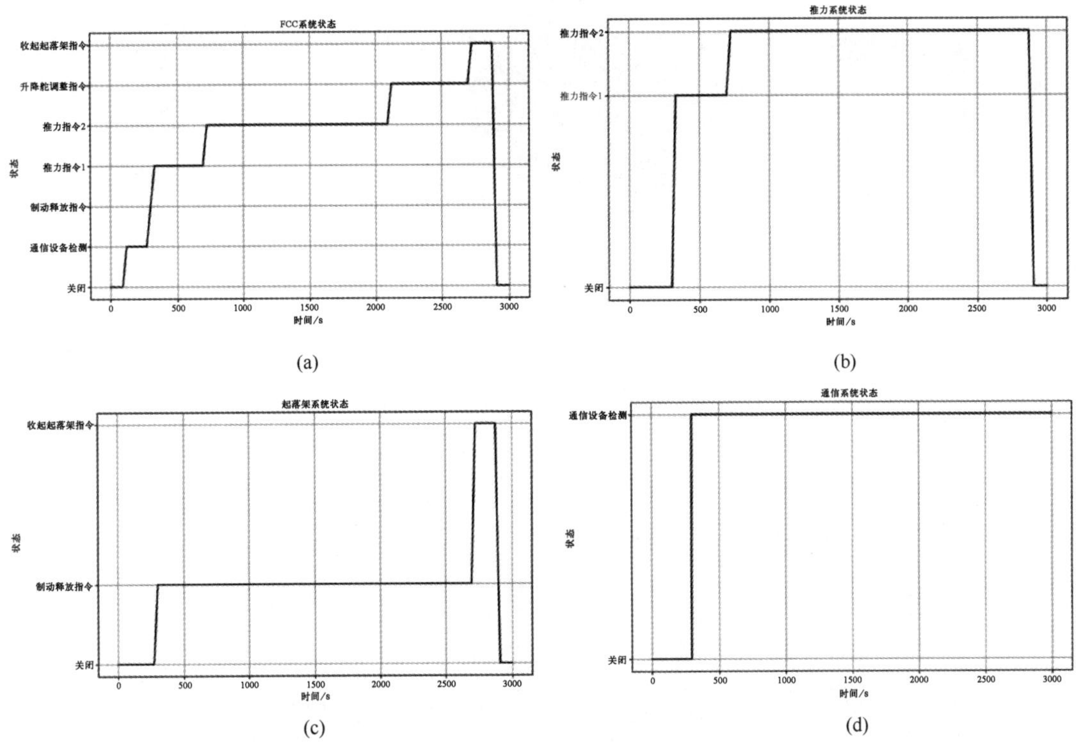

图 7-21　验证域示意图

由所建立的飞行系统模型，我们定义了飞行过程中各子系统的信号或数据交互逻辑。在上述分析的基础上，基于 X 语言建立各子系统的结构和行为逻辑。一旦所有子系统构建完毕，便可进行仿真。本节就子系统中典型的具有离散特性的 FCC 系统展开介绍。

飞行控制计算机系统在整个起飞过程中，作为主控系统，协调控制着整个起飞过程其他子系统的逻辑行为。飞行控制系统在接收起飞指令后，会进入预检测状态，确认无误后，开始准备起飞，在接收到通信系统正常指令后，开始给制动系统发送指令释放制动器，在接收制动释放指令后，发送推力指令 1 给推力系统，3s 后发送推力指令 2 给推力系统，当速度大于抬轮速度 v_r 时，发送升降舵调整指令给电力系统，当飞行高度大于 12m 时，发送收起起落架指令给起落架系统完成起飞过程。

这里，基于 X 语言的离散类来实现飞行控制系统的结构和行为描述，如图 7-23（a）和（b）所示。其中，定义图描述了飞行控制系统的输入输出信号；状态机图描述了飞行控制系统的状态和行为逻辑。另外，在建立完飞行控制系统的图形模型之后可自动生成 X 语言的文本模型，如图 7-23（c）所示。

（5）验证域-系统模型仿真验证

在完成了所有起飞子系统模型的构建后，顶层的飞行系统架构模型通过各起飞子系统的端口连接关系生成完整的飞行系统可执行的仿真模型进行仿真，通过得到的仿真结果来验证当前所设计的起飞系统是否满足利益相关者提出的需求，一旦需求无法得到满足，可以通过仿真结果辅助分析当前系统亟需优化的问题，经过多次迭代优化，最终使所设计的起飞系统能完全满足利益相关者需求。

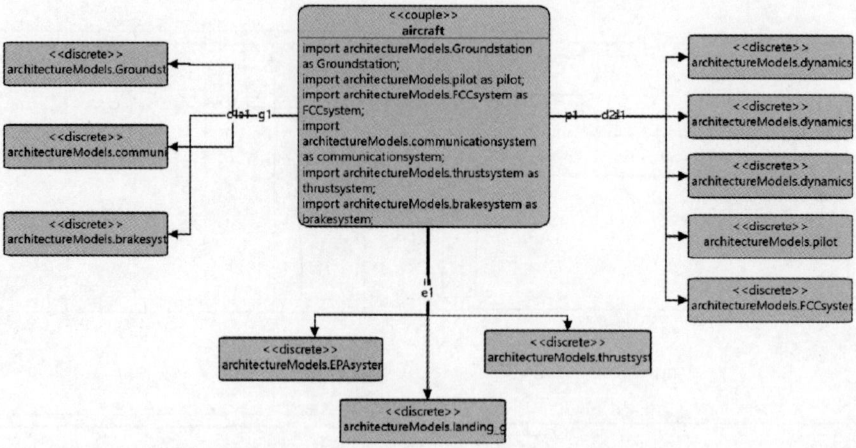

(a)

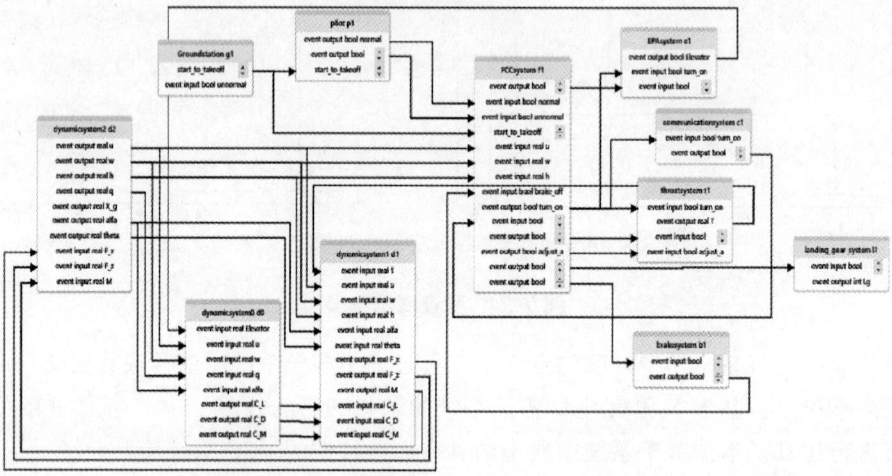

(b)

```
couple aircraft
import architectureModels.Groundstation as Groundstation;
import architectureModels.pilot as pilot;
import architectureModels.FCCsystem as FCCsystem;
import architectureModels.communicationsystem as communicationsystem;
import architectureModels.thrustsystem as thrustsystem;
import architectureModels.brakesystem as brakesystem;
import architectureModels.EPAsystem as EPAsystem;
import architectureModels.landing_gear_system as landing_gear_system;
import architectureModels.dynamicsystem0 as dynamicsystem0;
import architectureModels.dynamicsystem1 as dynamicsystem1;
import architectureModels.dynamicsystem2 as dynamicsystem2;
part:
  pilot p1;
  FCCsystem f1;
  thrustsystem t1;
  landing_gear_system l1;
  EPAsystem e1;
  brakesystem b1;
  communicationsystem c1;
  Groundstation g1;
  dynamicsystem0 d0;
  dynamicsystem1 d1;
  dynamicsystem2 d2;
connection:
  connect(f1.turn_on,e1.turn_on);
  connect(f1.turn_on,t1.turn_on);
  connect(f1.turn_on,c1.turn_on);
  connect(f1.turnoff_brake,b1.turnoff_brake);
  connect(f1.adjust_a,t1.adjust_a);
  connect(f1.adjust_a_to_b,t1.adjust_a_to_b);
  connect(f1.start_rotate,e1.start_rotate);
  connect(f1.retract_landing_gear,l1.retract_landing_gear);
```

(c)

图 7-22 飞机起飞系统耦合模型

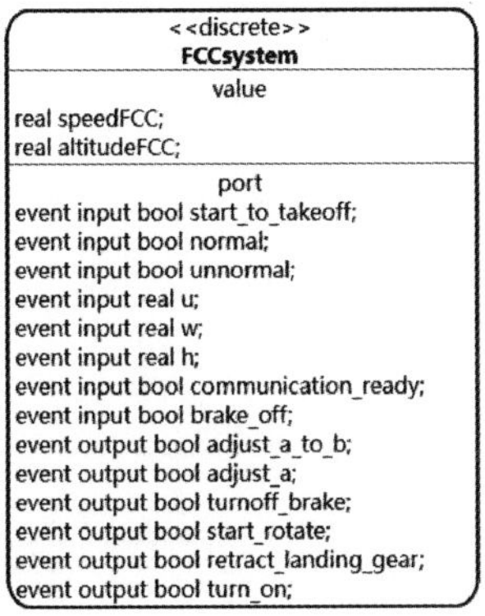

(a)

```
discrete FCCsystem
value:
  real speedFCC;
  real altitudeFCC;
port:
  event input bool start_to_takeoff;
  event input bool normal;
  event input bool unnormal;
  event input real u;
  event input real w;
  event input real h;
  event input bool communication_ready;
  event input bool brake_off;
  event output bool adjust_a_to_b;
  event output bool adjust_a;
  event output bool turnoff_brake;
  event output bool start_rotate;
  event output bool retract_landing_gear
  event output bool turn_on;
state:
  initial state stop
    when entry() then
      statehold(infinite);
    end;
    when receive(start_to_takeoff) then
      transition(preflight_check);

    end;
  end;
  state preflight_check
    when entry() then
      statehold(infinite);
    end;
    when receive(normal) then
      transition(send_start0);

    end;
    when receive(unnormal) then
      transition(stop);
```

(c)

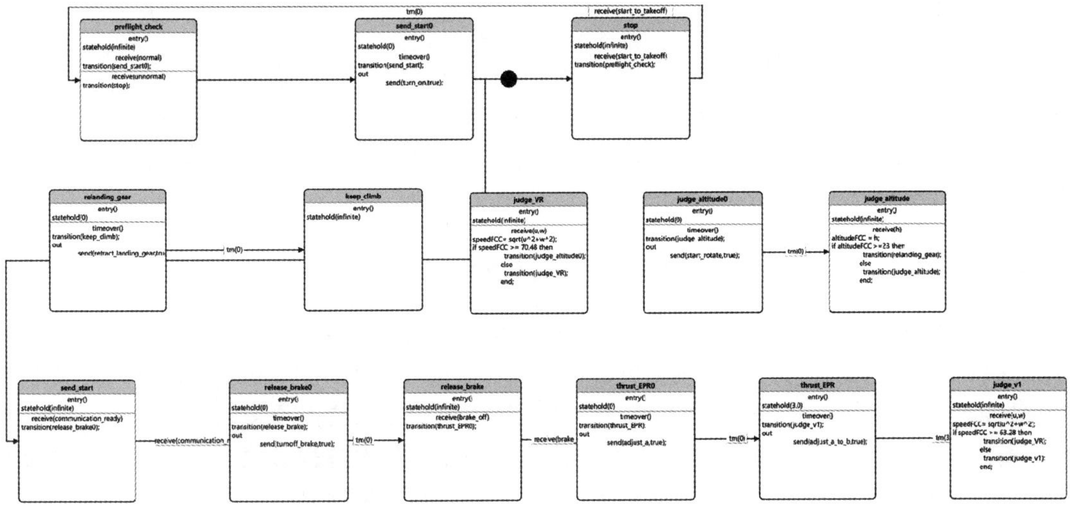

(b)

图 7-23　飞行控制系统离散模型

图 7-24 展示了飞机在起飞的过程中各种性能参数（飞行高度、水平飞行距离、俯仰角以及速度等）的变化情况。结合图 7-24（a）～图 7-24（c），可以发现飞机在速度快达到 80m/s 时进行抬轮动作；当飞机离地面高度 25m 时，飞行速度接近 85m/s。由此可见，当前的起飞系统设计满足性能需求 req4、req5、req8。另外，由图可知，飞机在起飞过程中，飞机的俯仰角和迎角在起飞早期保持一致，在增大到 6°左右时逐渐分离，后续俯仰角继续增大保持在 15°左右，迎角逐渐减小至 0，这说明在起飞过程中，当俯仰角增大到 6°左右时，飞机正在离开地面并最后以 15°左右的俯仰角爬升。因此，性能需求 req7 也得以满足。

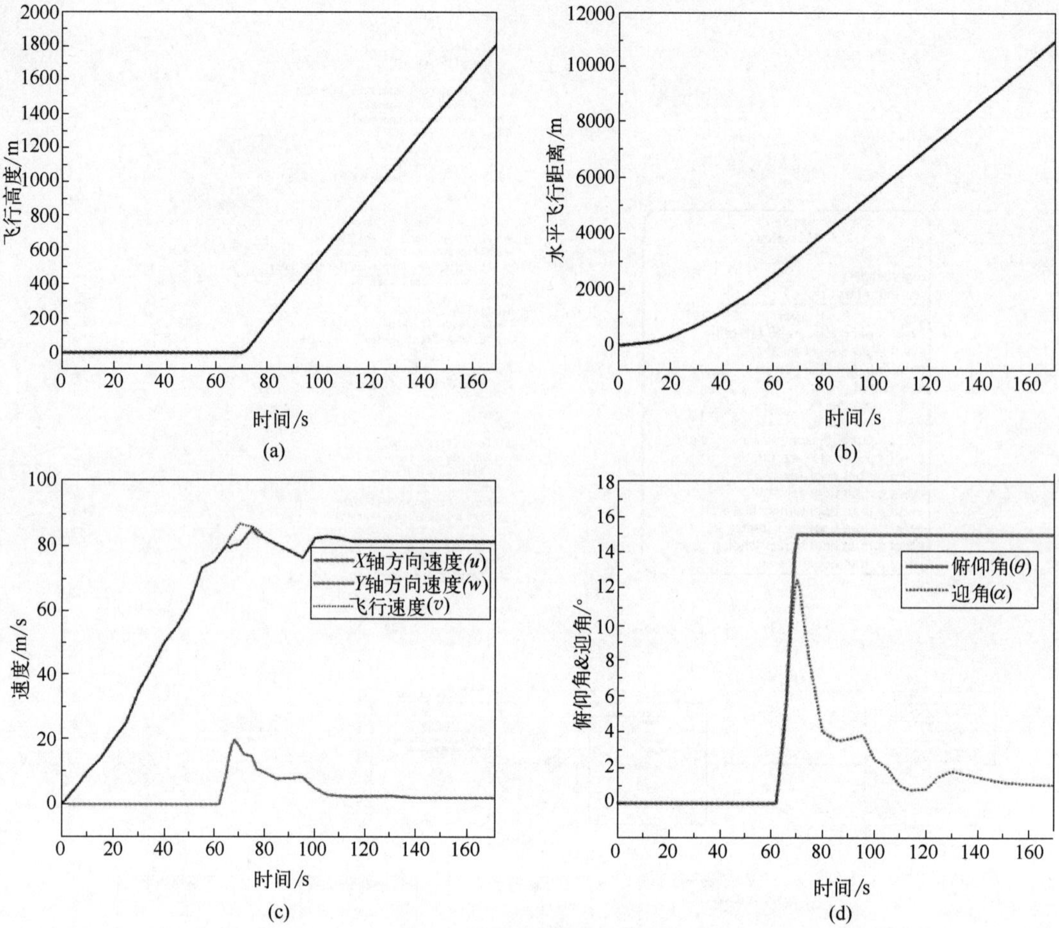

图 7-24　系统模型仿真验证

基于 X-SEM 方法并结合 X 语言及其建模仿真软件实现了对飞机起飞场景从需求、功能分析到系统架构设计和仿真的一体化验证，解决了当前基于 SysML 的系统设计和仿真集成（FMI 和异构语言转换引擎）方法的不足。比如，当前的方法均需要多语言、多平台才能实现。基于 FMI 集成需要研究目标软件的 FMI 封装技术且每次进行参数的优化都需要重新构建模型，二次封装成 FMU 模块再集成进行仿真优化，过程繁琐且无法通过优化算法进行自动优化；异构语言转换引擎由于不同语言的差异性，难以保证模型的一致性。

7.4 案例四　交通系统模型

7.4.1　背景概述

上述案例都是针对单个对象，本案例将对一个由多个对象组成的离散事件系统进行建模仿真。这类系统在现实世界中大量存在，如物流系统、离散制造生产线、城市交通等。

这里将通过一个铁路和公路交叉的路口控制系统的交通模型案例来演示基于 X 语言

的离散事件系统建模。作为一种安全关键系统，铁路控制系统的设计需要非常严谨。因为如若该系统发生故障，可能会导致火车和汽车在路口发生相撞事故，造成生命危险以及财产的巨大损失。

本案例的具体场景如下：一个公路和铁路交叉的路口，火车和汽车需要以一定的规则通过，只有火车和汽车都按照特定的规则通过路口，才能保证不发生事故。规则如下：铁路和公路交叉路口存在一个栅栏，栅栏在火车未通过路口时保持正常开启状态，此时，汽车能从该路口正常通过，当火车即将经过路口时，栅栏保持关闭状态，确保汽车不会在此时驶入路口，当火车通过路口后，栅栏由关闭状态改为开启状态，此时汽车能够从路口正常通行。

7.4.2 基于X语言的建模与仿真

(1) 问题域-黑盒

根据前期安全性分析可以先得到该情景下的两条安全性需求：

req1：在路口不发生火车汽车相撞事故；

req2：不发生栅栏将汽车锁在路口内的情况。

根据文献［6］提出的X语言需求建模与追踪方法，通过X语言的需求图对上述两个安全性需求进行建模，如图7-25（a）所示。同时，这个阶段也要建立起交通系统最顶层模型同外部对象之间的交互关系。X语言的连接图允许系统工程师去建立这种交互关系。二者之间的交互内容为管理员对交通系统的操作指令。交通系统模型涉及路口通行及其四个主要子用例：汽车通行、火车通行、汽车等待、火车等待。图7-25（c）描述了直线行驶场景中涉及的用例以及它们之间的关系。

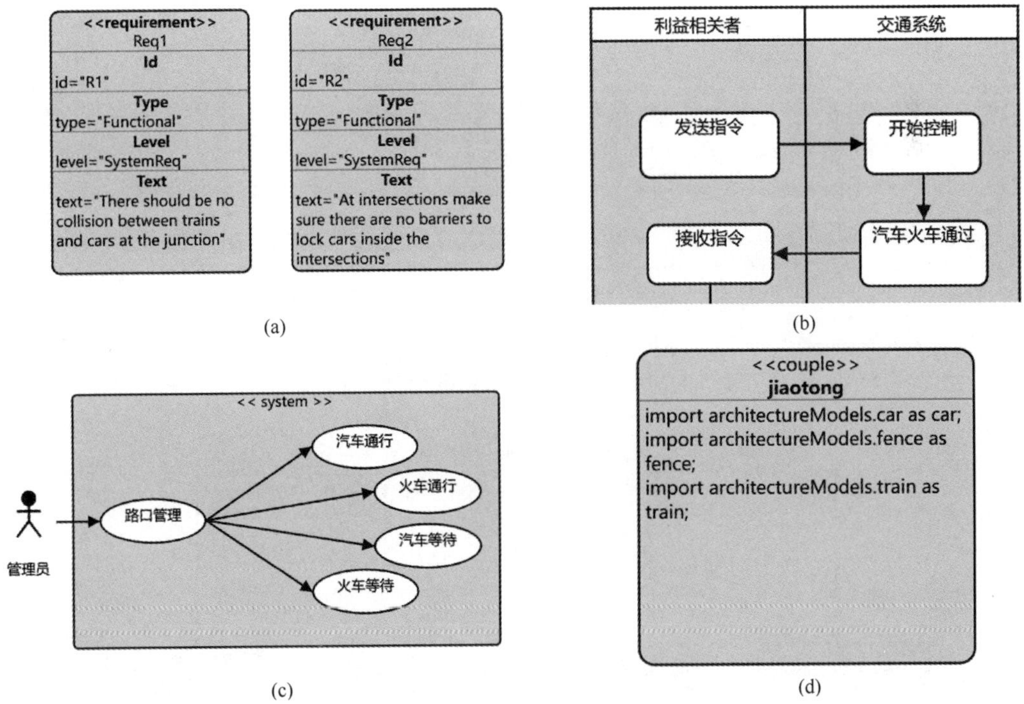

图7-25 问题域-黑盒阶段示意图

通过功能分析并建立用例图后，就可以使用 X 语言活动图来描述这些功能用例之间的交互关系。活动图通过在管理员和交通系统之间创建功能活动流来捕捉用例场景，构建的活动图模型如图 7-25（b）所示。

（2）问题域-白盒

一旦完成了交通系统在黑盒阶段的定义，我们就可以构建交通系统的白盒活动图，并将满足利益相关者需求的功能活动流通过泳道分配到相应的逻辑子系统中，如图 7-26（b）所示。活动图阐明了交通系统运行时的逻辑子系统及其相互作用，从而指导汽车逻辑架构的建立。并建立满足利益相关者需求的逻辑子系统和子系统信号交互关系，交通系统的逻辑系统如图 7-26（d）和（e）所示，逻辑系统的文本如图 7-26（c）所示。

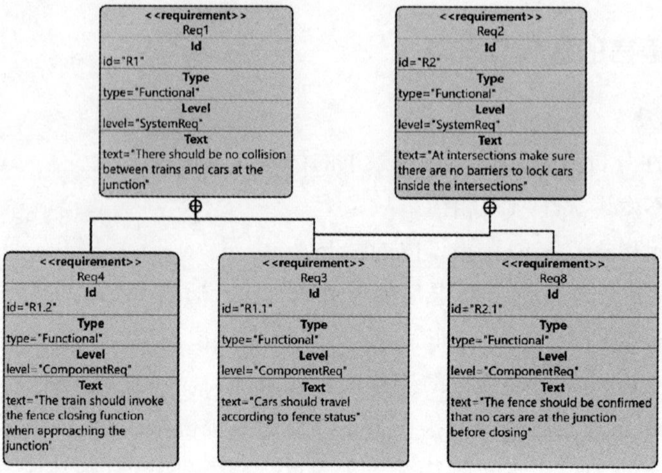

(a)

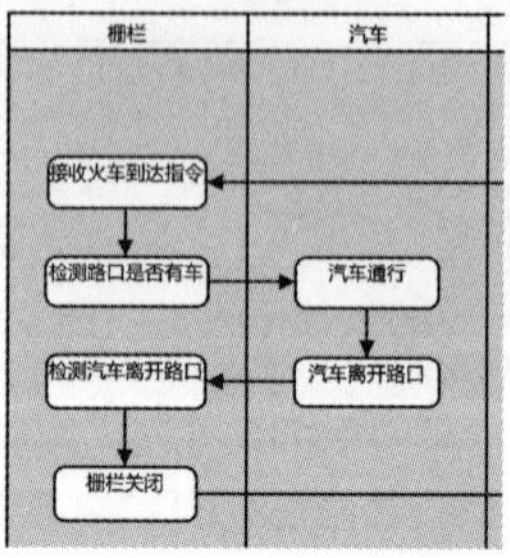

(b)

```
couple railwaysystem
import architectureModels.car;
import architectureModels.fence;
import architectureModels.train;
import architectureModels.stakeholder;
part:
  car Car;
  train Train;
  fence Fence;
  stakeholder Stakeholder;
connection:
  connect(Fence.fence_state,Car.fence_state);
  connect(Car.car_state,Stakeholder.car_state);
  connect(Train.callFenceFunc,Fence.callFenceFunc);
  connect(Train.train_state,Stakeholder.train_state);
end;
```

(c)

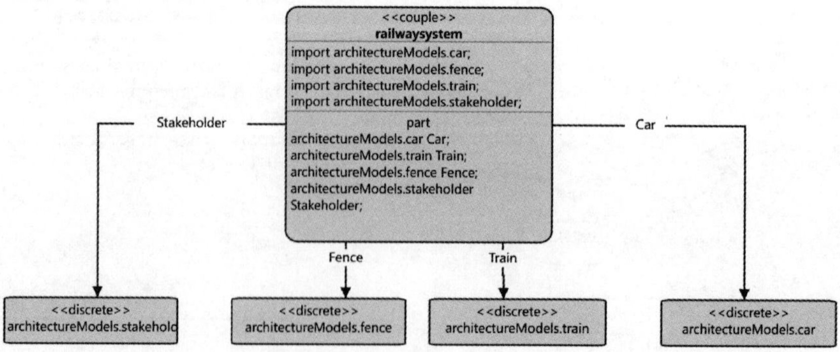

(d)

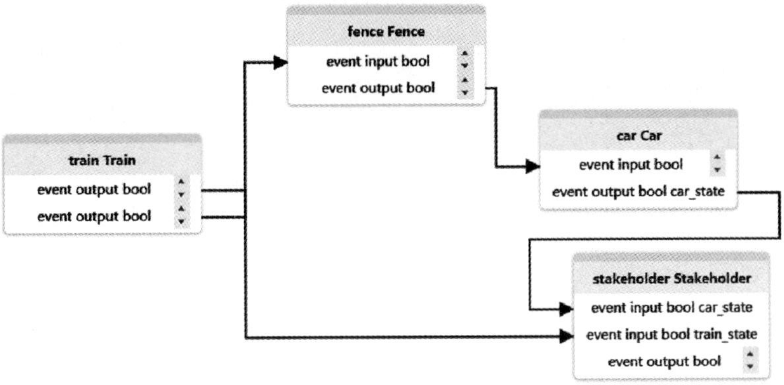

(e)

图 7-26　问题域-白盒阶段示意图

本场景中，三个模块分别拥有以下功能：

栅栏接收火车信号，当火车即将到达路口时，栅栏接收信号 callFenceFunc = False，此时，栅栏关闭。当火车离开路口时，则栅栏接收 callFenceFunc=True，此时，栅栏打开。

火车负责发送信号，当火车即将到达路口时，火车发送信号 callFenceFunc=False，此时，栅栏关闭，火车通过路口。当火车离开路口时，则火车发送信号 callFenceFunc=True，此时，栅栏打开。

汽车接收栅栏的信号，当汽车到达路口时，若栅栏处于关闭状态，则汽车在栅栏前等待，直到栅栏打开。若栅栏处于打开状态，则汽车正常通过路口。

以汽车子系统为例，汽车子系统的定义图和状态机图如图 7-27（a）和（b）所示，汽车子系统的模型文本如图 7-27（c）所示：

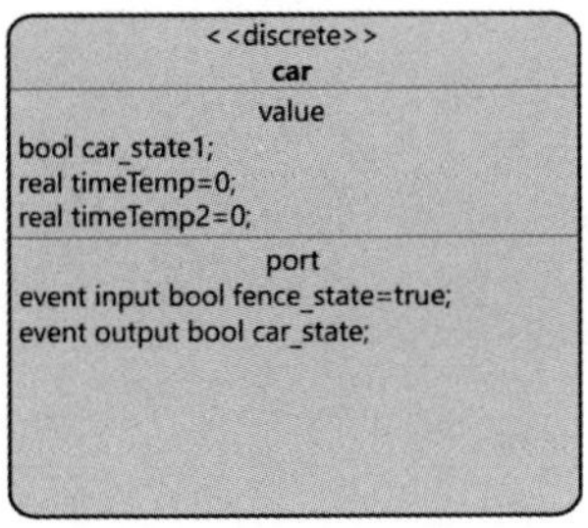

(a)

```
discrete car
value:
  bool car_state1;
  real timeTemp=0;
  real timeTemp2=0;
port:
  event input bool fence_state=true;
  event output bool car_state;
state:
  initial state work
    when entry() then
      statehold(8-timeTemp);
    end;
    when receive(fence_state) then
      timeTemp = (time_last+e);
      transition(work);

    end;
    when timeover() then
      timeTemp = 0;
      transition(car_wait);

    end;
  end;
  state car_wait
    when entry() then
      statehold(infinite);
    end;
    when receive(fence_state) then
      if fence_state == true then
                    transition(car_wait1);
                end;

    end;
```

(c)

图 7-27

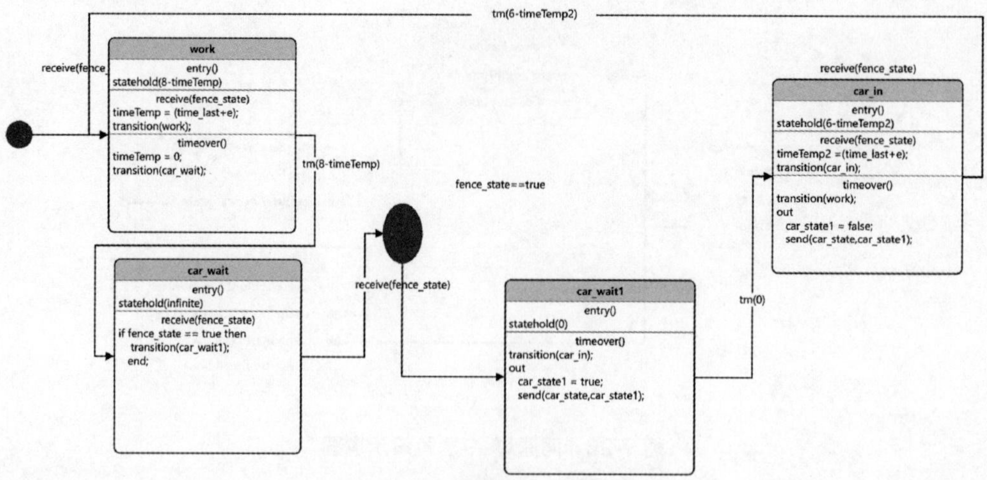

(b)

图 7-27　汽车子系统模型

(3) 验证域-逻辑架构仿真验证

设定每 1000s 该路口会驶来一列火车，驶过路口需要花费 60s；设定每 350s 该路口会驶来一辆汽车，驶过路口需要花费 10s。从时间为 0s 时开始仿真，检测汽车和火车的状态。火车和汽车在一段时间内（如 24h）若不同时在路口内，则认为 Req1 得到满足，若出现火车和汽车同时出现在路口内的状态，则认为发生了火车和汽车相撞的事故，需要对 X 语言模型或者对需求进行修改。

图 7-28 为仿真结果，由图 7-28 可知，当 car 和 train 同时为 true 状态时，判断火车和汽车是否相撞的 conflict 指标也会变成 true 状态，即判断火车和汽车发生了相撞事故。

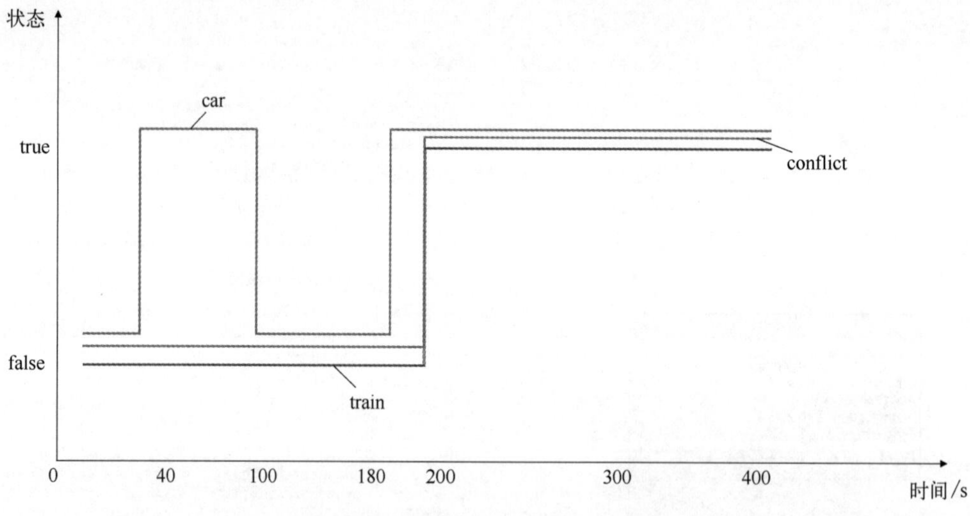

图 7-28　铁道路口控制系统仿真结果

由于需求未得到满足，因此，需要对需求进行分析，对需求或者模型进行修改。通过分析，得知，存在某一时刻，汽车已进入路口且未驶出，此时火车到达，栅栏收到火车指令而从开启状态转为关闭状态。汽车被关入路口并与火车相撞。因此，可将需求 Req4 修改为

“火车靠近路口 60s 前应调用路口栅栏系统封闭路口”，此时可以避免上述分析中所产生的火车和汽车相撞事故。对 Req4 进行修改后，便需同时对对应的 X 语言模型进行修改，确认该系统的逻辑模型无误后，即可进行下一步解决方案域的建模。

（4）解决方案域

为了满足所有系统设计要求，以汽车为例，进行解决方案域建模。本案例中的汽车模型与本章的案例一类似，因此对展示的设计建模过程进行简化。该汽车模型能够进行直行、转弯等汽车基本活动。汽车模型包括方向盘、仪表盘、车身模块、车轮模块和车轮车身通信模块五个子系统模块。其中方向盘、仪表盘以及车轮车身通信模块都是纯离散模型，车身模块是第一类混合模型，根据输入调整车身模块连续行为。汽车子系统定义图如图 7-29 所示。

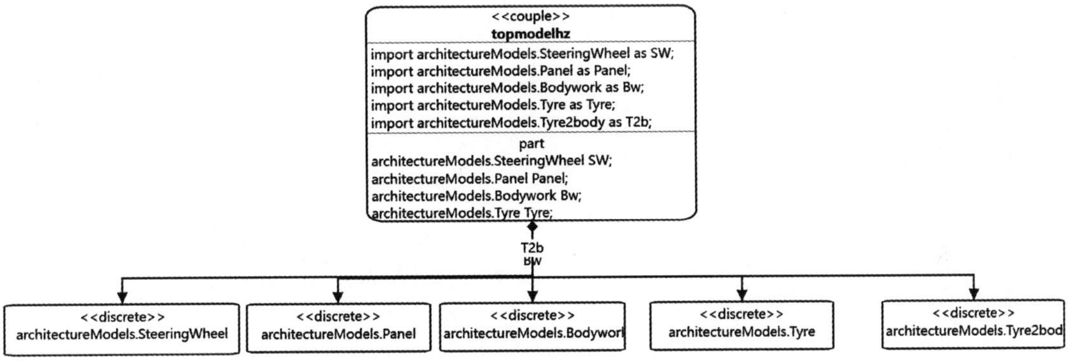

图 7-29　汽车子系统定义图

对于车身模型，直行时则保持 V_x 和 V_y 不变，即二者加速度为 0。车身转弯时遵循车身纵向力平衡方程、侧向力平衡方程和绕 Z 轴力矩平衡方程。车身模型的 X 语言文本如图 7-30 所示，其从车轮获取受力信息以及从汽车方向盘获取车身的角度信息，以实现对汽车的行为仿真。

```
continuous Frame
parameter:
    real timeStep = 0.01;
    real m = 1750;
    real g = 9.810;
    real lx = 720,lz = 1600,lxz = -12;
    real a = 1.32,b=1.42;
    real l=2.74,B=1.55;
    real mu = 0.8;
    real Vx0 = 10;
    real tw1 = 1.56,tw2 = 1.54;
    real h_g = 0.56;
    real R = 0.31;
    real Iw = 1.35;
value:
    real Vx = 10,Vy;
    real r;
port:
    event input real delta;
    event input real Fxfl,Fxfr;
    event input real Fxrr,Fxrl;
    event input real Fyfl,Fyfr;
    event input real Fyrl,Fyrr;

    event output real Vx0,Vy0,r0,dVx,dVy;
initail equation:
    Vx = Vx0;
equation :
    m*(der(Vx)-r*Vy)=(Fxfl+Fxfr)*cos(delta) - (Fyfl+Fyfr)*sin(delta) + Fxrl +Fxrr;
    m*(der(Vy)+r*Vx)=(Fxfl+Fxfr)*sin(delta) + (Fyfl+Fyfr)*cos(delta) + Fyrl +Fyrr;
    lz*der(r) = ((Fxfl +Fxfr)*sin(delta) + (Fyfl +Fyfr)*cos(delta))*a +((Fxfr - Fxfl)*cos(delta) + (Fyfl - Fyfr)*sin(delta))*tw1/2 +(Fxrr - Fxrl)*tw2/
    when receive(delta) then
    end;
```

图 7-30　车身模型的 X 语言文本

(5) 验证域-汽车系统模型仿真验证

模型构建完毕之后通过 XLab 软件提供的解释器和求解器能够直接进行仿真。模型的仿真结果如图 7-31 所示。图的左边是汽车在全局坐标系下的位置，右边是在汽车车身坐标系下的汽车横向速度、纵向速度和转弯角速度。可见汽车直行 100m，顺利通过交通模型案例中的路口，随后执行其他行为。该汽车模型能进行直线行驶、转弯、停止等行为，能满足交通模型案例中汽车通过、汽车暂停的活动要求，因此选择该汽车模型作为交通系统模型的子系统。对该交通系统中的火车、栅栏分别进行建模与验证，即可完成交通系统模型的仿真验证。

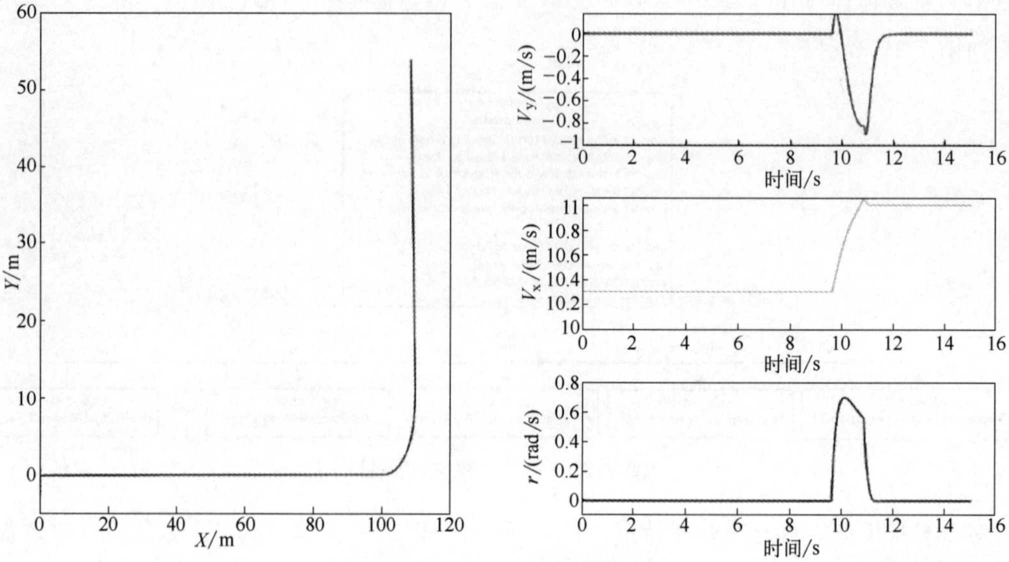

图 7-31 汽车驾驶模型仿真结果

基于 X 语言的系统建模和物理建模统一的特点，利用 X 语言和方法论建立的交通模型，其需求图中的需求可直接追踪到对应的可进行仿真的物理模型模块，无须进行系统建模语言和物理建模语言的映射，因此基于 X 语言进行需求自动验证，可以避免不同语言在映射时可能会出现的信息丢失或不一致等问题。

7.5 本章小结

本章通过几个具体案例展示了采用 X 语言、X-SEM 方法及 XLab 软件开展一体化系统建模和仿真的具体做法，展现了基于 X 语言的 MBSE/MSBSE 相比于传统 MBSE 方法的特点和优势。这些案例涵盖了航空、航天、汽车、交通等不同领域，建模仿真所有活动遵循 X-SEM 方法论并在自主研发的软件工具 XLab 上完成。通过 X 语言的需求图、活动图、状态机图、定义图和连接图等及对应的文本，展示了系统的设计和仿真验证过程。这些案例表明，X 语言能够支持从需求分析到架构设计、再到物理特性建模和仿真验证的全部过程，并确保了不同层次模型之间的一致性。

X 语言将继续在复杂产品系统设计领域发挥重要作用，助力工程师更好地理解和预测复杂系统的性能和行为，从而提高产品设计的质量和效率。随着 X 语言相关技术的不断发展和完善，其应用将逐渐扩展到产品的全生命周期过程。

参考文献

[1] Gu P, Chen Z, Zhang L, et al. X-SEM: A modeling and simulation-based system engineering methodology [J]. Journal of Manufacturing Systems, 2024, 74: 198-221.

[2] 常军军. 导弹电气系统多工具建模与基于 FMI 的集成验证. [D]. 北京: 北京航空航天大学, 2019: 1-25.

[3] 郑党党, 张志国, 刘俊堂. 飞机设计中的数字样机技术 [J]. 航空制造技术, 2016, (05): 83-86.

[4] 陈裕. 民用飞机数字样机建模与仿真技术初步研究 [J]. 民用飞机设计与研究, 2018, (03): 54-57.

[5] 古鹏飞, 张霖, 陈真, 叶俊杰. 基于 X 语言起飞场景的民机协同设计与仿真一体化方法 [J/OL]. 系统仿真学报, 2022, 34 (5): 929-943.

[6] Zhang Y, Gu P, Chen Z, et al. A Method and Implementation of Automatic Requirement Tracking and Verification for Complex Products Based on X Language [C] //China Intelligent Networked Things Conference. Singapore: Springer Nature Singapore, 2022: 443-455.

第8章 展望——MBSE 2.0

从2007年MBSE概念被首次提出[1] 至今，已将近二十年，其思想理念在工业界、学术界都得到了广泛的认可，MBSE的方法和技术也取得了长足的发展。然而，MBSE的实际应用情况不容乐观，在一些重要环节上，仍然存在许多挑战。与此同时，随着新一代信息技术的快速发展，MBSE在理念、方法和技术上也呈现出一些新的发展趋势。下面结合我们近年的探索和业界的动向，对MBSE未来的几个发展方向进行简要的分析。

8.1 设计、仿真、优化的深度融合

当前的MBSE方法及实践主要侧重于描述系统的需求、功能和逻辑，缺乏对所设计系统的物理性能仿真和验证的有效支持。虽然OMG正致力开发下一代系统建模语言如文献［2］所提出的SysML v2.0，然而，SysML v2.0的更新主要集中在文本化以及对系统设计与物理仿真的集成方面，以增强可用性、增加表现力、改善互操作性。SysML v2.0本身仍然缺乏对物理仿真的足够支持，缺乏系统级和物理级模型的统一建模和仿真所需的精确语法和语义。在基于模型的系统工程中，采用同一模型实现设计（即建模）与仿真的一体化是该领域的一次关键演变，这对应对复杂工程挑战至关重要。本书中，X语言及其技术体系是建模仿真一体化的一种具体实践。一体化建模仿真不仅对提高复杂系统的设计与验证效率至关重要，而且对于有效管理系统内的复杂关系和依赖关系也是必不可少的。这种一体化的方法是MBSE的一个发展趋势，对于MBSE的落地应用将起到积极的作用。未来仍需进一步完善一体化建模仿真的技术体系，确保能够在不丢失任何关键信息的前提下精确捕获系统的架构和物理特性，并直接用于仿真分析和验证，从而更好地支持从需求分析到仿真验证的完整设计活动，最终实现一个更加高效的协同设计过程。

优化是系统设计的重要环节。近年来，MBSE与多学科优化（MDO）呈现出深度融合的趋势。系统设计与系统优化集成相关的理论研究主要有两个方向。一是通过扩展建模语言，实现设计和优化模型的统一表达。例如，如文献［3］所述的通过扩展建模语言的元模型，形成支持方案权衡分析的模型，或如文献［4］和［5］所述的在系统模型中增加扩展元素，定义系统设计模型变量，进而生成优化问题描述文件。二是将数值计算程序与系统概念

设计建模工具进行集成，以便在系统设计过程中，对系统架构和物理性能进行分析和优化。系统设计与系统优化集成包括了文献［6］所述的系统建模工具与分析优化决策工具的集成，文献［7］和［8］所述的系统建模语言与科学计算优化工具的结合，以及如文献［9］所述的系统架构设计空间工具与优化工具的整合等。

在未来的 MBSE 发展中，优化应该与建模仿真一体化地进行，系统优化应与系统设计高效集成。目前这种集成主要是从软件工具层面，实现面向系统设计和面向系统优化的两类平台之间的集成。这种基于平台的集成方式本质只是从数据层面实现了系统设计与优化的关联，难以实现设计与优化的真正融合。而要实现真正的融合系统仿真将发挥关键作用。本书中，作者团队提出的 X 语言已经从语言层面实现了系统设计和系统仿真的一体化。因此，可以从多学科优化本身抽象出系统优化元模型，实现系统优化模型在语言层面的表征，并和系统设计以及系统仿真模型进行有效的关联。通过语言层面的统一，可以将优化信息融入设计和仿真过程中，实现系统设计、仿真与优化的一体化。这种一体化方法将具备系统全局自动优化的能力，可以显著提高系统研发效率，其基本的技术路线如图 8-1 所示。

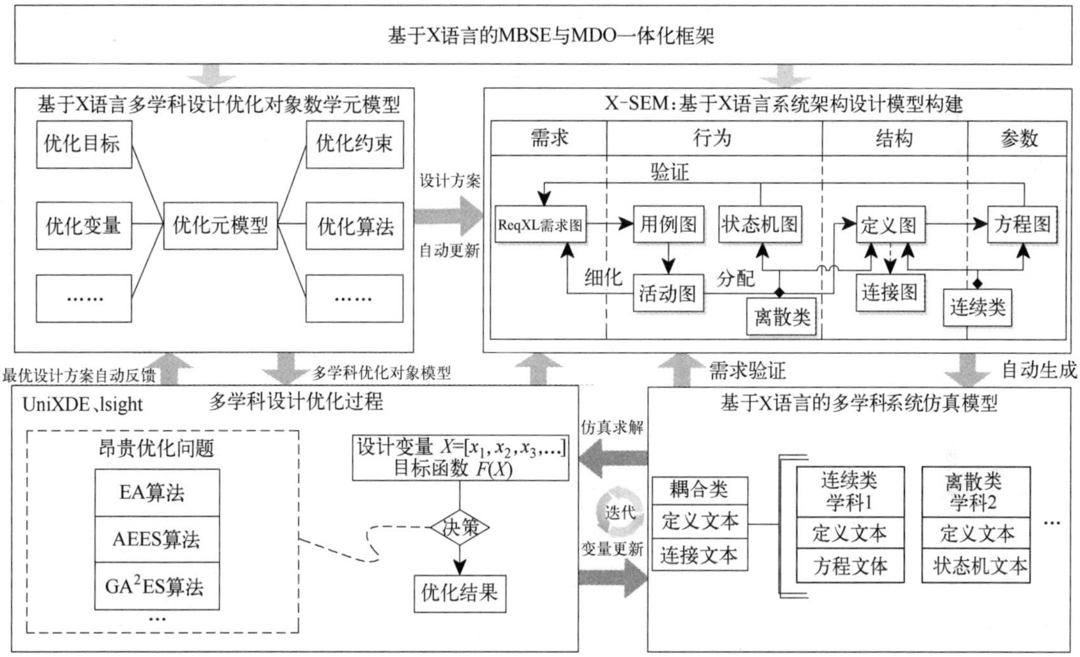

图 8-1　基于 X 语言的系统设计、仿真与优化一体化方法技术路线

8.2 MBSE 向产品全生命周期的中期和后期延伸

在产品的研发和制造的过程中，将 MBSE 与产品全生命周期活动集成具有十分重要的意义。当前相关研究主要是对系统模型的扩展，即在基于 MBSE 构造的系统模型的基础上增加领域模型和生命周期管理，并用数字线程（digital thread）进行贯穿。文献［10］基于管理系统建立全生命周期内的模型和数据的追溯关系，在发生变更时能够有效并快速地追溯到源头，分析问题的原因，优化相关领域模型，从而实现产品全生命周期的快速迭代。文献[11] 还提出使用分布式的工程模型和数据库，利用分布式存储、云存储等技术，将总系统架构模型连接到各学科、各领域的特定模型中去，以支持产品的可行性分析、详细设计、开发、仿真集成测试。

未来，MBSE 应更多向产品全生命周期的中期和后期延伸，系统模型不仅需要在数字空间向研发设计阶段的多领域工程仿真模型扩展，也需要在物理空间向测试、生产制造、运维等各个阶段扩展，结合数字孪生、数字线程等技术，最终实现产品的系统模型与全生命周期其他阶段数据与模型的集成与统一管理。

针对系统模型向制造生产阶段的扩展，我们正着手研究复杂产品分布式制造跨域跨学科统一表达与验证问题。基于当前研究实践，提出“需求-功能-行为-架构-几何-工艺”多视图设计元-元模型，按需求分析、架构设计、详细设计、形成产品模型的路线，经过 X 语言多学科仿真验证，以完成与产品设计相关的跨域跨学科统一表达与验证方法研究。基于设计元-元模型，构造面向制造工艺的元模型和制造模型，沿着加工测试、装配测试、制造过程测试、系统验证测试的路线，实现与产品制造相关的过程优化与高效协同。

当产品完成制造、装备与部署，进入到实际运行状态，模型需要根据实时运行数据进行在线更新，即数字孪生化。目前，作者团队正试图通过对 X 语言的扩展将数字孪生的演化特性统一到基于 MBSE 的复杂产品全生命周期一体化建模和仿真过程中。由于产品的数字孪生在演化过程中，其参数甚至结构都可能发生变化，因此基于 X 语言的数字孪生建模和仿真，需要考虑对数字孪生的动态演化过程进行在线管理，并基于动态模型仿真技术，实现基于 X 语言的数字孪生模型的在线更新，确保在物理实体演化的每一个时间节点，都能够对该时刻数字孪生模型的演化结果进行正确的管理和分析，从而确保在产品的运维阶段能够基于动态演化的数字孪生模型实现对装备的动态维护和健康管理。

8.3 人工智能与 MBSE 的结合

随着复杂产品的系统规模和智能化程度不断提高，对智能化的要求也越来越高。一方面对产品的自主学习、推理、适应和决策能力提出了更高的要求；另一方面，产品研发过程也需要提高智能化程度。这些都对智能系统、子系统和智能行为的建模能力提出了更高的要求。而传统的模型和系统架构通常适应能力不足，无法应对动态变化的环境或智能任务需求，从而影响所设计的系统的稳定性和可靠性。因此，未来 MBSE 需要更多关注对智能产品的描述能力，即模型对智能系统和行为的支持。这具体体现在对智能体和多智能体系统的建模语言、框架和工具的支持上。本书中，X 语言的智能体类强化了对智能产品描述的支持，是在该方向上的一种尝试。

在产品生命周期的中后阶段，在 MBSE 框架下利用人工智能技术实现模型演化与维护是一个值得关注的方向。通过不断学习和分析实际系统历史或实时数据，基于人工智能技术，实现系统模型的智能优化和孪生模型的自动演化，使其更加准确地反映实际系统的状态和性能。另外，通过人工智能与模型工程[12] 的结合，可对全生命周期所涉及的各个模型进行高效的管理和维护，确保模型的可信和可重用[13]。

生成式人工智能（AIGC）[14] 的兴起，为实现 MBSE 全流程的智能化提供了新的思路和手段。MBSE 与大模型等技术的深度结合将成为 MBSE 发展的一个重要方向。如图 8-2 所示，现有的 MBSE 实践中，由于需求分析、架构设计和物理性能仿真阶段的工具和模型不一致，每个阶段都需要高度专业化的工程师参与，因此设计过程的智能化程度仍然偏低。如果将智能需求分析、生成式智能建模和仿真验证融入 MBSE 中，通过需求智能提取、架构智能构建、物理单元智能生成、系统需求与架构智能关联、系统架构到物理单元的智能映射、单元参数与系统需求的智能验证与优化等智能化技术，实现自动化和智能化的设计仿真过程，可显著提高系统设计的效率和质量并降低设计人员的工作强度，甚至促成设计模式的巨大改变。

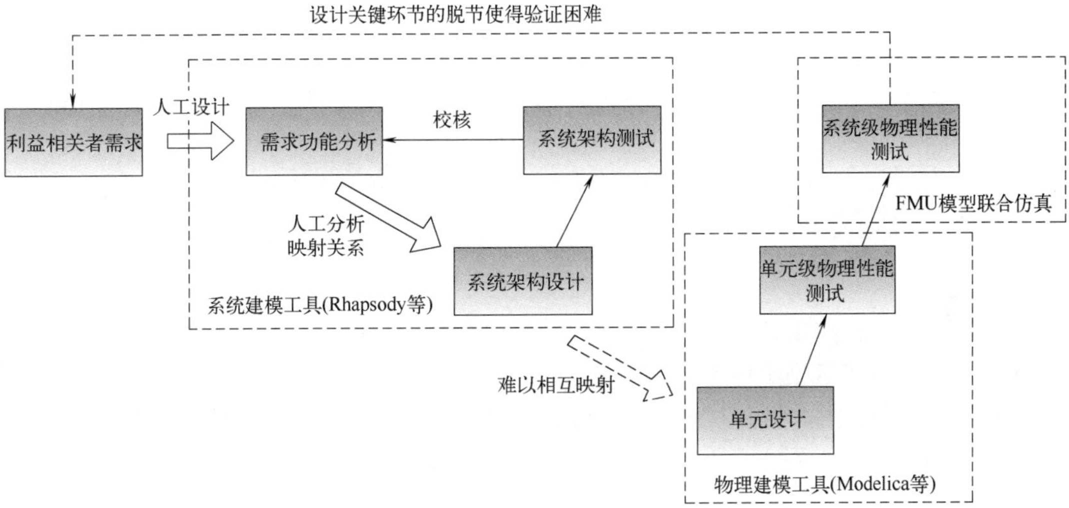

图 8-2　传统的设计方法示意及其缺陷

基于 X 语言和生成式人工智能的特点，作者团队正着手研发基于 X 语言的设计仿真大模型（X-LLM）[15]。X-LLM 是一种结合了 AIGC 技术与 X 语言的复杂产品智能设计与仿真模型，旨在通过人工智能技术，实现自动化和智能化的系统设计、仿真、验证和优化过程，为复杂产品的全系统智能化设计提供一种新的途径和方法。X-LLM 是通过收集和预处理大量的复杂产品设计数据，根据 X 语言特点设计微调网络架构，并利用深度学习技术进行训练得到的。通过这种方式得到的 X-LLM 能够理解和生成符合 X 语言标准的复杂产品设计模型，支持全系统的一体化设计、仿真、验证与优化。基于 X-LLM 的复杂产品智能设计方法示意图见图 8-3。

X-LLM 智能设计方法可在一体化建模仿真工具 XLab 中实现。X-LLM 从利益相关者需求和文档中自动提取需求，并自动生成需求功能分析、系统架构设计和物理单元设计。需求功能模块与系统架构单元智能生成映射关系。完成系统架构设计后即可进行系统级逻辑测试，自动验证是否满足需求。基于 X 语言的系统架构设计和物理单元设计无须进行映射，因此在完成单元设计后即可进行单元级物理特性仿真测试和系统级物理特性仿真测试。由于全系统设计各阶段是智能化关联和生成的，因此系统级物理特性仿真测试能自动对利益相关者需求进行验证。X-LLM 可基于对话捕捉和分析建模意图并智能生成模型，可大大降低建模门槛；同时，X-LLM 的智能生成功能可让工程师的注意力从建模工具、语言使用和模型设计、构建方法转移到模型的逻辑、架构和参数的正确性和合理性判断和决策上，从而提高设计迭代和优化效率；X-LLM 还能够自动构建复杂产品在不同开发阶段的需求、功能、行为、结构及相关参数的关联与映射，从而保证模型参数的全局可追溯性，并提供复杂产品研发过程的全局可追溯方案。

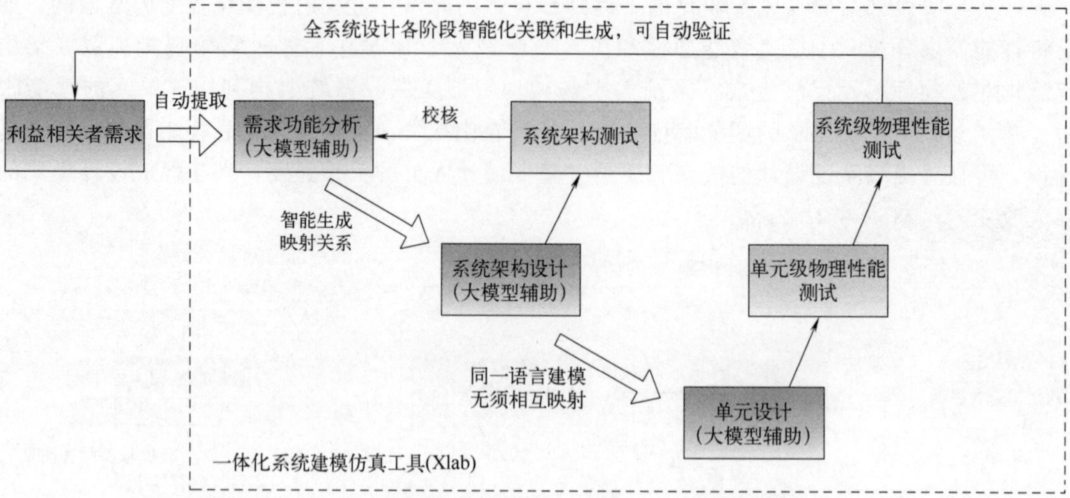

图 8-3　基于 X-LLM 的智能设计方法

综上所述，通过以上几个方面的发展，MBSE 在内涵、方法和技术上都将表现出新的特征和新的形态。为了区别于传统的 MBSE，我们可以将其称为“MBSE 2.0”[16]，如图 8-4 所示。MBSE 2.0 将在很大程度上突破传统 MBSE 的局限，为全面实现基于模型思想的价值提供指导和支持。

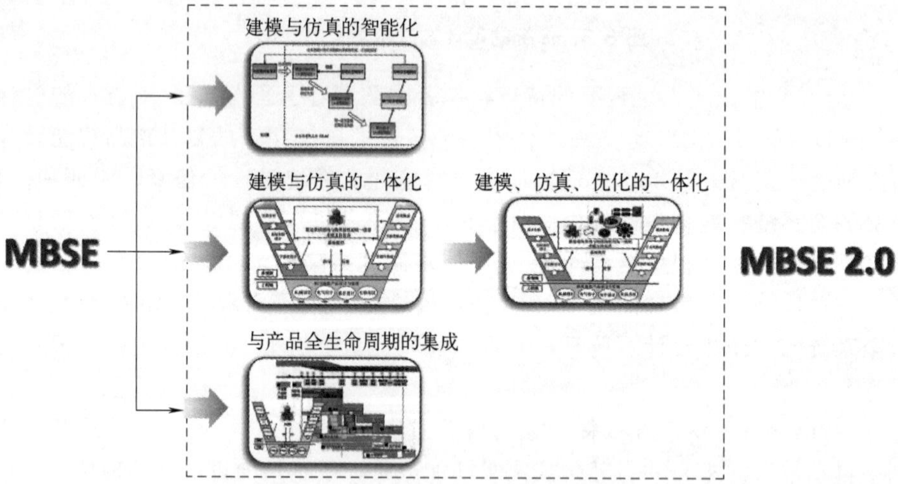

图 8-4　从 MBSE 到 MBSE 2.0

参考文献

［1］ Friedenthal S，Griego R，Sampson M. INCOSE model based systems engineering (MBSE) initiative［C］//Presented to the INCOSE 2007 Symposium. 2007：1-11.

［2］ Bajaj，M，Friedenthal S，Seidewitz E. Systems modeling language (SysML v2) support for digital engineering［J］. Insight，2022，25 (1)：19-24.

［3］ Kaslow D，Anderson L，Asundi S. et al. Developing a cubesat model-based system engineering (mbse) reference model-interim status [C] //2015 IEEE Aerospace Conference. Piscataway: IEEE, 2015: 1-16.

[4] Leserf P, de Saqui-Sannes, P, Hugues, J, et al. SysML modeling for embedded systems design optimization: A case study [C] //2015 3rd International Conference on Model-Driven Engineering and Software Development (MODELSWARD). Piscataway: IEEE, 2015: 449-457.

[5] Liu Y S, Yuan W Q. Automatic integration of system-level design and system optimization based on SysML [J]. Applied Mechanics and Materials, 2013, 249: 1154-1159.

[6] Balestrini-Robinson S, Freeman D F, Browne D C. An object-oriented and executable SysML framework for rapid model development [J]. Procedia Computer Science, 2015, 44: 423-432.

[7] Chabibi B, Anwar A, Nassar M. Towards a Model Integration from SysML to MATLAB/Simulink [J]. Journal of Software, 2018, 13 (12): 630-645.

[8] Habermehl C, Höpfner G, Berroth J, et al. Optimization workflows for linking model-based systems engineering (MBSE) and multidisciplinary analysis and optimization (MDAO)[J]. Applied Sciences, 2022, 12 (11): 5316.

[9] Bussemaker J, Boggero L, Ciampa P D. From system architecting to system design and optimization: A link between MBSE and MDAO [J]. INCOSE International Symposium, 2022, 32 (1): 343-359.

[10] Bajaj M, Zwemer D, Yntema R, et al. MBSE++—Foundations for Extended Model-Based Systems Engineering Across System Lifecycle [J]. INCOSE International Symposium, 2016, 26 (1): 2429-2445.

[11] Fischer P M, Lüdtke D, Lange C, et al. Implementing model-based system engineering for the whole lifecycle of a spacecraft [J]. CEAS Space Journal, 2017, 9 (3): 351-365.

[12] Zhang L, Zeigler B P, Laili Y. Model engineering for simulation [M]. San Diego: Academic Press, 2019.

[13] 叶飞. 基于X语言的仿真模型重用与集成技术研究 [D]. 北京：北京航空航天大学，2024.

附录

X语言巴克斯范式

```
//整体存储框架
stored_definition ::= ['within' name ';']{['final'] class_definition}
//类定义
class_definition ::= ('encapsuate')? class_prefixes class_specifier
//类前缀
class_prefixes ::= ['partial'] ('class'|'continuous'|'discrete'|'agent'|'couple'|'connector'| 'enum'|'record'|'function')
//类结构定义
class_specifier ::= (IDENT definition_section{composition}'end') | enumeration_definition
//类组成部分
composition ::= connection_section | stm_section | equation_section | act_section
//定义模块
definition_section ::= {(import_clause
        | extends_clause
        | class_definition
        | parameter_component_clause)';'}
        {port_section
        |part_section
        |value_section
    |plan_definition}
//连接部分
connection_section ::= 'connection:'{connect_clause';'}
//状态机部分
stm_section ::= 'state:'{state_definition}
//方程部分
equation_section ::= 'equation:'{equation ';'}
```

```
//活动部分
act_section ::= 'action:'{statement';'}
//组件部分
part_section ::= 'part:'{component_clause';'}
//值变量部分
value_section ::= 'value:'{component_clause';'}
//端口部分
port_section ::= 'port:'{port_component_clause}
//端口组件声明
port_component_clause
    :(port_prefix)? type_specifier component_list';'
//端口前缀
port_prefix ::= 'input' |'output'|'event''input' |'event''output'
//计划定义
plan_definition ::= 'plan' IDENT definition_section act_section 'end'';'
//状态定义
state_definition ::= 'initial''state' IDENT (state_statement| state_def-
inition)* 'end'';'
|'state' IDENT (state_statement| state_definition)* 'end'';'
|'state' IDENT catch_clause((when_receive_clause';')|(when_statement';'))
* 'end'';'
//状态行为语句
state_statement ::= (when_entry_clause
    | when_receive_clause
| when_goto_out_clause)';'
//状态持续时间定义规则
statehold_clause ::= 'statehold''('expression')'
//离开状态执行行为
when_goto_out_clause ::= 'when'timeover_clouse'then'
    {statement ';'}
    [out_with_satement]
    'end'
//输出行为
out_with_satement ::= 'out' (statement ';')*
//接受消息执行行为
when_receive_clause ::= 'when' receive_clause 'then'{statement ';'}
    [out_with_satement]
    'end'
//进入状态执行行为
when_entry_clause ::= 'when''entry' 'then' statehold_clause ';'{statement';'}'end'
```

```
//状态内方程规则描述
catch_clause ::=
    'catch'{simple_statement';'}
    'equation'{equation';'}'end";'
//枚举类定义
enumeration_definition ::= IDENT'{'enum_list'}'
//枚举列表
enum_list ::= IDENT{',' IDENT }
//变量实例化规则定义
component_clause ::= ['replaceable'] type_prefix type_specifier component_list
//元素声明列表
component_list ::= component_declaration{','component_declaration}
//元素声明
component_declaration ::= IDENT [array_subscripts] [modification]
//实例化格式
modification ::= class_modification
    | '=' initializer
//初始化格式
initializer ::= array_literal
    | expression
//类实例化列表
class_modification ::= '(' [argument_list] ')'
//参数列表
argument_list ::= argument{',' argument}
//名称参数列表
argument ::= (name [modification]) |expression
//import 规则
import_clause ::= 'import' (IDENT '= ' name | name ('.' ('* '|'{' import_list '}') )?)
//import 列表
import_list ::= IDENT{',' IDENT}
//继承规则
extends_clause ::= 'extends' type_specifier [class_modification]
//参数声明规则
parameter_component_clause ::= 'parameter' type_specifier component_list
//类型前缀
type_prefix ::= ['flow'] [is_discrete | is_constant]
//是否是离散变量
is_discrete ::= 'discrete'
//是否是常量
```

```
is_constant ::= 'constant'
//接受规则
receive_clause ::= 'receive('component_reference')'
    | 'receive('expression{','expression}')'
//发送规则
send_clause ::= 'send"('[component_reference ','expression]')'
    |'send"('component_reference','component_reference')'
//状态持续时间结束规则
timeover_clouse ::= 'timeover"(")'
//连接规则
connect_clause ::= 'connect' '(' component_reference ',' component_reference ')'
//方程定义
equation ::= simple_equation
    | if_equation
    | for_equation
    | when_receive_equation
    | when_equation
//等式方程
simple_equation ::= expression '= ' expression
//if 方程
if_equation ::= 'if' expression 'then'{equation ';' }{elseif_equation}
[else_equation]
   'end'
//elseif 方程
elseif_equation ::= 'elseif' expression 'then'{equation ';' }
//else 方程
else_equation ::= 'else'{equation ';' }
//for 方程
for_equation ::= 'for' for_index 'loop'{equation ';' }'end'
//for 循环参数
for_index ::= IDENT ['in' expression ]
//when 方程
when_equation ::= 'when' expression 'then'{equation ';' }[out_with_equa-
tion]{elsewhen_equation}'end'
//输出方程
out_with_equation ::= 'out'{equation ';'}
//when 方程
elsewhen_equation ::= 'elsewhen' expression 'then'{equation ';'}
    [out_with_equation]
//when receive 方程
when_receive_equation ::= 'when' receive_clause 'then'{equation ';'}
```

```
    [out_with_equation]
    'end'
//过程描述语句定义
statement ::= send_clause
    | simple_statement
    | function_call
    | break_statement
    | continue_statement
    | return_statement
    | if_statement
    | for_statement
    | while_statement
    | when_statement
    | statehold_clause
    | run_statement
    | agentover_statement
    | transition_clause
//赋值语句
simple_statement ::= component_reference '= ' expression
    | '('output_expression_list')' '= ' function_call
//brake 语句
break_statement ::= 'break'
//continue 语句
continue_statement ::= 'continue'
//运行语句
run_statement ::= 'run''('component_reference{','component_reference}')'
//智能体仿真结束语句
agentover_statement ::= 'agentover'
//返回语句
return_statement ::= 'return'
//if 语句
if_statement ::= 'if' expression 'then'{statement ';'}
{elseif_statement}[else_statement] 'end'
//elseif 语句
elseif_statement ::= 'elseif' expression 'then'{statement ';'}
//else 语句
else_statement ::= 'else'{statement ';'}
//for 语句
for_statement ::= 'for' for_index 'loop'{statement ';'}'end'
//while 语句
while_statement ::= 'while' expression 'loop'{statement ';'}'end'
```

```
//when 语句
when_statement::= 'when'expression 'then'{statement ';'}{elsewhen_statement}'end'
//elsewhen 语句
elsewhen_statement ::= 'elsewhen' expression 'then'{statement ';'}
//transition 语句
transition_clause ::= 'transition''('IDENT')'
//表达式树定义
expression ::= logical_expression
    |colon_literal
    |receive_clause
colon_literal ::= logical_expression ':' logical_expression
    | logical_expression ':' logical_expression ':' logical_expression
logical_expression ::= logical_term ['or' logical_expression]
logical_term ::= logical_factor('and' logical_term)?
logical_factor ::= ['not'] relation
relation ::= arithmetic_expression [relational_operator arithmetic_expression]
relational_operator ::= '<'|'<='|'>'|'>='|'=='|'!='
arithmetic_expression ::= add_operator arithmetic_expression
    | term[add_operator arithmetic_expression]
add_operator ::= '+'|'-'|'.+'|'.-'
term ::= factor [mul_operator term]
mul_operator ::= '*'|'/'|'.*'|'./'
factor::= primary [index_operator primary]
index_operator ::= '^'|'.^'
//表达式基础元素定义
primary ::= bracket_exp
    | interger_literal
    | real_literal
    | bool_literal
    | string_literal
    | list_literal
    | map_literal
    | component_reference
    | component_inistant
    | function_call
    | '(' output_expression_list ')'
    | array_literal
    | infinite_clause
//括号表达式
```

```
bracket_exp ::= '('expression')'
//变量名称
name ::= IDENT{'.' IDENT}
//无穷大表达式
infinite_clause ::= 'infinite'
//类型
type_specifier ::= ['.'] name
    |list_type
    |map_type
//列表类型
list_type ::= 'list< 'type_specifier'> '
//map 类型
map_type ::= 'map< 'type_specifier','type_specifier'> '
//数组表达式
array_literal ::= '[' array_arguments ']'
//字符串表达式
string_literal ::= STRING
//实数表达式
real_literal ::= UNSIGNED_NUMBER | NUMBER
//整形表达式
interger_literal ::= UNSIGNED_INTEGER
//bool 表达式
bool_literal ::= 'true'|'false'
//列表表达式
list_literal ::= empty_args|('{'list_args'}')
//列表元素表达式
list_args ::= expression(','expression)*
//map 表达式
map_literal ::= empty_args|('{'map_args{','map_args}'}')
//map 元素表达式
map_args ::= '{'expression':'expression'}'
//列表和 map 空表达式
empty_args ::= '{''}'
//函数调用表达式
function_call ::= (component_reference | 'der'|'pre' ) function_call_args
//变量引用
component_reference ::= ['.'] component_reference_args
//变量引用元素
component_reference_args ::= IDENT [array_subscripts]['.'component_reference_args]
//函数调用元素
```

```
function_call_args ::= '(' [function_arguments] ')'
//函数调用元素
function_arguments ::= expression{',' expression}
    | named_arguments
//数组元素
array_arguments ::= expression{',' expression}
//名称元素列表
named_arguments ::= named_argument{',' named_argument}
//名称元素
named_argument ::= IDENT '= ' expression
//函数返回值列表
output_expression_list ::= [expression]{',' (expression)? }
//数组下标
array_subscripts ::= '[' subscript{',' subscript}']'
//下标
subscript ::= select_all | expression
select_all ::= ':'

//词法元素定义
//标识符定义
IDENT ::= NONDIGIT{DIGIT|NONDIGIT}
//字母元素定义
NONDIGIT ::= 'a'..'z'|'A'..'Z'|'_'
//无符号整型
UNSIGNED_INTEGER ::= DIGIT{DIGIT}
//无符号实数
UNSIGNED_NUMBER ::= UNSIGNED_INTEGER EXP | UNSIGNED_INTEGER '.' DIGIT
{DIGIT}EXP?
//无符号数定义
NUMBER ::= UNSIGNED_INTEGER EXP
    | UNSIGNED_INTEGER '.' DIGIT{DIGIT}EXP?
//数字字符定义
DIGIT ::= '0'|'1'|'2'|'3'|'4'|'5'|'6'|'7'|'8'|'9'
//e 为底的指数定义
EXP ::= ('E' | 'e') ['+ ' | '-'] UNSIGNED_INTEGER ;
//字符串定义
STRING ::= '"'{EscapeSequence | ~('\\'|'"') }'"'
EscapeSequence ::= '\\' ('b'|'t'|'n'|'f'|'r'|'\"'|'\"'|'\\')
//注释定义
COMMENT ::= '/* ' . * ? '* /'
COMMENT1 ::= '//' . * ? '\n'
```